高等学校计算机科学与技术 项目驱动案例实践 规划教材

软件工程与
项目案例教程

梁立新 郭锐 编著

U0187629

清华大学出版社
北京

内 容 简 介

本书应用项目驱动教学模式,通过完整的项目案例系统地介绍软件工程的方法和技术。全书共 10 章,主要内容包括软件工程及信息化建设概述、IT 项目开发流程与 UML 概述、软件需求分析、系统分析设计、软件实现、软件测试、软件项目部署、软件配置和变更管理、软件过程管理、项目管理。附录提供了软件工程标准文档模板。

本书注重理论与实践相结合,内容详尽,与时俱进。本书提供了大量实例,并将一个实际项目涉及的知识点分解到各章作为项目案例,突出了应用能力的培养。本书可作为普通高等院校计算机专业本科生和专科生软件工程课程的教材,也可供从事软件工程工作的人员参考。

图书在版编目(CIP)数据

软件工程与项目案例教程/梁立新,郭锐编著. —北京:清华大学出版社,2020.9
高等学校计算机科学与技术项目驱动案例实践规划教材
ISBN 978-7-302-56227-6

Ⅰ.①软… Ⅱ.①梁… ②郭… Ⅲ.①软件工程—案例—高等学校—教材 ① TP311.5

中国版本图书馆 CIP 数据核字(2020)第 151513 号

责任编辑:张瑞庆 战晓雷
封面设计:常雪影
责任校对:李建庄
责任印制:刘海龙

出版发行:清华大学出版社
  网　　　址:http://www.tup.com.cn, http://www.wqbook.com
  地　　　址:北京清华大学学研大厦 A 座　　　　　　邮　　编:100084
  社 总 机:010-62770175　　　　　　　　　　　　邮　　购:010-83470235
  投稿与读者服务:010-62776969, c-service@tup.tsinghua.edu.cn
  质量反馈:010-62772015, zhiliang@tup.tsinghua.edu.cn
  课件下载:http://www.tup.com.cn,010-83470236
印 装 者:三河市龙大印装有限公司
经　　销:全国新华书店
开　　本:185mm×260mm　　　印　　张:21.75　　　字　　数:511 千字
版　　次:2020 年 11 月第 1 版　　　印　　次:2020 年 11 月第 1 次印刷
定　　价:59.90 元

产品编号:084850-01

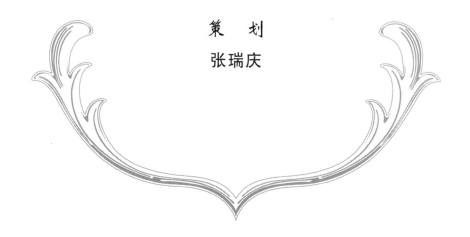

序　言

　　作为教育部高等学校计算机科学与技术教学指导委员会的工作内容之一,自从 2003 年参与清华大学出版社的"21 世纪大学本科计算机专业系列教材"的组织工作以来,陆续参加或见证了多个出版社的多套教材的出版,但是现在读者看到的这一套"高等学校计算机科学与技术项目驱动案例实践规划教材"有着特殊的意义。

　　这个特殊性在于其内容。这是第一套我所涉及的以项目驱动教学为特色,实践性极强的规划教材。如何培养符合国家信息产业发展要求的计算机专业人才,一直是这些年人们十分关心的问题。加强学生实践能力的培养,是人们达成的重要共识之一。为此,教育部高等学校计算机科学与技术教学指导委员会专门编写了《高等学校计算机科学与技术专业实践教学体系与规范》(清华大学出版社出版)。但是,如何加强学生的实践能力培养,在现实中依然遇到种种困难。困难之一,就是缺乏合适的教材。以往的系列教材,大都比较"传统",没有跳出固有的框框。而这一套教材,在设计上采用软件行业中卓有成效的项目驱动教学思想,突出"做中学"的理念,突出案例(而不是"练习作业")的作用,为高校计算机专业教材的繁荣带来了一股新风。

　　这个特殊性在于其作者。本套教材目前规划了十余本,其主要编写人不是我们常见的知名大学教授,而是知名软件人才培训机构或者企业的骨干人员,以及在该机构或者企业得到过培训的并且在高校教学一线有多年教学经验的大学教师。我以为这样一种作者组合很有意义,他们既对发展中的软件行业有具体的认识,对实践中的软件技术有深刻的理解,对大型软件系统的开发有丰富的经验,也有在大学教书的经历和体会,他们能在一起合作编写教材本身就是一件了不起的事情,没有这样的作者组合是难以想象这种教材的规划编写的。我一直感到中国的大学计算机教材尽管繁荣,但也比较"单一",作者群的同质化是这种风格单一的主要原因。对比国外英文教材,除了 Addison Wesley和 Morgan Kaufmann 等出版的经典教材长盛不衰外,我们也看到 O'Reilly"动物教材"等的异军突起——这些教材的作者,大都是实战经验丰富的资深专业人士。

　　这个特殊性还在于其产生的背景。也许是由于我自己在计算机技术方面的动手能力相对比较弱,其实也不太懂如何教学生提高动手能力,因此一直希望有一个机会实际地了解所谓"实训"到底是怎么回事,也希望能有一种安排让现在教学岗位的一些青年教师得到相关的培训和体会。于是作为 2006—2010 年教育部高等学校计算机科学与技术教学指导委员会的一项工作,我们和教育部软件工程专业大学生实习实训基地(亚思晟)合作,举办了 6 期"高等学校青年教师软件工程设计开发高级研修班",每期时间虽然只是短短的 1~2 周,但是对于大多数参加研修的青年教师来说都是很有收获的一段时光,在对他们的结业问卷中充分反映了这一点。从这种研修班得到的认识之一,就是目前市场上缺乏相应的教材。于是,这套"高等学校计算机科学与技术项目驱动案例实践规划教材"应运而生。

当然,这样一套教材,由于"新",难免有风险。从内容程度的把握、知识点的提炼与铺陈,到与其他教学内容的结合,都需要在实践中逐步磨合。同时,这样一套教材对我们的高校教师也是一种挑战,只能按传统方式讲软件课程的人可能会觉得有些障碍。相信清华大学出版社今后将和作者以及高等学校计算机科学与技术教学指导委员会一起,举办一些相应的培训活动。总之,我认为编写这样的教材本身就是一种很有意义的实践,祝愿成功。也希望看到更多业界资深技术人员加入到大学教材编写的行列中来,和高校一线教师密切合作,将学科、行业的新知识、新技术、新成果写入教材,开发适用性和实践性强的优秀教材,共同为提高高等教育教学质量和人才培养质量做出贡献。

前　言

在 21 世纪,哪些技术将影响人类的生活? 哪些产业将决定国家的发展? 信息技术与信息产业无疑会排在前列。软件工程是信息技术的重要组成部分,它是围绕软件项目开展的需求分析、面向对象的分析设计、编码实现、测试、维护和项目管理等一系列过程、方法和工具。

高等学校学生是企业和政府的后备军,国家教育部门计划在高等学校中普及软件工程教育。多所高校的实践表明,软件工程教育受到学生的普遍欢迎,取得了很好的教学效果。然而,在软件工程教育中也存在一些不容忽视的共性问题,其中比较突出的是教材问题。

从近两年软件工程教育情况来看,许多任课教师提出目前的很多教材不能满足教学需求。具体体现在以下 3 方面:第一,软件工程专业的术语很多,没有专业知识背景的学生在学习时有一定难度;第二,很多教材中的案例比较匮乏,并且案例内容与企业的实际情况相差太远,致使案例的参考价值不大;第三,缺乏具体的课程实践指导和真实的项目案例详解。因此,针对高等学校软件工程专业课程的教学特点与需求,编写适用的教材已刻不容缓。

本书就是针对以上问题编写的,围绕一个完整的项目来组织知识内容。作者希望推广一种有效的学习与培训方法,这就是项目驱动训练(Project-Driven Training),用项目实践带动理论学习(或者叫作"做中学")。基于这种教学模式,本书围绕一个电子政务项目来驱动面向对象的设计、开发及管理各个模块的理论讲解。另外,本书提供了国际化企业普遍使用的软件工程标准文档模板,以使学生了解国际化软件项目的标准开发流程和过程管理。学生通过项目实践,可以明确技术应用的目的(为什么学),更好地将技术原理融会贯通(学什么),也可以更好地检验学习效果(学得怎样)。

本书有两大特色:

(1) 注重项目实践。作者基于多年项目开发经验认识到"IT 是做出来的,不是想出来的",理论虽然重要,但一定要为实践服务。因此,以项目为主线来带动理论学习是最有效的方法。希望读者通过本书对软件工程有整体了解,能够根据本书的知识体系循序渐进地完成真实项目。

(2) 注重理论要点。本书以项目实践为主线,着重介绍软件工程中最重要、最核心的部分以及它们之间的联系。在学习时,首先应通过项目把握整体概貌,再深入局部细节,系统地学习理论;然后不断优化和扩展细节,完善知识的

FOREWORD

整体框架并改进项目。

为了便于教学,本书配有教学课件,可从清华大学出版社网站(www.tup.com.cn)下载。

本书第一作者梁立新的工作单位为深圳技术大学。本教材得到深圳技术大学的大力支持和教材出版资助,作者在此致以特别感谢。

限于作者的水平,书中难免有不足之处,敬请广大读者批评指正。

梁立新

2020 年 8 月

CONTENTS

目　录

CONTENTS

C O N T E N T S

C O N T E N T S

CONTENTS

1.1　软件工程概述

　　信息化系统的建设极为重要。它并不是一项简单的工作。美国斯坦迪什(Standish)咨询公司曾对美国 365 位信息技术高层经理人员管理的 8380 个信息化建设项目进行了调查研究,得到如下结论:

- 信息化建设项目正处于一个混沌的状态。
- 项目平均成功率为 16%。
- 50%的项目需要补救。
- 34%的项目彻底失败。
- 项目建设时间平均超出计划的 222%。
- 项目实际成本是估计成本的 189%。
- 项目性能与功能只达到要求的 61%。

　　从中可以看到,大多数信息化建设项目是以失败告终的。其中的一个重要原因就是没有贯彻软件工程思想和应用面向对象的开发及管理等原理和方法。

　　软件工程是研究软件开发和管理的一门工程学科。它既强调开发,又强调管理。当然,开发中有管理,管理是为了更好地开发,所以开发和管理是相辅相成的两个方面。

　　研究软件工程的主要目的是为了解决软件危机。软件危机表现为以下 6 点:

　　(1) 软件开发成本、进度的估计很不准确。

　　软件开发机构制订的项目计划与实际情况有很大差距,使得开发经费一再突破预算。由于对工作量和开发难度估计不足,进度计划无法按时完成,开发时间一再拖延,这种现象严重影响了软件开发机构的信誉。

　　(2) 软件产品常常与用户的要求不一致。

　　在开发过程中,软件开发人员和用户之间缺乏交流。开发人员常常是在对用户要求只有模糊了解的情况下就仓促上阵,匆忙着手编写程序。由于这些问题的存在,导致开发的软件不能满足用户的实际应用需要。

（3）软件产品质量低。

软件开发机构在软件开发过程中没有建立切实有效的质量保证体系。一些软件开发机构为了赶进度或降低软件开发成本，甚至不惜降低软件质量标准，偷工减料。

（4）软件文档资料不完整、不一致。

计算机软件不仅仅是程序，在软件开发过程中还应该产生一系列文档资料。实际上，软件开发非常依赖这些文档资料。在软件开发过程中，软件开发机构的管理人员需要使用这些文档资料来管理软件项目；技术人员需要利用这些文档资料进行信息交流；用户也需要通过这些文档资料了解软件，对软件进行验收，熟悉软件的安装、操作等。但是，由于软件项目管理工作的欠缺，软件文档资料往往不完整，对软件的描述经常不一致，很难通过文档资料跟踪软件开发过程中软件产品规格的变更。

（5）软件产品可维护性差。

一些软件中的错误非常难以改正，软件很难适应新的硬件环境，很难根据用户的需要在原有软件中增加新的功能。这样的软件是不便于重用的，一旦过时就不得不完全丢弃。

（6）软件生产率低。

软件生产率跟不上硬件的发展速度，不能适应计算机应用的迅速普及，以致现代计算机硬件的巨大潜力不能被充分利用。

软件生产的发展历程可以划分为 3 个时期，即程序设计时期、程序系统时期和软件工程时期。

（1）程序设计时期（20 世纪 50 年代）。

这个时期的程序大多是自用的，软件还没有成为产品。由于早期程序大多是为某个具体应用而专门编写的，程序任务单一，因此，程序设计仅仅体现在单个程序的算法上。早期程序往往只能在专门的计算机上工作，很难将程序由一台计算机移植到另一台计算机。

（2）程序系统时期（20 世纪 60 年代）。

这个时期的软件开发更多地依赖于个人能力。由于软件开发的主要内容仍然是编写程序，软件开发的核心问题仍然是技术问题，于是用户的意图被忽视了，除了程序之外的其他文档、技术标准、软件在运行过程中的维护等问题也往往被忽视了。软件已经开始成为产品，但软件的生产方式则是作坊式的。于是，随着软件规模的不断扩大，软件危机在这个时期最终爆发。

（3）软件工程时期（20 世纪 70 年代至今）。

1968 年，在德国召开的计算机国际会议上，学者们专门针对软件危机问题进行了讨论，在这次会议上正式提出并使用了"软件工程"这一术语。于是，软件工程作为一门新兴的工程学科诞生了。在软件开发领域，自 20 世纪 70 年代起，结构化的工程方法获得了广泛应用，并已成为一种成熟的软件工程方法学；而自 20 世纪 90 年代起，基于面向对象的工程方法也已被应用于软件开发中。采用工程的原理、技术和方法实施软件产品开发，以适应软件产业化发展的需要，成为这个时期很多软件企业追求的目标。

关于现代软件工程的研究内容，至今没有统一的认识。可以认为，现代软件工程的研究内容涵盖了软件开发模型、软件开发方法、软件支持过程、软件管理过程 4 个方面，如表 1-1 所示。

表 1-1 现代软件工程的研究内容

研 究 方 面	具 体 内 容
软件开发模型	瀑布模型、增量模型、迭代模型等
软件开发方法	面向过程的方法、面向对象的方法等
软件支持过程	Rational Rose、PowerDesigner、Microsoft Project 等 CASE 工具
软件管理过程	配置及变更管理、CMM 软件过程管理、项目管理等

本书就是围绕这 4 个方面展开的。在软件开发模型方面,主要讲解目前最流行的迭代模型——RUP;在软件开发方法方面,主要讲解面向对象的方法;在软件支持过程方面,主要讲解 Rational Rose、PowerDesigner、Microsoft Project 等常用的 CASE 工具;在软件管理过程方面,主要讲解软件配置及变更管理、CMM 软件过程管理、项目管理等。

软件工程中常同的开发方法主要有两种:面向过程的方法和面向对象的方法。

1.1.1 面向过程的方法

面向过程的方法习惯上被称为传统的软件工程开发方法。面向过程的方法包括面向过程需求分析、面向过程设计、面向过程编程、面向过程测试、面向过程维护和面向过程管理。面向过程的方法又被称为结构化方法,因此上面的开发阶段习惯上称为结构化分析、结构化设计、结构化编程、结构化测试、结构化维护和结构化管理。

面向过程的方法具有以下特点:程序的基本执行过程主要不是由用户控制,而是由程序自身来控制,并且按时序进行。该方法的优点是简单实用,缺点是维护困难。

面向过程的方法形成于 20 世纪 60 年代,成熟于 20 世纪 70 年代,盛行于 20 世纪 80 年代。该方法的基本特点是强调自顶向下、逐步求精,在编程实现时强调程序的单入口和单出口。这种方法在国内曾经十分流行,非常普及。

对于软件行业来说,某种方法论往往来自某一类程序设计语言。面向过程的方法来自 20 世纪六七十年代流行的面向过程的程序设计语言,如 ALGOL、Pascal、FORTRAN、COBOL、C 语言等,这些语言的特点是用顺序、选择(if-then-else)、循环(do-while 或 do-until)这 3 种基本结构来组织程序,实现设计目标。

面向过程的方法已经不能适应目前软件项目的需要了,一种更好、更强大的软件工程开发方法是下面要介绍的面向对象的方法。

1.1.2 面向对象的方法

面向对象的方法(Object-Oriented Method,OOM)被称为现代软件工程开发方法。面向对象是认识论和方法学的一个基本原则。人对客观世界的认识和判断常采用由一般到特殊(演绎)和由特殊到一般(归纳)两种方法,这实际上是对问题域的对象进行分解和归类的过程。

面向对象的方法是一种运用对象、类、消息传递、继承、封装、聚合、多态性等概念来构造软件系统的软件开发方法。

面向对象的方法包括面向对象需求分析、面向对象设计、面向对象编程、面向对象测试、面向对象维护和面向对象管理。面向对象(或者说面向类)的方法开始于20世纪80年代,兴起于20世纪90年代,目前已经走向成熟,并且开始普及。面向对象的方法的基本特点是:将对象的属性和方法(即数据和操作)封装起来,形成信息系统的基本执行单位;再利用对象的继承特征,由基本执行单位派生出其他执行单位,从而产生许多新的对象;众多的离散对象通过事件或消息连接起来,就形成了软件系统。

面向对象的方法的优点是易于设计、开发和维护,缺点是较难掌握。

面向对象的方法来源于20世纪80年代初开始流行的面向对象的程序设计语言,如Java、C++等。20世纪80年代末,微软公司Windows操作系统的出现使得面向对象的方法产生了爆炸性的效果,大大加速了它的发展进程。

面向对象的方法实质上是面向功能的方法在新形势下(由功能重用发展到代码重用)的回归与再现,是在高层次(代码级)上的新的面向功能的方法论,它设计的基本功能对象(类或构件)不仅包括属性(数据),而且包括与属性有关的功能(或方法),如增加、修改、移动、放大、缩小、删除、选择、计算、查找、排序、打开、关闭、保存、显示和打印等。利用这种方法,不但可以将属性与功能融为一体,而且对象之间可以继承、派生及通信。因此,相对于面向过程的方法,面向对象的方法是一种新的、复杂的、动态的、高层次的方法。它的基本单元是对象,对象封装了与其有关的数据结构及相应层的处理方法,从而实现了由问题空间到解空间的映射。简言之,面向对象的方法也是从功能入手的,将功能或方法当作分析、设计、实现的出发点和最终归宿。

业界流行的面向方面的方法、面向主体的方法和面向架构的方法都是面向对象的方法的具体应用。

1.2 信息化建设项目案例——电子政务系统

目前,信息化建设正在实现跨越式发展,成为支撑国民经济和社会发展的重要基础。随着互联网的飞速发展,信息化建设已经进入蓬勃发展阶段,信息系统对用户的教学、科研、工作、生活及其他诸多方面都提供了巨大的帮助。信息系统的应用面极其广泛,市场前景巨大,如管理信息系统(MIS)、电子商务系统、电子政务系统、企业资源计划系统(ERP)、办公自动化系统(OA)、数字化图书馆系统、医疗卫生系统、金融系统、物流系统、税务系统、电信计费系统等,所以信息系统建设及信息化建设项目的开发和管理的研究及实践受到人们的特殊重视。

利用计算机网络技术、数字通信技术与数据库技术实现信息采集和处理的系统称为信息系统。信息系统在社会领域得到广泛应用。本节以电子政务系统作为案例来介绍信息化建设的基本内容。

1.2.1 电子政务系统概述

关于电子政务的定义有很多,并且随着实践的发展而不断更新。

联合国经济及社会理事会将电子政务定义为政府通过信息通信技术手段的密集性和战略性应用组织公共管理的方式,它旨在提高效率,增强政府的透明度,改善财政约束,改进公共政策的质量和决策的科学性,建立良好的政府之间、政府与社会、社区之间及政府与公民之间的关系,提高公共服务的质量,赢得广泛的社会参与度。

世界银行则认为电子政务主要关注的是政府机构使用信息技术(例如万维网、互联网和移动计算),赋予政府部门以独特的能力,转变其与公民、企业和其他政府部门之间的关系。这些技术可以服务于不同的目的:向公民提供更加有效的政府服务,改进政府与企业和产业界的关系、通过利用信息更好地履行公民权,以及增加政府管理效能。因此而产生的收益可以减少腐败,提高透明度,促进政府服务更加便利化,增加政府收益或减少政府运行成本。

据美国锡拉丘兹大学市民社会与公共事务专家波恩汉姆(G. Matthew Bonham)教授和美国国会图书馆研究员赛福特(Jeffery W. Seifert)等人对发达国家电子政务的研究综述,电子政务对于不同的人来说意味着不同的事物,它可以通过行为进行阐述。例如,公民通过政府所提供的信息获取创业、就业信息;或者通过政府网站获得政府所提供的服务;或者在不同的政府机构之间创造共享性的数据库,以便在面对公民咨询时能够自动地提供政府服务。这种行为方式的描述,意味着电子政务对于不同的受益者而言是不同的,从共性上来看,它整合的是政府服务体系和服务手段,是政府服务形态在通信技术和信息技术革命情况下的自然演化和延伸。

因此,可以将电子政务定义为:利用计算机、网络和通信等现代信息技术手段,实现政府组织结构和工作流程的优化重组,超越时间、空间和部门分隔的限制,建成一个精简、高效、廉洁、公平的政府运作模式,以便全方位地向社会提供优质、规范、透明、符合国际水准的管理与服务。

电子政务是当今非常热门的话题,同时也是政府信息化的重点。电子政务的特点主要是构建服务于公众的信息化平台,以便实现政府职能部门的管理和服务职能的高效性。

电子政务与其他管理信息系统的主要区别如下:

(1) 由政府公务人员使用。

(2) 职能分散,同时适当集中,协作办公和交流是基本的工作方式。

(3) 服务于公众,最终用户是公众。

(4) 对系统安全性要求高,必须具有安全分层体系。

(5) 多层系统,分布架构,信息分散,集中管理,属于分布程度非常高的系统。

另外,由于电子政务系统是按照政务职能建设的,必然符合政府工作的特点,这不同于一般企业的管理信息系统。政府管理层次多,部门划分细,处理的信息格式复杂,信息量大,信息保密性高;而一般的企业管理系统则围绕企业内部工作的流程和数据处理方式进行处理,通常比较集中,数据信息专业化程度高,处理的工作流程比较简单。

政府作为国家管理部门开展电子政务,有助于政府管理的现代化。我国政府部门的职能正从管理型转向管理服务型,承担着大量的公众事务的管理和服务职能,更应及时上网,以适应未来信息网络化社会对政府的要求,提高工作效率和政务透明度,建立政府与人民群众直接沟通的渠道,为社会提供更广泛、更便捷的信息与服务,实现政府办公电子化、自动化、网络化。通过互联网这种快捷、廉价的通信手段,政府可以让公众迅速了解政府机构的组成、职能和办事章程以及各项政策法规,增加办事执法的透明度,并自觉接受公众的监督。同时,政府也可以在网上与公众进行信息交流,听取公众的意见与心声,在网上建立政府与公众相互交流的桥梁,为公众与政府部门打交道提供方便,并在网上行使对政府的民主监督权利。

1.2.2　电子政务系统分类

电子政务的总体建设目标是：以信息安全为基础，以数据获取和整合为核心，面向决策支持，面向公众服务。电子政务应用系统包括政府间、政府对企业、政府对公民 3 种类型。

1. 政府间的电子政务

政府间的电子政务是上下级政府、不同地方政府、不同政府部门之间的电子政务，主要包括以下 7 种系统。

1）电子法规政策系统

电子法规政策系统向所有政府部门和工作人员提供相关的现行有效的各项法律、法规、规章、行政命令和政策规范，使所有政府机关和工作人员真正做到有法可依、有法必依。

2）电子公文系统

电子公文系统用于在保证信息安全的前提下在政府上下级之间和部门之间传送有关的政府公文，如报告、请示、批复、公告、通知、通报等，使政务信息快捷地在政府内和政府各部门间流转，提高政府公文处理速度。

3）电子司法档案系统

电子司法档案系统用于在政府司法机关之间共享司法信息，如公安机关的刑事犯罪记录、审判机关的审判案例、检察机关的检察案例等，通过共享信息改善司法工作效率和提高司法人员综合能力。

4）电子财政管理系统

电子财政管理系统用于向各级国家权力机关、审计部门和相关机构提供分级、分部门的历年政府财政预算及其执行情况，包括从明细到汇总的财政收入、开支、拨付款数据，以及相关的文字说明和图表，以便有关领导和部门及时掌握和监控财政状况。

5）电子办公系统

电子办公系统用于通过电子网络完成机关工作人员的许多事务性工作，节约时间和费用，提高工作效率，例如工作人员通过网络申请出差、请假、复制文件、使用办公设施和设备、下载政府机关经常使用的各种表格、报销出差费用等。

6）电子培训系统

电子培训系统向政府工作人员提供各种综合性和专业性的网络教育课程。为适应信息时代对政府的要求，应加强对员工进行与信息技术有关的专业培训，员工可以通过网络随时随地注册参加培训课程、接受培训、参加考试等。

7）业绩评价系统

业绩评价系统用于按照设定的任务目标、工作标准和完成情况，对政府各部门业绩进行科学的测量和评估。

2. 政府对企业的电子政务

政府对企业的电子政务是指政府通过电子网络系统进行电子采购与招标，精简管理业务流程，快捷迅速地为企业提供各种信息服务。这类电子政务主要包括以下 5 种服务。

1）电子采购与招标

通过网络公布政府采购与招标信息，为企业特别是中小企业参与政府采购提供必要的帮助，向他们提供政府采购的有关政策和程序，使政府采购成为阳光作业，减少徇私舞弊和暗箱操作，降低企业的交易成本，节约政府采购支出。

2）电子税务

企业通过政府税务网络系统，在企业办公室或家里就能完成税务登记、税务申报、税款划拨、税收公报和税收政策查询等业务，这样既方便了企业，也减少了政府的开支。

3）电子证照办理

让企业通过互联网申请办理各种证件和执照，缩短办证周期，减轻企业负担，例如企业营业执照的申请、受理、审核、发放、年检、登记项目变更、核销，以及统计证、土地使用证、房产证、建筑许可证、环境评估报告等证件、执照和审批事项的办理。

4）信息咨询服务

政府将拥有的各种数据库信息对企业开放，以方便企业利用。例如法律/法规/规章/政策数据库、政府经济白皮书、国际贸易统计资料等信息。

5）中小企业电子服务

政府利用宏观管理优势和集合优势，为提高中小企业国际竞争力和知名度提供各种帮助，包括为中小企业提供统一的政府网站入口，帮助中小企业从电子商务供应商那里争取有利的和能够负担的电子商务应用解决方案等。

3. 政府对公民的电子政务

政府对公民的电子政务是指政府通过电子网络系统为公民提供各种服务。这类电子政务主要包括以下 8 种服务。

1）教育培训服务

建立全国性的教育平台，并资助所有学校和图书馆接入互联网和政府教育平台；政府出资购买教育资源，然后向学校和学生提供；重点加强对信息技术能力的教育和培训，以迎接信息时代的挑战。

2）就业服务

通过电话、互联网或其他媒体向公民提供工作机会和就业培训，促进就业。例如，开设网上人才市场或劳动市场，提供与就业有关的工作职位数据库和求职数据库信息；在就业管理和劳动部门所在地或其他公共场所建立网站入口，为没有计算机的公民提供接入互联网寻找工作职位的机会；为求职者提供网上就业培训和就业形势分析，指导就业方向。

3）电子医疗服务

通过政府网站提供医疗保险政策信息、医药信息、执业医生信息，为公民提供全面的医疗服务。公民可通过网络查询自己的医疗保险个人账户余额和当地公共医疗账户的情况；查询国家新审批的药品的成分、功效、试验数据、使用方法及其他详细数据，提高自我保健的能力；查询当地医院的级别和执业医生的资格情况，选择合适的医生和医院。

4）社会保险网络服务

通过电子网络建立覆盖地区甚至国家的社会保险网络，使公民通过网络及时、全面地了解自己的养老保险、失业保险、工伤保险、医疗保险等社会保险账户的明细情况，有利于加深社会保障体系的建立和普及;通过网络公布最低收入家庭补助,增加透明度;还可以通过网络直接办理有关的社会保险理赔手续。

5)公民信息服务

这种服务使公民得以方便、容易、费用低廉地接入政府法律/法规/规章/政策数据库;通过网络提供被选举人背景资料,增进公民对被选举人的了解;通过在线评论和意见反馈了解公民对政府工作的意见,改进政府工作。

6)交通管理服务

通过建立电子交通网站,提供对交通工具和司机的管理与服务。

7)公民电子税务

允许公民个人通过电子报税系统申报个人所得税、财产税等。

8)电子证件服务

允许居民通过网络办理结婚证、离婚证、出生证、死亡证明等有关证书。

1.2.3　电子政务建设的基础

电子政务建设的基础包括以下 7 个方面。

1. 信息网络建设

经过多年的努力,特别是通过计算机及网络技术的培训工作,使得各级干部提高了对办公业务处理计算机化、网络化工作的重视程度,各级政府部门的计算机信息系统和网络普及率越来越高,内部局域网的建设速度加快,规模逐步扩大。一些经济较发达、信息化建设水平较高的地区已有不少政府部门将日常办公的局域网接入城域网,在较大范围内开展网上办公和业务处理。另外,全国许多地区正在大力发展和建设宽带城域网,许多地区也已经或准备建设互联网络接入中心,这为政府部门的信息化建设打下了良好的网络环境基础。

2. 办公业务处理信息系统开发

目前全国许多地区的政府部门建立了办公自动化系统,实现日常办公事务的网络化处理。各级部门日常业务处理的计算机化、网络化进程较快,效益也比较明显。一些综合性、专业性比较强的部门(如工商行政管理部门、税务部门、劳动与社会保障部门等)已经或正在建立纵向联网的业务处理系统。

3. 政府业务上网

政府业务上网是指政府机关通过互联网开展日常业务,从而向社会公众提供服务。目前已有一些政府部门(如工商行政管理部门、税务部门等)在网上开展了一定程度的网上工商管理、网上税务等公众服务业务。

4. 政府信息上网

政府信息上网是指在互联网上建立网站或专栏,发布有关政府部门的职能、政策法规、机构设置、办事指南等信息。政府信息上网不仅增加了政府工作的透明度,而且在一定程度上提高了政府部门的工作效率。

5. 人力资源储备

前期的政府信息化建设已经为电子政务的全面发展锻炼和储备了大量人才,如计算机技术人员、信息安全技术人员、网络技术人员及系统运行维护人员等。他们在信息资源开发、大型网络工程建设、信息安全基础设施建设、办公业务应用系统开发、公众服务业务系统开发、工程实施与组织管理等方面具有丰富的实践经验和很强的工作能力。

6. 为电子政务提供安全保障的信息安全基础设施

经过一段时间的摸索与尝试,我国的电子政务已经取得了阶段性成果,但现有的网络和安全环境一直不能有效满足我国电子政务一体化的总体规划和建设目标。前期进行的信息基础设施建设中大量采用了国外的技术和产品,按照这种方式构筑的信息传输、交换和处理平台存在着相当多的安全漏洞和隐患,在这样的平台上发展电子政务有比较严重的安全问题。现有的电子政务网络基础设施和系统安全解决方案大多是通过防火墙、入侵检测、漏洞扫描、网络隔离等技术和相关设备来保障系统安全的。这种"保卫科"式的安全技术是必要的,而且在一定程度上可以保证信息系统的安全,但不能全面满足电子政务的安全需求,如信任与授权等。另外,各类安全设备往往构建于国外的硬件平台和操作系统之上,摆脱不了受限于人、受制于人、受控于人的被动局面,这对于我国电子政务的正常发展是非常不利的。

7. 有效支撑电子政务发展的软件技术

软件技术目前已得到了长足发展,这些技术构成先进、安全的电子政务系统。采用Web 开发的先进思想,应用 XML、.NET、Java 等技术,构筑跨平台、跨标准的软件平台,可以为电子政务建设提供安全、有效的支撑。

电子政务系统本身庞大而复杂,内容很多,在此不可能详细介绍。本书主要针对该项目案例的核心功能,包括权限分配和工作流(管理和审批等)的设计开发展开介绍。

本书主要围绕电子政务系统开发的理论和实践,全面介绍面向对象的设计、开发和管理。

习　题

1. 什么是软件工程?
2. 软件危机的表现有哪些?
3. 现代软件工程的研究内容有哪些?
4. 什么是面向过程的方法?
5. 什么是面向对象的方法?

第 2 章　项目开发流程与 UML 概述

2.1　项目开发流程

项目开发并不是一个简单的过程,需要遵循一定的开发流程。一个项目的开发会被分成很多步骤来实现,每个步骤都有自己的起点和终点。

不同的开发模式对各步骤的起点和终点的定义不一样,甚至包含的步骤和各步骤的顺序也不一样。虽然任何一个开发模式的最终目的都是完成软件项目的开发,但不同的开发模式所经历的过程不一样,步骤的起点和终点的定义不同,步骤的开始或终结的条件也就不一样,项目周期自然各不相同。因此,根据软件项目的实际情况,选择一个适合的开发模式,可以很大程度地缩短开发周期。

首先介绍传统瀑布式(Waterfall)开发流程,如图 2-1所示。

瀑布模型是由 W.W.Royce 在 1970 年提出的软件开发模型,在瀑布模型中,开发被认为是按照需求分析、设计、实现、测试(确认)、集成和维护依次连续进行的。这个模型太理想化、太单纯,以至于很多人认为它已不再适合现代的软件开发,几乎被业界完全抛弃了。

这里介绍 RUP(Rational Unified Process)业界普遍接受的译法是统一开发流程,它是目前最流行的一套项目开发模式。其基本特征是通过多次迭代完成一个项目的开发,每次迭代都会带来项目整体的递增。RUP 的流程如图 2-2 所示。

从纵向来看,项目的生命周期或工作流包括项目需求分析、系统分析和设计、实现、测试和维护等步骤;从横向来看,项目开发可以分为 4 个阶段:起始、细化、构建和交付。每个阶段都包括一次或者多次迭代,在每一次迭代中,根据不同的要求或工作流的环节(如需求分析、系统分析和设计等)投入不同的工作量,也就是说,在不同阶段的每次迭代中,生命周期的每个步骤是同步进行的,但权重不同。这是

RUP 与传统瀑布模型区别最大的地方。

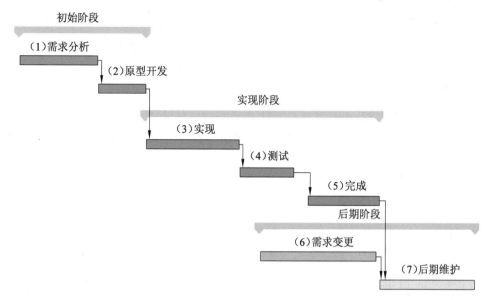

图 2-1 瀑布式开发流程

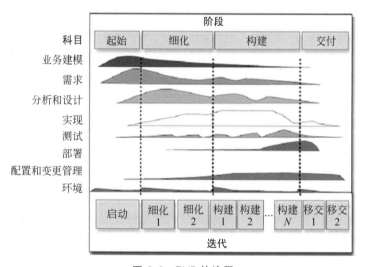

图 2-2 RUP 的流程

2.1.1 项目生命周期

项目生命周期主要分为以下 4 个步骤。

1. 需求分析

需求分析阶段的活动包括：定义潜在的角色（角色指使用系统的人以及与系统相互作用的软硬件环境），识别问题域中的对象和关系，以及基于需求规范说明和角色的需要发现用例（use case）和详细描述用例。

2. 系统分析和设计

系统分析的任务是基于需求分析阶段对问题和用户需求的描述建立现实世界的计算机实现模型。系统设计的任务是：结合问题域的知识和目标系统的体系结构(求解域)将目标系统分解为子系统,然后基于分析模型添加细节。

3. 实现

实现又称编码或开发,也就是将设计转换为特定的编程语言代码或硬件,同时保持先进性、灵活性和可扩展性。在这个阶段将系统分析和设计阶段建立的类转换为使用面向对象编程语言编制(不推荐使用过程语言)的实际代码。这一任务可能比较困难,也可能比较容易,主要取决于使用的编程语言本身的能力。

4. 测试和维护

测试用于检验系统是否满足用户的功能需求,以便增强用户对系统的信心。系统经过测试后,整个开发流程告一段落,进入系统的运行维护或新的功能扩展时期。

2.1.2 项目开发阶段

项目开发包括以下 4 个阶段。

1. 起始阶段

对于新的开发项目,起始阶段(inception phase)是很重要的,在项目继续进行前,必须处理重要的业务与需求风险;对于增强现有系统的项目,起始阶段是比较短暂的,但是其目的仍是确定该项目的实施价值及可行性。起始阶段有 4 个重要活动:
- 确定项目的范围。
- 计划并准备业务案例。
- 综合分析,得出备选架构。
- 准备项目环境。

2. 细化阶段

细化阶段(elaboration phase)的目标是为系统架构设立基线(baseline),为在构建阶段开展的大量设计与实施工作打下坚实的基础。架构是通过考虑最重要的需求与评估风险而形成的,架构的稳定性是通过一个或多个架构原型(prototype)进行评估的。

3. 构建阶段

构建阶段(construction phase)的目标是完成系统开发。构建阶段从某种意义来说是一个制造过程,其中的重点工作就是管理资源和控制操作,以优化成本、日程和质量。因此,在此阶段,管理理念应该进行一个转换,从起始阶段和细化阶段的知识产品开发转换到构建和交付阶段的部署产品的开发。

构建阶段的每次迭代都有 3 个关键活动:
- 管理资源与控制过程。
- 开发与测试组件。
- 对迭代进行评估。

4. 交付阶段

交付阶段(transition phase)的焦点就是确保软件对于最终用户是可用的。交付阶段包括为发布应用而进行的产品测试,在用户反馈的基础上进行微小的调整,等等。在这个阶段,用户反馈主要集中在产品微调、配置、安装及可用性等问题上。

交付阶段的关键活动如下:

- 确定最终用户支持资料。
- 在用户的环境中测试可交付的产品。
- 基于用户反馈精确调整产品。
- 向最终用户交付最终产品。

2.2　UML 概述

UML(Unified Modeling Language,统一建模语言)是实现项目开发流程的一个重要工具。它是一套可视化建模语言,由各种图来表达。图用来显示各种模型元素符号,这些模型元素经过特定的排列组合来阐明系统的某个特定部分(或方面)。一般来说,一个系统拥有多个不同类型的图。一个图是某个特定视图的一部分。通常,图是被分配给视图来绘制的。另外,某些图可以是多个不同视图的组成部分。

2.2.1　UML 图

UML 图分为静态模型和动态模型两大类。

静态模型包括以下 5 种图:

- 用例图(use case diagram)。
- 类图(class diagram)。
- 对象图(object diagram)。
- 组件图(component diagram)。
- 部署图(deployment diagram)。

动态模型包括以下 4 种图:

- 序列图(sequence diagram)。
- 协作图(collaboration diagram)。
- 状态图(state diagram)。
- 活动图(activity diagram)。

UML 图的类型见表 2-1。

表 2-1　UML 图的类型

类　型	定　义	性　质
用例图	一种行为图,显示一组用例、参与者及其关系	静态图,表示行为
类图	一种结构图,显示一组类、接口、协作及其关系	静态图,表示结构
对象图	一种结构图,显示一组对象及其关系	静态图,表示结构

续表

类　型	定　义	性　质
组件图	一种结构图,显示一组组件及其关系	静态图,表示结构
部署图	一种结构图,显示一组节点及其关系	静态图,表示结构
序列图	一种行为图,显示一个交互,强调消息的时间排序	动态图,表示行为
协作图	一种行为图,显示一个交互,强调消息发送和接收对象的结构组织	动态图,表示行为
状态图	一种行为图,强调一个对象按事件排序的行为,即从状态到状态的控制流,或从事件到事件的控制流	动态图,表示行为
活动图	一种行为图,强调从活动到活动的流动,本质上是一种流动图	动态图,表示行为

1. 用例图

用例图显示多个外部参与者以及它们与系统之间的交互和连接,如图 2-3 所示。一个用例是对系统提供的某个功能(该系统的一个特定用法)的描述。虽然实际的用例通常用普通文本来描述,但是也可以利用活动图来描述用例。用例仅仅描述系统参与者从外部通过对系统的观察而得到的功能,并不描述这些功能在系统内部是如何实现的,也就是说,用例定义系统的功能需求。

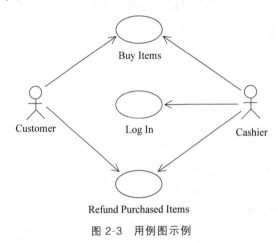

图 2-3　用例图示例

2. 类图

类图用来显示系统中各个类的静态结构,如图 2-4 所示。类代表系统内处理的事物。类可以以多种方式相互连接在一起,包括关联(类互相连接)、依赖(一个类依赖/使用另一个类)、特殊化(一个类是另一个类的特化)或者打包(多个类组合为一个单元)。所有这些关系连同每个类的内部结构都显示在类图中。其中,一个类的内部结构是用该类的属性和操作表示的。因为类图所描述的结构在系统生命周期的任何一处都是有效的,所以通常认为类图是静态的。

常常会使用特殊化(specialize)、一般化(generalize)、特化(specialization)和泛化(generalization)这几个术语来描述两个类之间的关系(前两个术语作为动词使用,后两个

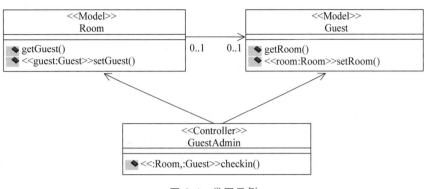

图 2-4　类图示例

术语作为名词使用)。例如,对于类 A(即父类)派生出类 B(即子类)的过程,也常常这样描述:类 A 可以特殊化为类 B,而类 B 可以一般化为类 A;或者类 A 是类 B 的泛化,而类 B 是类 A 的特化。

一个系统一般都有多个类图(而不是所有的类都放在一个类图中),并且一个类可以出现在多个类图中。

3. 对象图

对象图是类图的变体,它使用的符号与类图几乎一样。对象图和类图的区别是:对象图用于显示类的多个对象实例,而不是实际的类。所以,对象图就是类图的一个实例,显示系统执行时的一个可能的快照(snapshot)——在某一时间点上系统可能呈现的样子。虽然对象图使用与类图相同的符号,但是有两处例外:对象图用带下画线的对象名称来表示对象和显示一个关系中的所有实例,如图 2-5 所示。

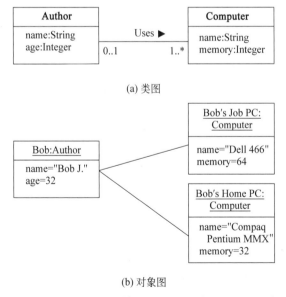

图 2-5　类图和对象图示例

虽然对象图没有类图那么重要,但是它可以用于为一个复杂的类图提供示例,以显示实际的关系可能的样子。另外,对象图也可作为协作图的一部分,用于显示一群对象之间的动态协作关系。

4. 组件图

组件图用代码组件来显示代码物理结构。其中,组件可以是源代码组件、二进制组件或一个可执行的组件。因为一个组件包含它所实现的一个或多个逻辑类的相关信息,于是就创建了一个从逻辑视图到组件视图的映射。根据组件图中显示的组件之间的依赖关系,可以很容易地分析出其中某个组件的变化将会对其他组件产生什么样的影响。另外,组件也可以用它们输出的任意接口来表示,并且它们可以被聚集在包内。一般来说,组件图用于实际的编程工作中,如图 2-6 所示。

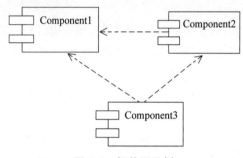

图 2-6　组件图示例

5. 部署图

部署图用于显示系统中的硬件和软件的物理结构。部署图可以显示实际的计算机和设备(节点),同时还有它们之间的必要连接,也可以显示这些连接的类型,如图 2-7 所示。在图中显示的那些节点内,已经分配了可执行的组件和对象,以显示这些软件单元分别在哪个节点上运行。另外,部署图也可以显示组件之间的依赖关系。

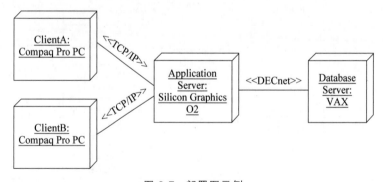

图 2-7　部署图示例

部署图描述系统的物理结构,这与用例图的功能描述完全不同。但是,对于一个明确定义的模型来说,可以实现从头到尾的完整导航:从物理结构中的一个节点导航到分配给该节点的组件,再到该组件实现的类,接着到该类的对象参与的交互,最终到达用例。系统的不同视图在总体上给系统一个一致的描述。

6. 序列图

序列图(又叫顺序图、时序图)显示多个对象的动态协作,如图 2-8 所示。序列图的重点是显示对象之间发送消息的时间顺序。它也显示对象之间的交互,也就是在系统执行时某个指定时间点将发生的事情。序列图由多个用垂直线显示的对象组成。在图 2-8 中,时间从上到下推移,序列图显示对象之间随着时间的推移而交换的消息或函数。消息是用带消息箭头(→)的直线表示的,位于垂直线之间。时间说明及其他注释放到一个脚本中,并将其放置在序列图旁边的空白处。

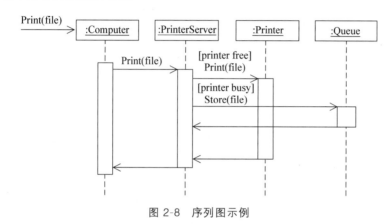

图 2-8 序列图示例

7. 协作图

协作图像序列图一样显示动态协作。为了显示一个协作,通常需要在序列图和协作图之间进行选择。除了显示消息的交换(称为交互)以外,协作图也显示对象及它们之间的关系(称为上下文)。通常,选择序列图还是协作图的决定条件是:如果时间或顺序是需要重点强调的方面,那么选择序列图;如果上下文是需要重点强调的方面,那么选择协作图。序列图和协作图都用于显示对象之间的交互。

协作图可当作一个对象图来绘制,它显示多个对象及它们之间的关系(利用类图或对象图中的符号来绘制),如图 2-9 所示。协作图中对象之间带箭头的线显示对象之间的消息流向。图 2-9 中的消息上放置了标签,用于显示消息发送的顺序。协作图也可以显示条件、迭代和返回值等信息。当开发人员熟悉消息标签语法之后,就可以读懂对象之间的协作,以及跟踪执行流程和消息交换顺序。协作图也可以包括活动对象,这些活动对象可以与其他活动对象并发地执行。

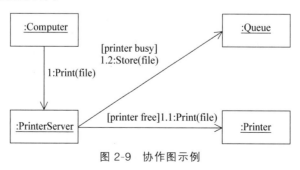

图 2-9 协作图示例

8. 状态图

一般来说,状态图是对类的描述的补充。它用于显示类的对象可能具备的所有状态以及引起状态改变的事件,如图 2-10 所示。一个对象的事件可以是另一个对象向其发送的消息,例如到了某个指定的时刻,或者已经满足了某条件。状态的变化称为转换。一个转换也可以有一个与之相连的动作,后者用以指定完成该转换应该执行的操作。

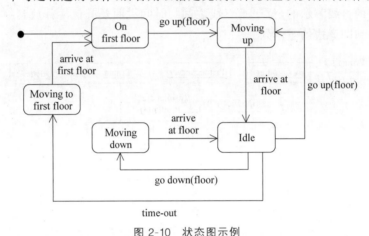

图 2-10　状态图示例

在实际建模时,并不需要为所有的类都绘制状态图,仅当类有多个明确状态,并且这些状态会影响和改变类的行为时,才绘制类的状态图。另外,也可以为系统绘制整体状态图。

9. 活动图

活动图用于显示一系列顺序的活动,如图 2-11 所示。尽管活动图也可以用于描述用例或交互活动的流程,但是一般来说,它主要还是用于描述在一个操作内执行的活动。活动图由多个动作状态组成,后者包含将被执行的活动(即一个动作)的规格说明。当动作完成后,动作状态将会改变,转换为一个新的状态(在状态图内,状态在进行转换之前需要显式标明事件)。于是,控制就在这些互相连接的动作状态之间流动。同时,在活动图中也可以显示决策和条件以及动作状态的并发执行。另外,活动图也可以包含那些被发送或接收的消息的规格说明,这些消息是被执行的动作的一部分。

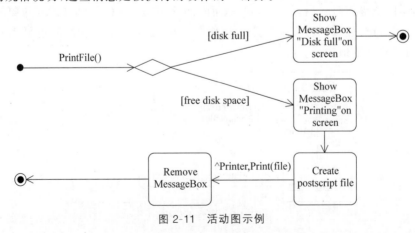

图 2-11　活动图示例

2.2.2 Rational Rose 及其使用

1. Rational Rose 简介

在使用 UML 进行面向对象分析设计时,常常使用一些工具。Rational Rose 就是这样一种 UML 建模工具,它可以提供建立、修改和操作 Rational Rose 视图的功能。Rational Rose 的运行环境为 Windows、UNIX(Solaris、HP/UX、AIX、DEC UNIX)等。Rational Rose 支持 Unified、Booch、OMT 标记法。

在 Rational Rose 中有 4 种视图,分别是用例视图、逻辑视图、组件视图和拓扑视图。

1)用例视图

用例视图中包含以下 UML 图:

(1)用例图。

(2)交互图。

用例图可以描述该系统中部分或全部的用例。交互图描述了系统在逻辑设计中存在的对象及其关系,它可以代表系统中对象的结构。Rational Rose 中包含以下两种交互图,它们对同一交互操作提供了不同的浏览视角。

- 序列图:按时间顺序排列对象的交互操作。
- 协作图:围绕对象及其间的连接关系组织对象的交互操作。

2)逻辑视图

逻辑视图中的元素可以用一种或多种图形来表示。逻辑视图中可以包含以下 UML 图:

(1)类图。

(2)状态图。

类图是静态视图,它描述了系统逻辑设计中存在的包、类及其关系。类图可以代表该系统中部分或全部的类结构,在模型中有一些典型的类图。

状态图描述了给定类的状态转换空间、导致状态转换的事件和导致状态改变的动作。

3)组件视图

可以在一个或多个组件图中查看和使用组件视图中的元素。组件图描述了系统在物理设计中组件中的类和对象的分配情况,可以代表系统中部分或全部的组件结构。组件图描述了包、组件、依赖关系。

4)拓扑视图

拓扑视图中的元素可以在拓扑图形中被浏览。拓扑视图只能包含一个拓扑图。拓扑视图描述了系统在物理设计阶段进程处理的分配情况。

2. Rational Rose 的使用

1)绘制用例图

(1)右击 Use Case View,在快捷菜单中选择 New→Use Case Diagram 命令,新建用例图视窗,如图 2-12 所示。

(2)单击工具栏中的用例工具,在用例图视窗中单击,便可添加用例。也可以右击 Use Case View,在快捷菜单中选择 New→Use Case 命令添加用例,然后将添加的用例拖入用例图视窗中,如图 2-13 所示。

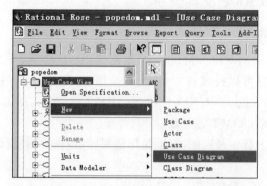

图 2-12　选择 New→Use Case Diagram 命令

图 2-13　选择 New→Use Case 命令

（3）双击用例,或者右击用例,在快捷菜单中选择 Open Specification 命令,如图 2-14 所示,设置用例属性,如图 2-15 所示。

图 2-14　选择 Open Specification 命令

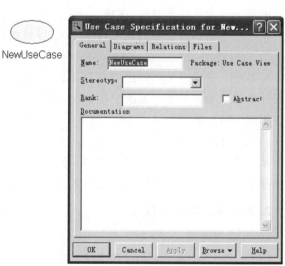

图 2-15　设置用例属性

（4）单击工具栏上的角色工具，在用例图视窗中单击，便可添加角色；也可以右击 Use
Case View，在快捷菜单中选择 New→Actor 命令添加角色，然后将添加的角色拖入用例图
视窗中，如图 2-16 所示。

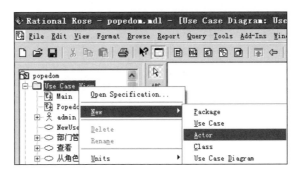

图 2-16　选择 New→Actor 命令

（5）双击角色，或者右击角色，在快捷菜单中选择 Open Specification 命令，如图 2-17
所示，设置角色属性，如图 2-18 所示。

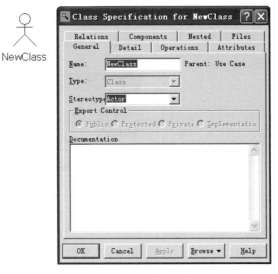

图 2-17　选择 Open Specification 命令　　　　图 2-18　设置角色属性

（6）使用工具栏上的单向关联工具添加角色与用例之间的关联。单击单向关联工具
选择角色，将其拖向要关联的用例。

完整的用例图示例如图 2-19 所示。

2）绘制类图

（1）右击 Use Case View，在快捷菜单中选择 New→Class Diagram 命令，新建类图视
窗，如图 2-20 所示。

（2）单击工具栏上的 Class 工具，在类图视窗中单击便可添加类；也可以右击 Use Case
View，在快捷菜单中选择 New→Class 命令添加类，然后将添加的类拖入类图视窗中，如
图 2-21 所示。

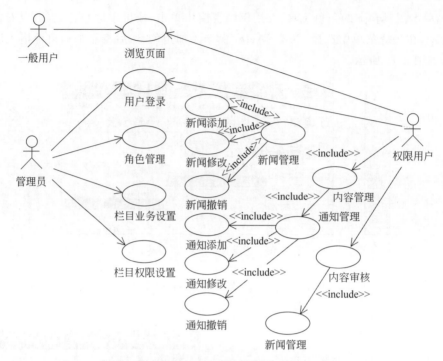

图 2-19　单向关联工具和完整的用例图示例

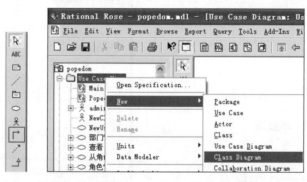

图 2-20　选择 New→Class Diagram 命令

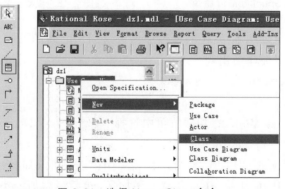

图 2-21　选择 New→Class 命令

（3）双击类，或者右击类，在快捷菜单中选择 Open Specification 命令，如图 2-22 所示，向类中添加方法和属性，如图 2-23 所示。

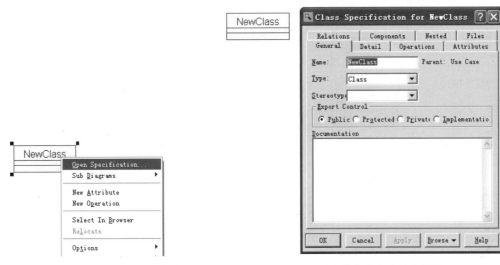

图 2-22 选择 Open Specification 命令　　图 2-23 向类中添加方法和属性

（4）单击工具栏上的接口工具添加接口。

（5）双击接口，或者右击接口，在快捷菜单中选择 Open Specification 命令，如图 2-24 所示，向接口中添加方法，如图 2-25 所示。

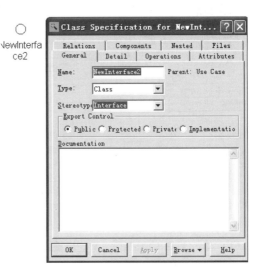

图 2-24 选择 Open Specification 命令　　图 2-25 向接口中添加方法

（6）添加类的继承关系和接口的实现，如图 2-26 所示。用泛化工具描述类的继承，用实现工具描述接口的实现，用依赖工具描述依赖。

完整的类图示例如图 2-27 所示。

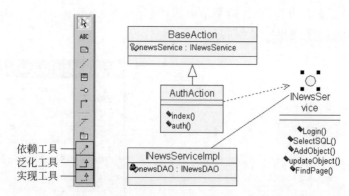

图 2-26　添加类的继承关系和接口的实现

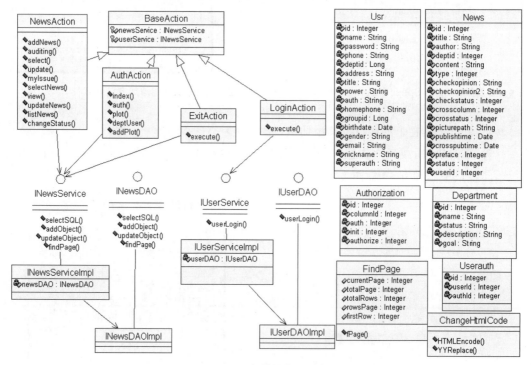

图 2-27　完整的类图示例

3）绘制序列图

（1）右击 Use Case View,在快捷菜单中选择 New→Sequence Diagram 命令新建序列图视窗,如图 2-28 所示。

（2）单击工具栏上的对象工具添加对象,双击添加的对象选择对应的类或接口;也可以把已经生成的类和接口拖入序列图视窗中,如图 2-29 所示。

（3）用工具栏中的对象消息工具表示执行顺序,用工具栏中的返回消息工具表示返回,如图 2-30 所示。

（4）双击对象消息和返回消息,添加说明,如图 2-31 和图 2-32 所示。

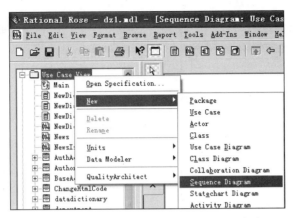

图 2-28 选择 New→Sequence Diagram 命令

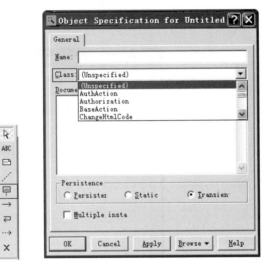

图 2-29 添加对象

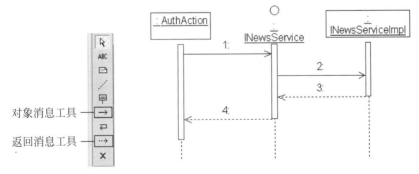

图 2-30 添加执行顺序和返回

完整的序列图示例如图 2-33 所示。

在本书后面的内容中,会使用 Rational Rose 和 UML 图来进行需求分析和系统分析设计等工作。

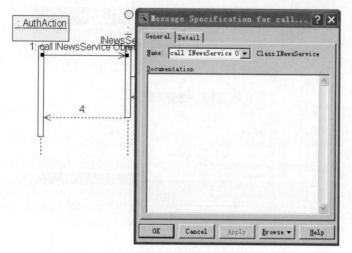

图 2-31　为对象消息添加说明

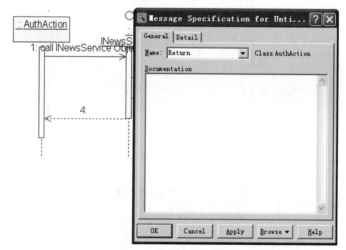

图 2-32　为返回消息添加说明

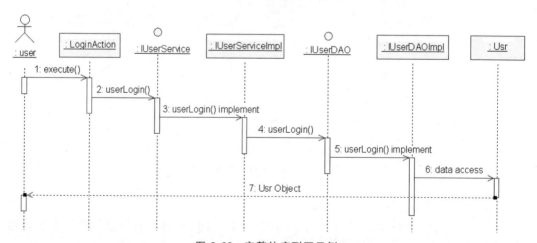

图 2-33　完整的序列图示例

习　　题

1. UML 图具体分为哪两大类?

2. UML 静态模型包括哪些图?

3. UML 动态模型包括哪些图?

4. 什么是用例图?

5. 什么是类图?

6. 什么是序列图?

7. Rational Rose 中有哪 4 种视图?

第 3 章　软件需求分析

3.1　软件需求分析概述

需求分析是整个项目开发流程的第一个环节,它是在用户和软件开发组之间建立对用户的共同理解,由软件开发组进行分析、精化并详细描述后,按文档规范编写出《软件需求规格说明书》(Software Requirement Specification,SRS)的过程。

软件需求分析特别重要。在软件工程的历史中,很长时间里人们一直认为需求分析是整个软件工程中的一个简单步骤,但在过去十多年中,越来越多的人认识到它是整个过程中最关键的一个过程。只有通过软件需求分析,才能把软件功能和性能的总体概念描述为具体的软件需求规格说明,从而奠定软件开发的基础。许多大型应用系统的失败最后均归结到需求分析的失败:要么获取需求的方法不当,使得需求分析不到位或不彻底,导致开发者反复多次地进行需求分析,致使设计、编码、测试无法顺利进行;要么客户配合不好,导致客户对需求不确认,或客户需求不断变化,同样致使设计、编码、测试无法顺利进行。

需求分析是一项重要的工作,也是最困难的工作。该阶段工作具有以下特点:

(1) 用户与开发人员很难进行交流。

在软件生命周期中,其他阶段都是面向软件技术方面的,只有本阶段是面向用户的。需求分析是对用户的业务活动进行分析,以便明确在用户的业务环境中软件系统应该“做什么”。但是在开始时,开发人员和用户双方都不能准确地提出系统要“做什么”,因为软件开发人员不是用户问题领域的专家,不熟悉用户的业务活动和业务环境,又不可能在短期内搞清楚;而用户不熟悉计算机应用的有关问题。由于双方互相不了解对方的工作,又缺乏共同语言,所以在交流时存在着隔阂。

（2）用户的需求是动态变化的。

对于一个大型而复杂的软件系统，用户很难精确、完整地提出它的功能和性能要求。一开始只能提出一个大概、模糊的功能，只有经过长时间的反复认识才逐步明确，有时进入设计、编程阶段才能明确，甚至到开发后期还在提新的要求。这无疑会给软件开发带来困难。

（3）系统变更的代价呈非线性增长。

需求分析是软件开发的基础。假定在该阶段发现一个错误，解决它需要用 1h，到设计、编程、测试和维护阶段解决，则要花费 2.5h、5h、25h 甚至 100h 的时间。

3.2 软件需求分析过程

3.2.1 什么是软件需求

从根本上讲，软件需求就是为了解决现实世界中的特定问题，软件必须展现的属性。

软件需求包括两部分：功能性需求和非功能性需求。虽然功能性需求是对软件系统的一项基本需求，但却并不是唯一的需求。除功能性需求外，软件质量属性的特性称为系统的非功能性需求。这些特性包括系统的易用性、执行速度、可靠性，处理异常情况的能力与方式等。在决定系统的成功或失败的因素中，满足非功能性需求往往比满足功能性需求更为重要。软件需求的组成见图 3-1。

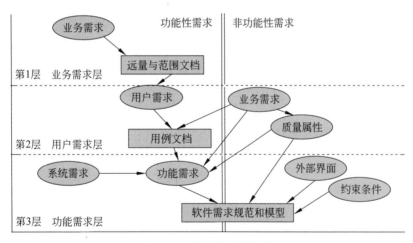

图 3-1 软件需求的组成

软件需求的属性包括可验证性、优先级、唯一性和定量化。

（1）可验证性。这是软件需求的基本属性。软件需求必须是可验证的，否则软件的评审和测试就没有相应的依据。

（2）优先性。软件需求具有优先级，应该能够在有限的资源（资金、人员、技术）情况下进行取舍。

（3）唯一性。软件需求应唯一地标识出来，以便在软件配置管理和整个软件生命周期中进行管理。

（4）定量化。软件需求应尽可能地表述清楚，没有二义性，进行适当的量化，应避免含糊、无法测试、无法验证的需求出现。软件质量的可靠性和用户界面的友好性等非功能性需求的量化尤为重要。例如，系统应支持 2000 个并发用户，系统回应时间应低于 10s，这就是需求的量化。

3.2.2 需求分析过程中的角色

需求分析过程涉及各种角色的人员。需求分析人员应协调软件开发人员和各领域内的专家共同完成需求分析过程。软件的涉众（牵涉到的角色）随项目的不同而不同，但至少包括用户（操作人员）和客户。典型的需求分析过程中的角色如表 3-1 所示。

表 3-1　典型的需求分析过程中的角色

角色名称	描述
用户	直接操作软件的人员，他们通常具有不同的业务角色，具有不同的业务需求
客户	软件开发的委托方或软件市场的目标客户
市场分析人员	对于没有具体客户的通用软件，市场分析人员将提供市场需要，并对实际客户进行模拟
系统分析师	对于类似的项目，系统分析师将对以前的系统进行评估，判断是否存在重用的可能

对于涉众的各种需求通常很难完全满足，系统分析师应根据预算、技术等条件进行取舍。

3.2.3 需求分析过程的迭代

软件需求分析是一个不断认识和逐步细化的过程。该过程将软件计划阶段所确定的软件范围（工作范围）逐步细化到可详细定义的程度，并分析出各种不同的软件元素，然后为这些元素找到可行的解决办法。需求分析过程要适应客户和项目的环境，并作为配置项纳入配置管理。关于配置管理的具体内容将在第 8 章中详细讲解。

当前的软件业面临着巨大竞争压力，要求软件企业开发的项目有更低的构建成本和更短的开发周期。有些项目受环境的影响很大，有些项目是对原有项目的升级，有些项目客户要求在指定的架构下完成。在项目初期，客户不能完全确定需要什么，对计算机的能力和限制不甚了解，所以需求分析过程很难一步到位。随着项目的深入，需求将随时间而发生变化。

因此，需求分析过程是一个迭代的过程，每次迭代都提供更高质量和更详细的软件需求。这种迭代会给项目带来一定的风险，上一次迭代的设计实现可能会因为需求不足而被推翻。但是，系统分析师都应根据项目计划，在给定的资源条件下得到尽可能高质量的需求。

在很多情况下，对需求的理解会随着设计和实现的过程而不断深入，这也会导致在软件生命周期的后期重新修订软件需求。原因可能来自错误的分析、客户环境和业务流程的改变、市场趋势的变化等。无论什么原因，系统分析师都应认识到需求变化的必然性，并采取相应的措施减少需求变更对软件系统的影响。变更的需求必须经过仔细的需求评审、需求跟踪和比较分析后才能实施。

3.2.4　需求来源

理解问题域的第一步是提取需求,即确定需求的来源,识别软件的涉众,确立开发团队与客户间的关系。提取需求时,要求开发人员与用户保持良好的沟通。

软件需求的来源很多,要尽可能多地识别显式的来源和潜在的来源,并评估这些来源对系统的影响。典型的来源包括以下 5 种。

(1) 系统目的。这是指软件的整体目的或高层的目标。这是进行软件开发的动机,但它们通常表达得比较模糊。系统分析师需要仔细地评估这些目标的价值和成本,对系统的整体目标进行可行性研究。

(2) 行业知识。系统分析师需要获取业务领域内的相关知识。因为涉众对于通用的行业知识会略而不谈,一些行业惯例需要系统分析师根据环境进行推断。当需求发生矛盾时,系统分析师可以利用行业知识对各种需求进行权衡。

(3) 软件涉众。应充分考虑不同软件涉众的需求,如果只强调某一角色的需求,忽略其他角色的需求,往往将导致软件系统的失败。系统分析师应从不同涉众的角度去识别、表述他们的需求。用户的文化差异和客户的组织结构常常是系统难以正常实施的原因。

(4) 运行环境。软件的运行环境包括地域限制、实时性要求和网络性能等。系统的可行性和软件架构都依赖于这些环境需求。

(5) 组织环境。软件作为一个组织的业务流程支持工具,受到组织结构、企业文化和内部政策的影响。软件的需求也与组织结构、企业文化和内部政策有关。

3.2.5　需求获取方法

常用的需求获取方法有以下 6 种:

(1) 实地参与业务工作。通过亲身参与业务工作来了解业务活动的情况。这种方法可以比较准确地理解用户的需求,但比较耗费时间。

(2) 开调查会。通过与用户座谈来了解业务活动情况及用户需求。座谈参加者可以相互启发。

(3) 请专人介绍。

(4) 面谈。对某些调查中的问题,可以找专人询问。

(5) 设计调查表请用户填写。如果调查表设计得合理,这种方法是很有效的,也易于被用户接受。

(6) 查阅记录。查阅与原系统有关的数据记录,包括原始单据、账簿、报表等。

通过调查了解获取了用户需求后,还需要进一步分析和表达用户的需求。

3.2.6　软件需求表达

如何有效地表达软件需求?这里建议使用用例建模技术。该技术是十多年来最重要的需求分析技术,在保障全球各类软件的成功开发中发挥了极其重要的作用。实践证明,用例建模技术是迄今为止最为深刻、准确和有效的系统功能需求描述方法。功能需求是指系统输入到输出的映射以及它们的不同组合,任何功能都必然要通过外部环境与系统之间的交互才能完成,因此,可以在内容和形式上把用例和系统的功能需求等同起来。

用例建模技术不同于结构化功能分解的特点有以下几个:

(1) 显式地表达用户的任务目标层次,突出系统行为与用户利益间的关系。

(2) 通过描述执行实例情节(交互行为序列、正常/非正常事件流),能够完整地反映软件系统用以支持特定功能的行为。

(3) 以契约(前置/后置条件等)的形式突出了用户和系统之间常常被忽略的背后关系。

(4) 部署约束等非功能需求与系统行为直接绑定,能够更准确地表达此类需求。

基于用例的需求表达体系如图 3-2 所示。

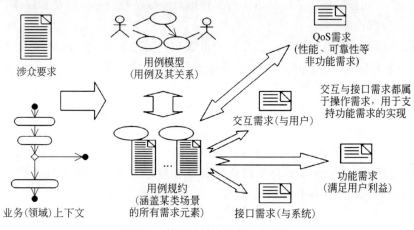

图 3-2　基于用例的需求表达体系

1. 用例图

1) 用例图概述

用例建模技术离不开用例图。在 UML 中,用例图又叫作用况图。它用于定义系统的行为,展示角色(系统的外部实体,即参与者)与用例(系统执行的服务)之间的相互作用。用例图是需求和系统行为设计的高层模型,它以图形化的方式描述外部实体对系统功能的感知。用例图从用户的角度来组织需求,每个用例描述一个特定的任务。用例图的组成元素如表 3-2 所示。

表 3-2　用例图的组成元素

名称	形　式	说　　明
角色	角色名称	代表与系统交互的实体。角色可以是用户、其他系统或者硬件设备。在用例图中以小人表示。例如"图书管理员""读者"和"系统管理员"是与系统交互的角色
用例	用例名称	定义了系统执行的一系列活动,产生一个对特定角色可观测的结果。在用例图中以椭圆表示。这一系列活动可以是系统执行的功能、数学计算或其他产生一个结果的内部过程。活动是原子性的,即要么完整地执行,要么完全不执行。活动的原子性可以决定用例的粒度。用例必须向角色提供反馈

名称	形　式	说　　明
关联	———————	用户和用例之间的交互关系。用实线表示
用例关系	<<引申类型>> ------------>	用例与用例之间的关系。用带箭头的虚线表示。用例之间的关系可以用引申类型进行语义扩展,如<<include >>等

用例模型可以在不同层次上建立,具有不同的粒度。

2) 用例层次

把用例划分为 3 个目标层次:概要层、用户目标层和子功能层,并通过引入巧妙的 Why/How 技术帮助分析者找到合适的目标层次,从而可以有效地把握用例的粒度(真正的用例最终应落实到用户目标层)。

值得注意的是,在实践中应该特别关注用户目标层用例。引入概要层用例的主要目的是为了包含一个或多个用户目标层用例,为系统提供全局功能视图;引入子功能层用例,则是为了表达用户目标层用例的具体实现步骤。

3) 用例范围

根据范围的不同,用例可分为业务用例和系统用例两种。

业务用例的概要描述如下:

- 它是在业务中执行的一系列动作,这些动作为业务的个体主角产生具有可见价值的结果。
- 它的实质是业务流程。
- 它可以分为核心业务用例、支持业务用例和管理业务用例。
- 它主要包括业务角色、业务活动、业务实体、业务规则。

系统用例的概要描述如下:

- 它是系统执行的一系列动作,这些动作将生产特定主角可观测的结果值。
- 它主要包括系统角色和系统的一系列交互过程。

当前的讨论边界(System under Discussion,SuD)一般比较容易确定,那么如何从用例的范围上判断一个用例是业务用例还是系统用例呢? 如果某个 SuD 或者用例的范围包含了人及由人组成的团队、部门、组织的活动,那么针对这个 SuD 写出的用例必然是业务用例;如果该 SuD 仅仅是一些软件、硬件、机电设备或由它们组成的系统,并不涉及人的业务活动,那么针对这个 SuD 写出的用例就是系统用例。

4) 用例关系

用例关系分为以下 3 种。

(1) 角色和角色之间的关系。角色和角色之间只有继承关系,它表示子类角色将继承父类角色在用例中所能担任的角色。

(2) 角色和用例之间的关系。角色和用例之间只有使用关系,它表示角色将使用用例提供的服务。

(3) 用例和用例之间的关系。分为以下 3 种关系:

- 包含关系。通常是指一个大的用例包含了几个小的用例,几个小的用例组成一个大的用例。

- 扩展关系。是基于扩展点的两个独立用例(分别称为基本用例和扩展用例)之间的关系。扩展用例为基本用例的实例增添新的行为,其实质是扩展事件流的延伸,两个用例是相互独立的。
- 继承关系。父用例可以特殊化为一个或多个子用例,这些子用例代表了父用例比较特殊的形式,子用例继承父用例的所有结构、行为和关系。

用例关系示例如图 3-3 所示。

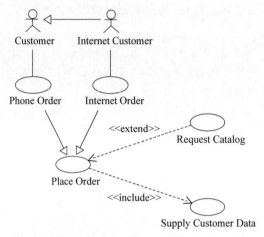

图 3-3　用例关系示例

2. 用例描述

建立用例模型时,除了绘制用例图外,还要对用例进行描述,也就是详细展开每个用例的内容。用例描述可以是文字性的,也可以用活动图进行说明。文字性的用例描述模板如下:

用例编号:
用例名称:
用例描述:
前置条件:(描述用例执行前必须满足的条件)
后置条件:(描述用例执行结束后将执行的内容)
基本事件流:(也称主事件流,描述在常规条件下系统执行的步骤)
　　1.(步骤 1)。
　　2.(步骤 2)。
　　3.(步骤 3)。
　　……
扩展事件流:(也称分支事件流,描述在其他情况下系统执行的步骤)
　　2a(扩展步骤 2a)。
　　2a1(扩展步骤 2a1)。
　　……
异常事件流:(描述在异常情况下可能出现的场景)

以"借书登记"为例,其具体的用例描述如下:

用例编号:3.1

用例名称:借书登记

用例描述:图书管理员对读者借阅的图书进行登记。读者借阅图书的数量不能超过规定的数量。如果读者有过期未还的图书,则不能再借阅图书。

前置条件:读者取得借阅的图书。

基本事件流:

  1.读者请求借阅图书。

  2.检查读者的状态。

  3.检查图书的状态。

  4.标记图书为借出状态。

  5.读者获取图书。

扩展事件流:

  2a 如果用户借阅数量超过规定数量,或者有过期未还的图书,则用例终止。

  3a 如果借阅的图书不存在,则用例终止。

异常事件流:

  无

---

3. 需求的优先级

每一个具有有限资源的软件项目必须理解需求所要求的特性、使用实例和功能需求的相对优先级。设定需求的优先级意味着权衡每个需求的业务利益和它的费用,以及它所涉及的结构基础和对产品的未来评价。项目经理必须权衡合理的项目范围和进度安排、预算、人力资源及质量目标的约束。

设定需求的优先级有助于项目经理解决冲突,安排阶段性交付,并且做出必要的取舍。

- 当客户的期望很高、开发时间短并且资源有限时,必须尽早确定要交付的产品应具备的最重要的功能。
- 建立每个功能的相对重要性有助于规划软件的构造,以最少的费用提供产品的最大功能。
- 当采用渐增式开发方式时,设定需求的优先级特别重要。因为在开发过程中,交付进度安排很紧,并且日期不可改变,必须排除或推迟一些不重要的功能。

系统分析员的态度和做法如下:

- 在需求分析阶段,应该明确地提出需求的优先级和处理策略,并在软件需求规格说明书中明确说明。
- 应当在项目的早期阶段设定优先级,这有助于逐步作出相互协调的决策,而不是在最后阶段匆忙决定。
- 评价优先级时,应该看到不同需求之间的内在联系以及它们与项目业务需求的一致性。

- 在判断出某个需求的优先级较低之前,如果开发人员已经实现了将近一半的特性和功能,那么这将是一种浪费,这个责任应该由系统分析员承担。

与在客观世界中人们对事务的分类习惯和方法相一致,系统需求的优先级设定分成 3 类。例如:高、中、低;基本的、有条件的、可选的;3、2、1;等等。

需求的优先级设定如表 3-3 所示。

表 3-3　需求的优先级设定

优先级命名	意　　义
高	一个关键任务的需求;下一版本所要求的
中	支持必要的系统操作;最终所要求的,但如果有必要,可以延迟到下一个版本
低	功能或质量上的增强;如果资源允许,实现这些需求会使产品更完美
基本的	只有在这些需求上达成一致意见,软件才会被接受
有条件的	实现这些需求将增强产品的性能;但如果忽略这些需求,产品也是可以被接受的
可选的	一个功能类,实现或不实现均可
3	必须完美地实现
2	需要付出努力,但不必做得太完美
1	可以包含缺陷

3.3　项目案例

3.3.1　学习目标

(1) 理解需求分析的概念及其重要性。
(2) 掌握软件需求分析中的用例建模技术。
(3) 掌握软件需求的表达和软件需求规格说明书的编写。

3.3.2　案例描述

本书以亚思晟 eGov 电子政务项目作为贯穿全书的大型系列。本案例给出了真实的软件需求规格说明书文档。《eGov 电子政务项目需求规格说明书》展现了功能和非功能需求及其文档的标准格式,通过它可以更好地熟悉和理解软件需求的表达。

3.3.3　案例要点

在实际工作中,需要将需求分析过程通过软件需求文档记录下来。软件需求文档虽然可以有各种不同的格式,但它的主要内容均应包括用例描述和界面导航图。

3.3.4 案例实施^①

eGov 电子政务项目需求规格说明书

1 引言

1.1 编写目的

本需求规格说明书对项目的背景、范围、验收标准和需求等信息进行说明,包括功能性需求和非功能性需求,确保所有参与者对用户需求的理解一致。

预期的读者有(甲方)的需求提供者、项目负责人、相关技术人员等,北京亚思晟商务科技有限公司(乙方)的项目组成员,包括项目经理、客户经理以及分析、设计、开发、测试等人员。

1.2 背景

电子政务系统是基于互联网的应用软件。在研究中心的网上能了解到已公开发布的不同栏目(如新闻、通知等)的内容,各部门可以发布栏目内容(如新闻、通知等),有关负责人对需要发布的内容进行审批。其中,有的栏目内容(如新闻)必须经过审批才能发布,有的栏目内容(如通知)则不需要审批就能发布。系统管理人员对用户及其权限进行管理。

1.3 定义

无

1.4 参考资料

孟庆国,樊博. 电子政务理论与实践[M]. 北京:清华大学出版社,2016.

2 任务概述

2.1 目标

电子政务系统是基于互联网的应用软件。通过此系统可以实现权限分配、内容管理和审核等核心业务,实现政府及事业单位组织结构和工作流程的优化重组,超越时间、空间和部门分隔的限制,建成一个精简、高效、廉洁、公平的运作模式,以便全方位地向社会提供优质、规范、透明、符合国际水准的管理与服务。亚思晟 eGov 电子政务项目(以下根据上下文简称本项目或本系统)是一个独立的软件,整个项目外包给北京亚思晟商务科技有限公司来开发和管理。

2.2 用户的特点

本系统的最终用户为组织内的日常使用者、操作人员和维护人员,他们有较高的知识文化水平和技术专长。本系统的用户数量初步估计为几百人。

2.3 假定和约束

假定本系统为自包含的,不过分依赖其他外部系统。本项目的开发期限为 3 个月。

---

① 本节内容按照项目需求规格说明书的格式要求,标题和图均独立编号。

3 需求规定

3.1 对功能的规定

整体功能用例图如图 1 所示。

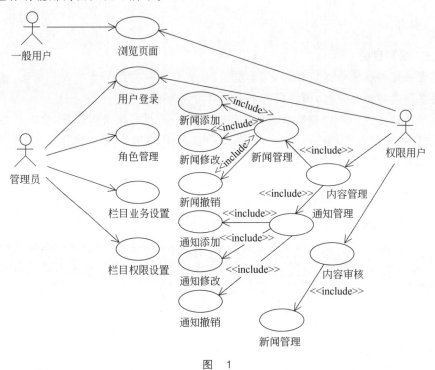

图　1

3.1.1 一般用户浏览的内容管理

首页是数据量最大的一页,是为所有模块展示内容的页面。从首页还可以登录进入管理等后端功能模块。

首页内容布局如图 2 所示。

3.1.2 系统管理

系统管理功能是供系统管理人员使用的,主要包括以下功能模块:登录、栏目业务设置、栏目权限设置、用户管理设置。

3.1.2.1 登录

1. 用例描述

(1) 角色:注册用户(用户和管理员)。

(2) 前置条件:无。

(3) 基本事件流。

① 用户进入本系统的登录页面(E1)。

② 显示登录页面信息,如"用户名""密码"。

③ 用户输入用户名和密码,单击"登录"按钮(E2)。

图 2

④ 验证登录信息。

⑤ 加载用户拥有的权限,并将相关信息显示在页面上。

(4) 异常事件流。

E1:输入非法的标识符。

E2:用户账号被管理员屏蔽,无法登录。

2. 用户界面图

用户在首页登录,如图 3 所示。

图 3

用户输入正确的用户名和密码后进入系统的权限管理页面,如图 4 所示。

3.1.2.2 栏目业务设置

1. 用例描述

(1) 角色:管理员。

图　4

（2）前置条件：用户必须完成登录的用例。

（3）基本事件流。

① 当用户登录本系统（E1）后，单击"栏目业务设置"链接。

② 进入栏目业务设置页面。

③ 设置每个栏目的内容管理（S1）和内容审核（S2）选项（单击相应的图标来更改权限）。

（4）分支事件流。

S1：设置内容管理。

　　S1.1：单击"内容管理"链接。

　　S1.2：改变内容管理的权限。

　　S1.3：返回栏目业务设置页面。

S2：设置内容审核。

　　S2.1：单击"内容审核"链接。

　　S2.2：改变内容审核的权限。

　　S2.3：返回栏目业务设置页面。

（5）异常事件流。

E1：用户账号被管理员屏蔽或删除，无法操作。提示用户重新激活账号。

2. 用户界面图

单击"栏目业务设置"链接，进入该模块，设定对各栏目是否进行内容管理和内容审核。

栏目业务设置是整个权限管理模块的最高级权限设置，它的操作可以影响到栏目权限以及所有与栏目有关的权限，如图5所示。

对每个栏目可以设定是否具有内容管理和内容审核的权限。对于某些栏目（如新闻），二者都要设置，因为新闻必须经过有关领导审核批准才可以在网上发布；而对于某些栏目（如通知），只需要进行内容管理，不需要进行内容审核，就可以在网上发布。

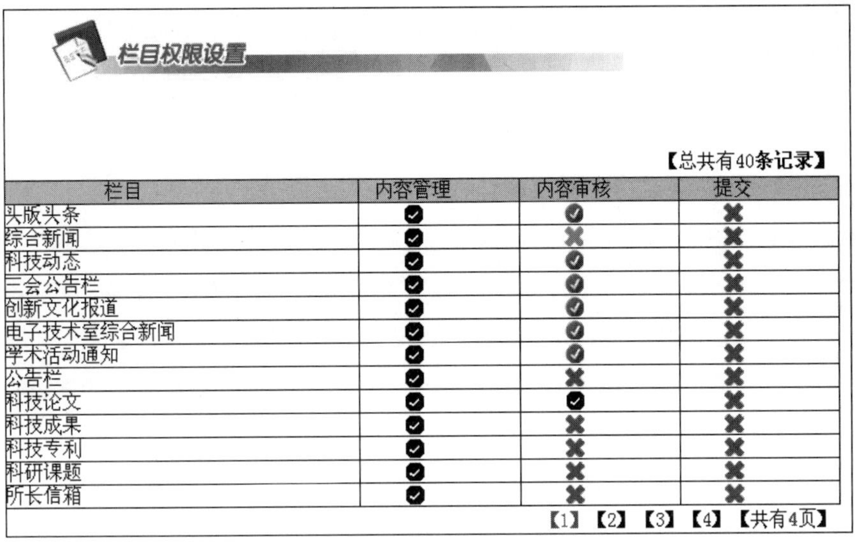

 栏目权限设置

【总共有40条记录】

栏目	内容管理	内容审核	提交
头版头条	✔	✔	✘
综合新闻	✔	✘	✘
科技动态	✔	✔	✘
三会公告栏	✔	✔	✘
创新文化报道	✔	✔	✘
电子技术室综合新闻	✔	✔	✘
学术活动通知	✔	✔	✘
公告栏	✔	✘	✘
科技论文	✔	✔	✘
科技成果	✔	✘	✘
科技专利	✔	✘	✘
科研课题	✔	✘	✘
所长信箱	✔	✘	✘

【1】 【2】 【3】 【4】 【共有4页】

图 5

3.1.2.3 栏目权限设置

1. 用例描述

(1) 角色：管理员。

(2) 前置条件：用户必须完成登录的用例。

(3) 基本事件流。

① 当用户登录本系统后,单击"栏目权限设置"链接。

② 进入栏目权限设置页面。

③ 单击"设置"按钮。

④ 进入栏目权限设置的具体页面。

⑤ 选择用户名,单击"添加"(S1) 或"删除"(S2) 按钮,然后保存修改。

⑥ 该栏目的用户被添加或删除。

⑦ 返回栏目权限设置页面。

(4) 分支事件流。

S1：添加用户。

  S1.1：选择用户后单击"添加"按钮。

  S1.2：添加用户。

  S1.3：单击"返回"按钮。

  S1.4：返回栏目权限设置页面。

S2：删除用户。

  S2.1：选择用户后单击"删除"按钮。

  S2.2：删除用户。

  S2.3：单击"返回"按钮。

  S2.4：返回栏目权限设置页面。

2. 用户界面图

单击"栏目权限设置"链接,进入该模块,在这里主要为用户分配对于栏目的管理权限,这个业务也是本系统的核心,需要在所有部门里选择用户,为其分配权限,如图6所示。

栏目	内容管理	内容审核	设置
头版头条	列出3333 11 99 44 测试用户11	无	设置
综合新闻	11	无	设置
科技动态	11	22	设置
三合公告栏	11	22	设置
创新文化报道	11	22	设置
电子技术室综合新闻	11	22	设置
学术活动通知	11	22	设置
公告栏	11	无	设置
科技论文	11	22	设置

图 6

单击"设置"链接,进入如图7所示的页面。

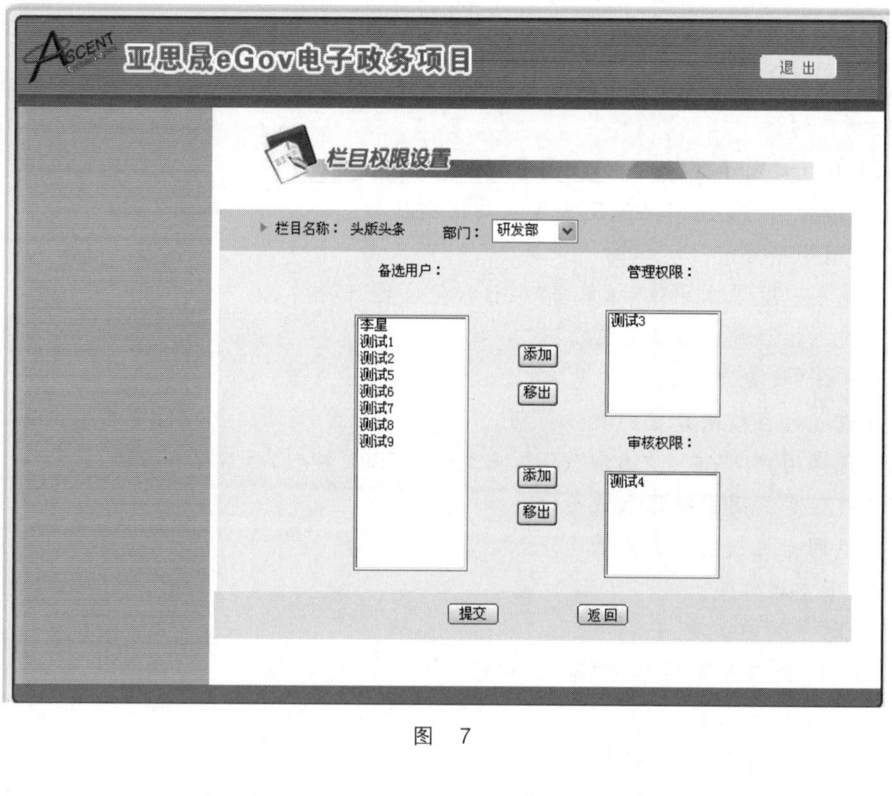

图 7

页面中左侧显示备选用户,右侧显示管理权限和审核权限。选择不同部门时,该部门的所有人员应该显示在备选用户列表里。单击上面的"添加"按钮时,用户会移入管理权限列表里;单击下面的"添加"按钮时,用户会放入审核权限列表里。这里有一个业务要注意:一个用户不可以既分配到管理权限又分配到审核权限。

3.1.2.4　用户管理设置

1.用例描述

(1) 角色：管理员。

(2) 前置条件：用户必须完成登录的用例。

(3) 基本事件流。

① 当用户登录本系统后，单击"用户管理设置"链接。

② 进入用户管理设置页面。

③ 单击"新增"按钮(S1) 、"修改"按钮(S2)和"删除"按钮(S3)。

(4) 分支事件流。

S1：单击"新增"按钮。

　S1.1：单击"新增"按钮。

　S1.2：进入添加新用户页面。

　S1.3：添加用户基本信息，单击"添加"(E1)按钮。

　S1.4：保存用户信息。

　S1.5：返回用户管理设置页面。

S2：单击"修改"按钮。

　S2.1：单击某用户信息行"修改"按钮。

　S2.2：进入修改用户页面。

　S2.3：修改用户资料，单击"修改"按钮。

　S2.4：更新用户信息。

　S2.5：返回用户管理设置页面。

S3：单击"删除"按钮。

　S3.1：单击某用户信息行"删除"按钮。

　S3.2：删除该用户。

　S3.3：返回用户管理设置页面。

(5) 异常事件流。

E1：输入非法的标识符。

2.用户界面图

单击"用户管理设置"链接，进入该模块。用户管理设置页面用于显示用户、添加用户、修改用户、删除用户。

(1) 显示用户，如图8所示。

(2) 添加用户：单击"新增"按钮，添加新用户页面如图9所示。

输入新的用户信息，然后保存数据。

(3) 修改用户：单击"修改"按钮，修改用户信息页面如图10所示。

(4) 删除用户：单击"删除"按钮。

3.1.3　内容管理和审核

该部分主要包括以下功能模块：用户登录、新闻管理、通知管理。

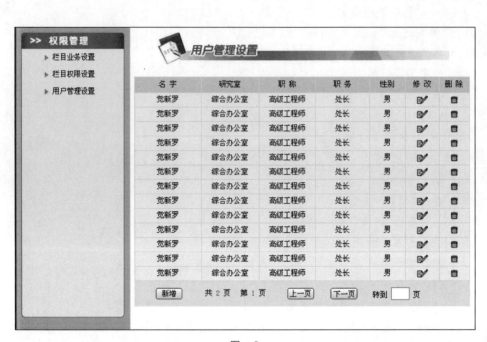

图　8

图　9

图 10

3.1.3.1 用户登录

1. 用例描述

(1) 角色：注册用户(用户和管理员)。

(2) 前置条件：无。

(3) 基本事件流。

① 用户进入本系统的登录页面(E1)。

② 显示登录页面信息,如用户名和密码。

③ 用户输入用户名和密码,单击"登录"按钮(E2)。

④ 验证登录信息。

⑤ 加载用户拥有的权限,并将相关信息显示在页面上。

(4) 异常事件流。

E1：输入非法的标识符。

E2：用户账号被管理员屏蔽,无法登录。

2. 用户界面图

输入用户名和密码,进入系统,如图 11 所示。

图 11

当用户进入系统时,应该看到自己的权限信息,不同的用户拥有不同的权限。

图 12 表明用户拥有的权限是对一个栏目进行内容管理。图 13 表明用户拥有的权限是对一个栏目进行内容审核。

图　12

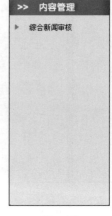

图　13

3.1.3.2　新闻管理

1. 用例描述

(1) 角色：管理员和高级管理员。

(2) 前置条件：用户必须完成登录的用例。

(3) 基本事件流。

① 用户进入系统。

② 单击"新闻管理"链接。

③ 进入新闻管理页面(新闻列表)。

④ 单击"新增"按钮(S1)、"修改"按钮(S2)和"删除"按钮(S3)。

(4) 分支事件流。

S1：单击"新增"按钮。

　　S1.1：单击"新增"按钮。

　　S1.2：进入新闻添加页面。

　　S1.3：填写新闻内容(E1)。

　　S1.4：单击"保存"按钮。

　　S1.5：保存数据。

　　S1.6：返回新闻管理页面(新闻列表)。

S2：单击"修改"按钮。

　　S2.1：单击"修改"按钮。

　　S2.2：进入新闻修改页面。

　　S2.3：修改新闻内容,单击"修改"按钮。

　　S2.4：保存数据。

　　S2.5：返回新闻管理页面。

S3：单击"删除"按钮。

　　S3.1：选择要删除的新闻记录，单击"删除"按钮。

　　S3.2：删除新闻。

　　S3.3：返回新闻管理页面。

（5）异常事件流。

E1：输入非法的标识符或者格式不对。

2.用户界面图

1）新闻编辑

单击"内容管理"下的"综合新闻管理"链接，进入新闻编辑页面，如图14所示。

图　14

可以预览新闻发布的效果，如图15所示。

图　15

预览效果和发布后的最终效果是一样的。如果没有问题，那么就可以提交了。

提交后的浏览页应该按发布时间倒排，以保证最后发布的新闻在第一条的位置上。刚刚发布的新闻的发布状态是待审，也就是要等待有审核权限的人审核这条新闻，审核通过后才能发布上去。

2）新闻修改

对于任何一个通过审核的新闻，都必须符合关于修改的规则，也就是当新闻处于发布状态时，任何人都不得修改新闻，只有新闻处于屏蔽状态或者待审状态时才可以修改。发布、待审、屏蔽等注释的数字在数据字典中。如果用户要修改已经发布的新闻，如图16所示，那么应该向用户返回提示信息，如图17所示。

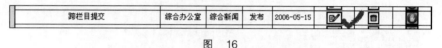

跨栏目提交
综合办公室
综合新闻
发布
2006-05-15

图　16

提示信息
您要修改的新闻已经发布，您无权修改，请屏蔽后再修改！
返回

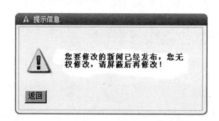

图　17

如果新闻还没有发布，则可以修改，如图18所示。

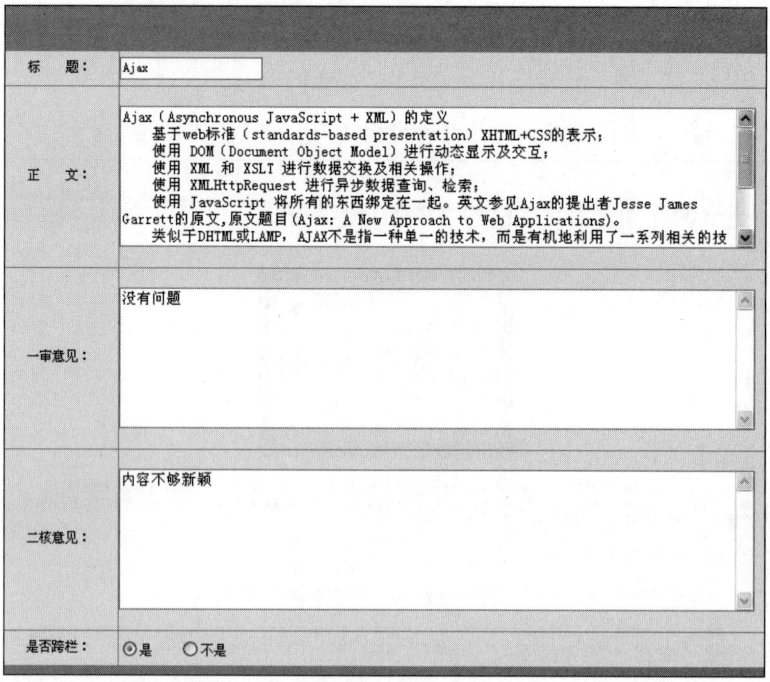

标　题：
Ajax
正　文：
Ajax（Asynchronous JavaScript + XML）的定义
基于web标准（standards-based presentation）XHTML+CSS的表示；
使用 DOM（Document Object Model）进行动态显示及交互；
使用 XML 和 XSLT 进行数据交换及相关操作；
使用 XMLHttpRequest 进行异步数据查询、检索；
使用 JavaScript 将所有的东西绑定在一起。英文参见Ajax的提出者Jesse James Garrett的原文，原文题目（Ajax: A New Approach to Web Applications）。
类似于DHTML或LAMP，AJAX不是指一种单一的技术，而是有机地利用了一系列相关的技
一审意见：
没有问题
二核意见：
内容不够新颖
是否跨栏：
是
不是

图　18

3）新闻屏蔽

利用新闻屏蔽功能可以将一个新闻从首页新闻栏目中撤下,如图 19 所示。

标题	发布部门	栏目来源	发布状态	发布时间	修改	删除	屏蔽
头版头条	综合办公室	头版头条	待审				
文曲 郭子	综合办公室	头版头条	屏蔽	2006-07-03			
testgoogle	综合办公室	头版头条	屏蔽	2006-06-08			
需要审核	综合办公室	头版头条	屏蔽	2006-06-08			
ajax事例	综合办公室	头版头条	屏蔽	2006-05-27			
AJAX开发简略	综合办公室	头版头条	屏蔽	2006-05-15			
open~open介绍	综合办公室	头版头条	屏蔽	2006-05-15			
跨栏目提交	综合办公室	综合新闻	发布	2006-05-15			
新闻关于电子政务格式	综合办公室	头版头条	屏蔽				
Ajax简介	综合办公室	头版头条	屏蔽	2006-05-06			

图 19

4）新闻删除

新闻删除和修改的原理一样,只有当新闻不处于发布状态时才可以删除新闻,否则将向用户返回提示信息,提示用户该如何删除新闻。

3.1.3.3 通知管理

1. 用例描述

（1）角色：管理员和高级管理员。

（2）前置条件：用户必须完成登录的用例。

（3）基本事件流。

① 用户进入系统。

② 单击"通知管理"链接。

③ 进入通知管理页面(通知列表)。

④ 单击"新增"按钮(S1)、"修改"按钮(S2)和"删除"按钮(S3)。

（4）分支事件流。

S1：单击"新增"按钮。

　　S1.1：单击"新增"按钮。

　　S1.2：进入添加通知页面。

　　S1.3：填写通知内容(E1)。

　　S1.4：单击"保存"按钮。

　　S1.5：保存数据。

　　S1.6：返回通知管理页面(通知列表)。

S2：单击"修改"按钮。

　　S2.1：单击"修改"按钮。

　　S2.2：进入修改通知页面。

　　S2.3：修改通知内容,单击"修改"按钮。

　　S2.4：保存数据。

　　S2.5：返回通知管理页面。

S3：单击"删除"按钮。

　　S3.1：选择要删除的通知记录，单击"删除"按钮。

　　S3.2：删除信息。

　　S3.3：返回通知管理页面。

(5) 异常事件流。

E1：输入非法的标识符或者格式不对。

2. 用户界面图

1) 通知编辑

在通知管理页面(图 20)单击"新增"按钮，进入通知编辑页面，如图 21 所示。通知业务无须审核。有些通知需要上传附件。

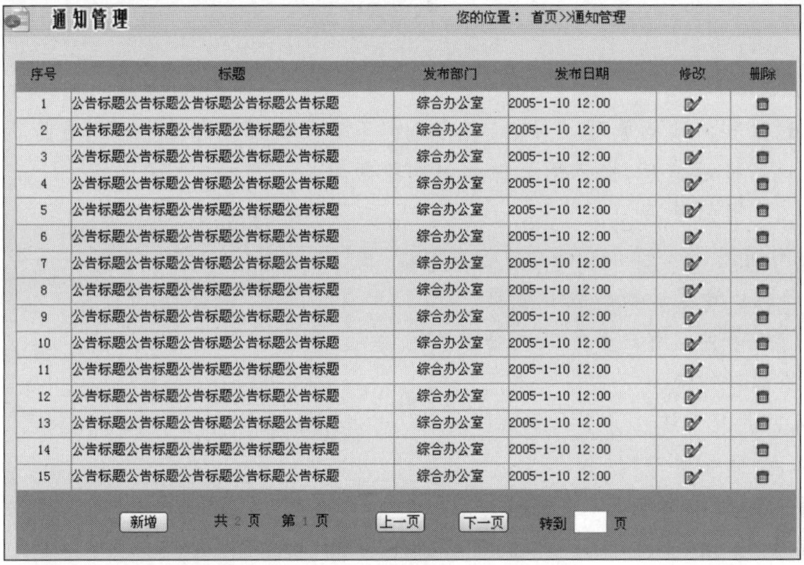

图　20

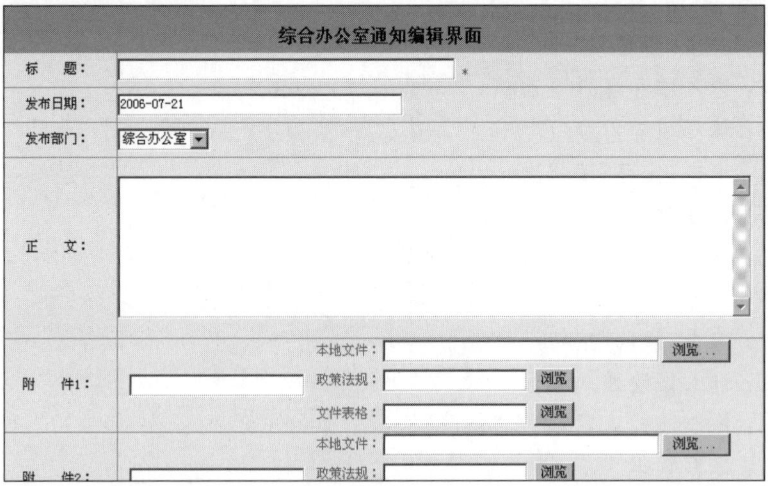

图　21

在图 21 中的"附件 1"等右侧的文本框中输入附件名称,其右侧的 3 个文本框用于选择要上传的文件。这里要说明的是,每个附件只代表一个文件,也就是说,在右侧的 3 种文件(本地文件、政策法规、文件表格)中只能选择一种上传。

2) 通知修改

通知在任何时候都可以修改。

3) 通知删除

因为通知不需要审核,所以删除通知时,只要不是已发布的通知,就可以将其删除,如图 22 所示。

标题	栏目来源	发布状态	发布时间	跨栏名称	跨栏状态	跨栏发布时间	编辑	删除	屏蔽
gdsfgsfd	电子技术室通知	发布	2006-07-21	不跨栏					

图　22

3.1.3.4　新闻内容审核

1. 用例描述

(1) 角色:高级管理员。

(2) 前置条件:用户必须完成登录的用例

(3) 基本事件流。

① 管理员进入系统。

② 单击内容审核列表里的新闻栏目。

③ 进入内容审核管理页面。

④ 单击"审核"按钮。

⑤ 进入审核页面。

⑥ 填写审核意见,单击"已阅"按钮(S1)、"同意"按钮(S2)或"退出"按钮(S3)。

(4) 分支事件流。

S1:单击"已阅"按钮。

　S1.1:单击"已阅"按钮。

　S1.2:返回内容审核管理页面,发布状态改变为"已审"。

　S1.3:发布通知的用户可以看到发布状态,单击"已审"按钮。

　S1.4:查看管理员审核意见。

　S1.5:单击"返回"按钮。

　S1.6:返回内容审核管理页面。

　S1.7:用户单击"修改"按钮,根据审批意见修改新闻。

　S1.8:返回内容审核管理页面,发布状态改变为"待审"。

　S1.9:管理员再次审核,流程同上。

S2:单击"同意"按钮。

　S2.1:单击"同意"按钮。

　S2.2:返回内容审核管理页面,发布状态改变为"发布"。

S3：单击"退出"按钮。

S3.1：单击"退出"按钮。

S3.2：返回内容审核管理页面。

（5）异常事件流。

E1：输入非法的标识符或者格式不对。

E2：待审批的新闻超过有效期。

2. 用户界面图

单击内容审核列表里的新闻栏目，进入综合新闻待审列表，如图 23 所示。

图　　23

在该列表中单击"审核"按钮，进入综合新闻内容审核页面，如图 24 所示。

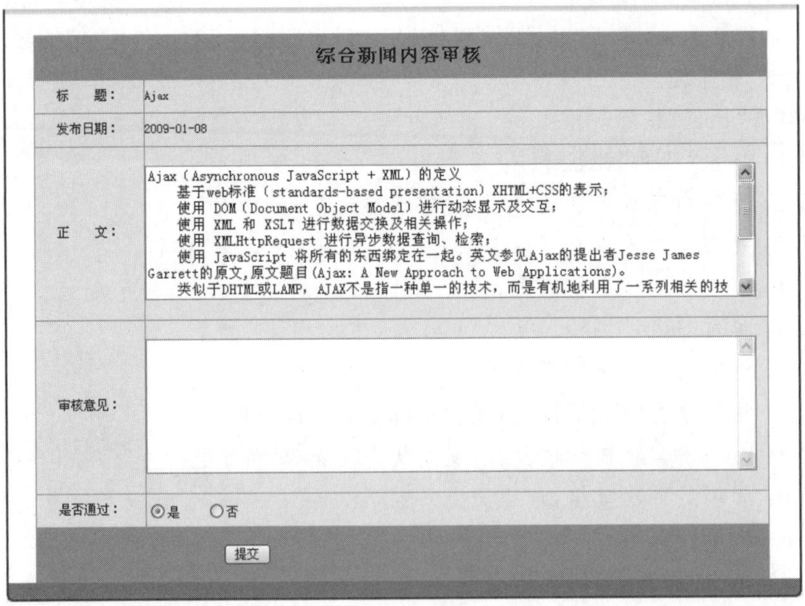

图　　24

新闻审核页面和新闻发布页面类似,审核者单击"同意"按钮表示此新闻可以发布;单击"已阅"按钮则表示此新闻有问题不可以发布,并且可以在"审核意见"文本框中输入文字说明,新闻发布者可以看到审核没有通过的原因,如图25所示。

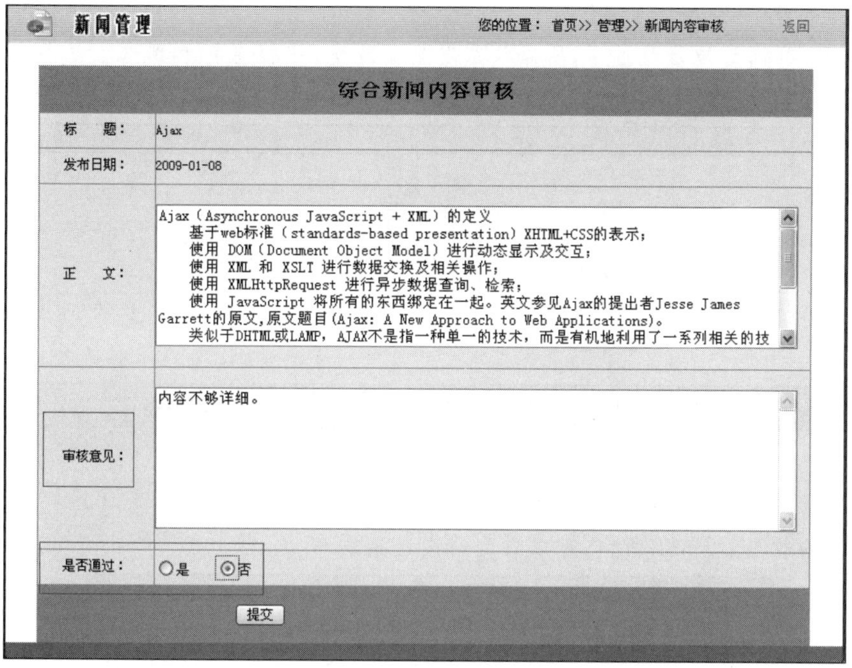

图 25

当审核未通过时,新闻发布者看到的发布状态如图 26 所示。

| 6 | Ajax | | 综合新闻 | 08/01/09 | 一审驳回 | 未发布 | | |

图 26

新闻发布者单击发布状态栏目中的"一审驳回",可以看到审核后的意见,如图 27 所示。

图 27

这时用户就可以修改这条新闻。修改后,这条新闻的发布状态就变成了"待审",如图 28 所示。这时新闻发布者需要等待审核者再次审核。

图　28

这条新闻因为被修改过了，所以状态发生了改变，审核者将看到这个任务，如图 29 所示。

图　29

如果审核未通过，新闻将再次被驳回。

如果审核通过，审核者单击"同意"按钮，这时新闻的发布状态变为"已发布"，如图 30 所示。

图　30

此时的首页如图 31 所示，可以看到新闻已经发布。

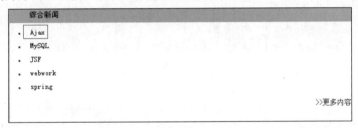

图　31

3.2　对性能的规定

3.2.1　精度

本系统的输入输出数据精度的要求为小数点后两位。

3.2.2　时间特性要求

（1）响应时间要低于 5s。

（2）更新处理时间要低于 20s。

（3）数据的转换和传送时间要低于 10s。

3.2.3　灵活性

本系统使用 J2EE 开发，具有很好的灵活性。当需求发生某些变化时，本系统对这些变化有很好的适应能力，如可扩展性、可伸缩性和可移植性等。

（1）当用户功能模块增加时，Struts-Spring-Hibernate 框架可以方便地支持新的功能。

（2）当用户并发访问量增加时，可以考虑将 Tomcat Web 服务器升级为 WebLogic 应用服务器，而不会影响业务功能。

3.3 健壮性

在软件方面,使用异常处理机制和 log4j 工具保证系统健壮性,运行时正常和出错信息要保留在日志文件中。在硬件方面,使用冗余备份方式,以保证负载平衡和系统可靠性。

3.4 其他专门要求

应周期性地把磁盘信息记录到磁带上,以防止原始系统数据丢失。

4 运行环境

- 硬件的最小配置:CPU 主频为 3.0GHz,内存容量为 2GB,硬盘容量为 40GB。
- 操作系统:Windows 2003/XP 以上、Linux。
- Web 服务器:Tomcat 5.5 以上。
- 数据库服务器:MySQL 5.0 以上,能够处理数据并发访问,访问回馈时间短。

3.3.5 特别提示

需求分析是整个软件开发过程中的第一步,也是软件工程中最关键的一个过程。软件需求规格说明书作为需求分析阶段的输出工件,将会成为下一阶段系统分析设计的输入。

3.3.6 拓展与提高

在上述软件需求规格说明书中,将优先级别最高的用例挑选出来,并阐述理由。

习　题

1. 什么是需求分析?
2. 需求分析具有哪些特点?
3. 软件需求包括哪两部分?
4. 软件需求的属性有哪些?　请简单描述。
5. 需求过程中的角色有哪些?
6. 需求来源有哪些?
7. 需求获取方法有哪些?
8. 用例建模技术不同于结构化功能分解的特点有哪些?
9. 用例和用例之间的关系有哪些?
10. 为什么要设定需求的优先级?

第 4 章 系统分析设计

在完成需求分析之后,下一步是系统分析设计。系统分析设计的输入是需求分析所提供的需求规格说明书,输出是架构设计说明书和详细设计说明书。在一般情况下,架构设计说明书由系统设计师负责,详细设计说明书则由高级程序员负责。

这两种设计说明书的差异如下:

- 架构设计说明书既要覆盖需求规格说明书的全部内容,又要作为指导详细设计的依据。因此,它注重框架上的设计,包括软件系统的总体结构设计、全局数据库(包括数据结构)设计、外部接口设计、功能部件分配设计、部件之间的内部接口设计,它要覆盖需求规格说明书中的功能点列表、性能点列表、接口列表。若为 C/S 或 B/A/S 结构设计,则要说明部件运行在网络中的哪一个节点上。

- 详细设计说明书既要覆盖架构设计说明书的全部内容,又要作为指导程序设计和编码的依据。因此,它注重微观上和框架内的设计,包括各子系统的公用部件实现设计、专用部件实现设计、存储过程实现设计、触发器实现设计、外部接口实现设计、部门角色授权设计、其他详细设计等。其他设计包括登录注册模块设计、信息发布模块设计、菜单模块设计、录入修改模块设计、查询统计模块设计、业务逻辑处理模块设计、报表输出模块设计、前台网站模块设计、后台数据处理模块设计、数据传输与接收模块设计等。

对于简单或开发团队熟悉的系统,架构设计和详细设计可以合二为一,形成一份文档(称为设计说明书),进行一次评审,实现一个里程碑,确立一条基线。对于复杂或开发团队不熟悉的系统,架构设计和详细设计必须分开,形成两份文档,进行两次评审,实现两个里程碑,确立两条基线。

4.1 软件架构设计

当对象、类、构件、组件等概念出现并成熟之后,传统意义上的软件概要设计(又叫软件总体设计或软件系统设计)就逐渐改名为软件架构设计。所以说,软件架构设计就是软件概要设计。软件架构设计工作由架构师来完成,架构师是主导系统全局分析设计和实施、负责软件架构和关键技术决策的角色。架构师的具体职责如下:

- 领导与协调整个项目中的技术活动(分析、设计与实施等)。
- 推动主要的技术决策,并最终表达为软件架构描述。
- 确定和文档化系统中对软件架构而言意义重大的方面,包括系统的需求、设计、实施和部署等"视图"。
- 确定设计元素的划分,以及这些主要分组之间的接口。
- 为技术决策提供规则,平衡各类涉众的不同关注点,化解技术风险,并保证相关决定被有效传达和贯彻。
- 理解、评价并接收系统需求。
- 评价和确认软件架构的实现。

4.1.1 软件架构设计基本概念

1. 软件架构定义

系统是部件的集合,完成一个特定的功能或完成一个功能集合。架构是系统的基本组织形式,描述系统中部件间及部件与环境间的相互关系。架构是指导系统设计和深化的原则。

系统架构是实体、实体属性及实体关系的集合。

软件架构是软件部件、部件属性及客观实体之间相互作用的集合,描述软件系统的基本属性和限制条件。

2. 软件架构建模

软件架构建模是与软件架构的定义和管理相关的分析、设计、文档化、评审及其他活动。

软件架构建模的目的如下:

(1)捕获早期的设计决策。软件架构是最早的设计决策,它将影响到后续设计、开发和部署,对后期维护和演变也有很大的影响。

(2)捕获软件运行时的环境。

(3)为底层实现提供限制条件。

(4)为开发团队的结构组成提供依据。

(5)设计系统满足可靠性、可维护性及性能等方面的要求。

(6)方便开发团队之间的交流。

各种角色的人员都可以使用软件架构,如项目经理、开发经理、技术总监、系统架构师、测试人员及开发人员。针对不同角色的人员,软件架构应提供适当的信息,其详细程度也不同。

软件架构的构建是软件设计的基础,它关心的是软件系统中大的方面,如子系统和部件,而不是类和对象。

软件架构应描述以下问题:

(1) 软件系统中包含哪些子系统和部件。

(2) 每个子系统和部件都完成哪些功能。

(3) 子系统和部件对外提供哪些功能或使用外部的哪些功能。

(4) 子系统和部件间的依赖关系是怎样的,对实现和测试的影响如何。

(5) 系统是如何部署的。

软件架构不包括硬件、网络及物理平台的设计。软件架构只描述创建软件所需要的各种环境,而不是详细描述整个系统。

3. 软件架构视图

软件架构视图是指从一个特定的视角对系统或系统的一部分进行的描述。软件架构可以用不同的软件架构视图进行描述,例如逻辑视图用于描述系统功能,进程视图用于描述系统并发,物理视图用于描述系统部署。

软件架构视图包含名称、涉众、关注点、建模分析规则等信息,描述如何创建和使用软件架构视图。软件架构视图描述见图 4-1 和表 4-1。

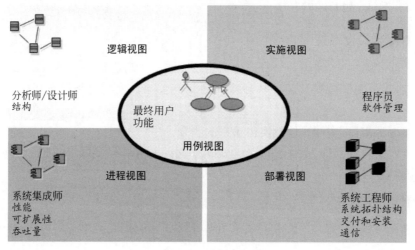

图 4-1　RUP 的 4+1 视图

表 4-1　RUP 的 4+1 视图

视 图 名 称	视 图 内 容	静 态 表 现	动 态 表 现	观 察 角 度
用例视图 (Use Case View)	系统行为、动力	用例图	交互图、状态图、活动图	用户、分析员、测试员
逻辑视图 (Logic View)	问题及其解决方案的术语词汇	类图、对象图	交互图、状态图、活动图	类、接口、协作
进程视图 (Process View)	性能、可伸缩性、吞吐量	类图	交互图、状态图、活动图	线程、进程

视 图 名 称	视 图 内 容	静 态 表 现	动 态 表 现	观 察 角 度
实施视图 (Implementation View)	构件、文件	构件图	交互图、状态图、活动图	配置、发布
部署视图 (Deployment View)	构件的发布、交付、安装	实施图	交互图、状态图、活动图	拓扑结构的节点

4.1.2 软件架构设计步骤

软件架构设计包括 5 个步骤:确定影响整体技术方案的因素;选择软件架构样式(风格);利用可重用资产;划分子系统并定义接口;优化设计(包括去冗余和提高可重用性)。下面对这 5 个步骤进行详细介绍。

1. 确定影响整体技术方案的因素

影响整体技术方案的因素有 5 个:用户界面复杂度;用户界面部署约束;用户的数量和类型;系统接口类型;性能和可伸缩性。

1)考察用户界面复杂度

用户界面的复杂度可概括为以下几种:

- 简单数据输入(simple data input),例如登录界面。
- 数据的静态视图(static view),例如商品报价列表。
- 可定制视图(customizable view),例如可自定义查询报告界面。
- 数据的动态视图(dynamic view),例如实时运行监控视窗。
- 交互式图形,例如 CAD 系统。

2)考察用户界面部署约束

用户界面的部署约束可概括为以下几种:

- 经常要离线工作的笔记本电脑。
- 手持设备(例如 PDA、手机)。
- 支持互联网上的任何一种浏览器(包括低速的拨号上网方式和旧版本浏览器)。
- 支持互联网上的较新版本浏览器。
- 支持内部网上的较新版本浏览器。
- 支持内部网上的特定浏览器。
- 内部网上的专用工作站(传统 C/S 结构的客户端软件)。

3)考察用户的数量和类型

用户的数量和类型可概括为以下几种:

- 少数的专业用户。关注功能强大,期望量身定制,乐于学习新特性,例如图形制作系统的用户。
- 组织内的日常使用者。主流用户,关注便利和易用,例如考勤系统用户。
- 大量的爱好者。对系统的功能有执着的兴趣,有意愿克服使用时遇到的各种困难,包括软件本身的缺陷,例如游戏软件的用户。

- 数量巨大的消费型用户。关注速度和服务感受,例如商业网站的用户。

4)考察系统接口类型

系统接口类型可概括为以下几种:

- 数据传输接口。仅满足系统间交换数据的需要,例如 EDI(Electronic Data Interchange,电子数据交换)接口、数据库同步接口等。
- 通过协议提供服务的接口。系统依照协议(例如 HTTP、SOAP 等)向外提供特定的服使用的接口。
- 直接访问系统服务的接口。按照类似于系统内部调用的方式,直接使用系统的方法,例如 RPC 远程调用、RMI、CORBA 等。

5)考察性能和可伸缩性

性能和可伸缩性可概括为以下几方面:

- 只读。只能对数据进行浏览和查询操作,例如股票行情分析系统。
- 独立的数据更新。有对数据的修改操作,但各用户的修改完全隔离,相互间不存在任何潜在的冲突,例如网上商店各顾客对自己账单的管理。
- 并发的数据更新。并发用户对数据的修改将相互影响,或者更改的是同一数据,例如多个用户同时使用航班预订系统预订同一航班的机票。

对于 eGov 电子政务系统,它的主要特性如下:

- 用户界面的复杂度:数据的静态显示/可定制视图。
- 用户界面的部署约束:基于独立的桌面计算机或专用工作站的浏览器。
- 用户的数量和类型:组织内的日常使用者,总共几百人。
- 系统接口类型:通过 HTTP 提供服务,未来可以使用 SOAP 的 SOA 技术。
- 性能:主要是独立的数据更新,有少量并发处理。

2. 选择软件架构样式

软件架构样式也称软件架构风格,是指关于一组软件元素及其关系的元模型(meta-model),这些元素及其关系将基于不同的样式(由元模型定义)被用来描述目标系统本身。

上述元素通常表示为构件(component)和连接器(connection),而它们之间的关系则表示为如何组合构件、连接器的约束条件。

传统的软件架构样式可概括为以下几种:

(1)数据流系统(dataflow system)。

- 批处理(batch sequential)。
- 管道和过滤器(pipe and filter)。

(2)调用与返回系统(call and return system)。

- 主程序与子程序(main program and subroutine)。
- 对象系统(object-oriented system)。
- 分层体系系统(hierarchical layer)。

(3)独立的构件(independent component)。

- 通信进程(communicating process)。
- 事件(驱动)系统(event system)。

- 实时系统(capsule-port-protocol system)。

在 eGov 电子政务系统架构设计中,使用分层架构模式。分层模式是一种将系统的行为或功能以层为首要的组织单位来进行分配(划分)的结构模式。一层内的元素只依赖于当前层和其下的相邻层中的其他元素(注意,这并非绝对的要求)。

分层包括逻辑层次(layer,简称层)划分和物理层级(tier)划分。

(1) 逻辑层次划分。

- 通常在逻辑上进行垂直的层次划分。
- 逻辑层次划分关注的是如何将软件构件组织成一种合理的结构,以减少依赖,从而便于管理(支持协同开发)。
- 逻辑层次划分的标准基于包的设计原则。

(2) 物理层级划分。

- 在物理上则进行水平的层级划分。
- 关注软件运行时刻的性能及其伸缩性,以及系统级的操作需求(operational requirement)、管理、安全等。
- 物理层级划分的目标在于确定若干能够满足不同类型软件运行时对系统资源要求的标准配置,各构件部署在这些配置下将获得最佳的性能。

将 eGov 电子政务系统应用在职责上至少分成 4 层:表示层(presentation layer)、持久层(persistence layer)、业务层(business layer)和域模块层(domain model layer)。每个层在功能上都应该是十分明确的,而不应该与其他层混合。各个层要相互独立,通过接口相互联系。

3. 利用可重用资产

任何软件架构设计都不会从零开始,要尽量利用可重用资产。资产类型包括领域模型、需求规格、构件、模式、Web Service、框架、模板等。首先必须理解对这些资产进行考察的上下文,即项目需求、系统的范围、普遍的功能和性能等,然后可以从组织级的资产库或业界资源中搜寻相关的资产,甚至是相似的产品或项目。

在 eGov 电子政务系统中,使用了设计模式和框架。

1) 设计模式

(1) 设计模式的定义。

如果要问起近 10 年来在计算机软件工程领域所取得的重大成就,那么就不能不提到设计模式(design pattern)了。

什么是模式(pattern)呢?人们对它并没有严格的定义。一般来说,模式是指一种从一个一再出现的问题背景中抽象出来的解决问题的固定方案,而这个问题背景不应该是绝对的或者不固定的。很多时候看来不相关的问题,会有相同的问题背景,从而需要应用相同的模式来解决。

设计模式是指在软件的建模和设计过程中运用的模式。设计模式中有很多种方法其实很早就出现了,并且应用得也比较广。但是人们对它并没有统一的认识,或者说,那时候并没有对模式形成一个概念。这些方法还仅仅是处在经验阶段,并没有能够被系统地整理,形成一种理论。

每一个设计模式都系统地命名、解释和评价了面向对象系统中的一个重要和重复出现的设计。这样,只要搞清楚这些设计模式,就可以完全(或者在很大程度上)吸收蕴含在模式中的宝贵经验,对面向对象系统能够有更全面的了解。更为重要的是,这些模式都可以直接用来指导面向对象系统中至关重要的对象建模问题。如果有相同的问题背景,那么直接套用这些模式就可以了。这可以减少很多的工作。

(2) 常用设计模式。

在 *Design Patterns: Elements of Reusable Object-Orient Software* 一书中涉及 23 个模式,被分为创建型模式、结构型模式和行为模式 3 类,分别从对象的创建、对象和对象间的结构组合及对象交互这 3 个方面对面向对象系统建模方法进行了解析。后来,又有很多模式陆续出现,例如分析模式、体系结构模式等。

主要的 23 个设计模式概述如下:

- Abstract Factory。提供一个创建一系列相关或相互依赖对象的接口,而无须制定具体的类。
- Adapter。将一个类的接口转换成客户所希望的另一个接口。Adapter 模式使得原本由于接口不兼容而不能一起工作的那些类可以一起工作。
- Bridge。将抽象部分与它的实现部分分离,使它们都可以独立地变化。
- Builder。将一个复杂对象的构建与它的表示分离,使得同样的构建过程可以创建不同的表示。
- Chain of Responsibility。解除请求的发送者和接收者之间的耦合,从而使多个对象都有机会处理这个请求。将这些对象连接成一条链来传递该请求,直到有一个对象处理它。
- Command。将一个请求封装为一个对象,从而可以使用不同的请求对客户进行参数化,对请求进行排队或者记录请求日志,以及支持取消操作。
- Composite。将对象组合成树形结构,以表示"部分-整体"的层次结构。Composite 使得客户对单个对象和复合对象的使用具有一致性。
- Decorator。动态地给一个对象添加一些额外的职责。
- Facade。为子系统中的一组接口提供一个一致的界面。
- Factory Method。定义一个用于创建对象的接口,让子类决定将哪个类实例化。
- Flyweight。运用共享技术有效地支持大量细粒度的(fine grained)对象。
- Interpreter。给定一个语言,定义它的一种表示,并定义一个解释器,该解释器使用该表示来解释语言中的句子。
- Iterator。提供一种方法顺序访问一个聚合对象中的各个元素,而又不暴露该对象的内部表示。
- Mediator。用一个中介对象来封装一系列的对象交互。
- Memento。在不破坏封装性的前提下,捕捉一个对象的内部状态,并在该对象之外保存这个状态。
- Observer。定义对象间的一种一对多的依赖关系,以便当一个对象的状态发生改变时,所有依赖它的对象都得到通知并自动刷新。
- Prototype。用原型实例指定创建对象的种类,并且通过复制这个原型来创建新的对象。

- Proxy。为其他对象提供一个代理以控制对这个对象的访问。
- Singleton。保证一个类仅有一个实例,并提供一个访问它的全局访问点。
- State。允许一个对象在其内部状态改变时改变它的行为。
- Strategy。定义一系列算法,把它们一个个封装起来,并且使它们可相互替换。
- Template Method。定义一个操作中的算法框架,而将一些步骤延迟到子类中。
- Visitor。表示一个作用于某对象结构中各元素的操作。

2) 框架

在介绍框架(framework)之前,首先要明确什么是框架和为什么要使用框架。这要从企业级软件项目面临的挑战谈起,如图 4-2 所示。

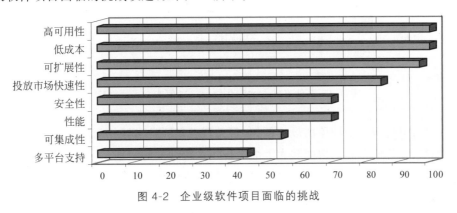

图 4-2 企业级软件项目面临的挑战

可以看到,随着项目的规模和复杂性的提高,企业面临着前所未有的各个方面的挑战。根据优先级排序,主要包括高可用性(high availability)、低成本(cost effective)、可扩展性(scalability)、投放市场快速性(time to market)、安全性(secure)、性能(good performance)、可集成性(ability to integrate)及多平台支持(multi-channel)等。那么,如何面对并且解决这些挑战呢? 这需要采用通用的、灵活的、开放的、可扩展的软件框架,由框架来帮助解决这些挑战,然后在框架基础上开发具体的应用系统,如图 4-3 所示。

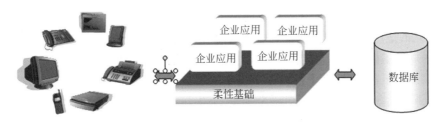

图 4-3 框架和应用的关系

这种基于框架的软件开发方式和传统的汽车生产方式是很类似的,如图 4-4 所示。那么到底什么是框架呢? 框架可以描述如下:

- 框架是应用系统的骨架,将软件开发中反复出现的任务标准化,以可重用的形式提供给开发者使用。
- 框架大多提供了可执行的具体程序代码,能够支持开发者迅速地开发出可执行的

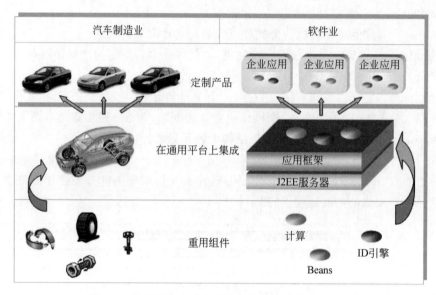

| 汽车制造业 | 软件业 |

图 4-4　软件开发方式和传统的汽车生产方式的对比

　　　应用;但也可以是抽象的设计框架,帮助开发者开发出健壮的设计模型。
- 抽象、设计成功的框架能够大大缩短应用系统开发的周期。
- 在预制框架上加入定制的构件,可以大量减少编码量,并容易测试。
- 框架可以分别用于垂直应用和水平应用。

框架具有以下特点:
- 框架具有很强(大粒度)的可重用性,远远超过了单个类。它是一个功能连贯的类集合,通过相互协作为应用系统提供服务和预制行为。
- 框架中的不变部分定义了接口、对象的交互和其他不变量。
- 框架中的变化部分实现应用系统中的个性。

　　一个好的框架定义了开发和集成组件的标准。为了利用、定制或扩展框架服务,通常需要框架的使用者从已有框架类继承相应的子类,以及通过执行子类的重载方法,使自定义的类可以从预定义的框架类获得需要的消息。这会带来很多好处,包括代码重用性和一致性、对变化的适应性,特别是它能够让开发人员专注于业务逻辑,从而大大缩短开发时间。图 4-5 展示了框架对项目开发工作量(以人月来衡量)的影响。

　　从图 4-5 中不难看出,对于没有使用框架的项目而言,开发工作量会随着项目复杂性的提高(以业务功能来衡量)以几何级数递增;而对于使用框架的项目而言,开发工作量会随着项目复杂性的提高以代数级数递增。举个例子,假定开发团队人数一样,如果一个没有使用框架的项目所需的周期为 6～9 个月,那么同样的项目如果使用框架则只需要 3～5 个月。

　　eGov 电子政务系统主要使用了 Struts、Spring 和 Hibernate 3 个开源框架,如图 4-6 所示。

　　(1) Struts 框架。

　　一般来讲,一个典型的 Web 应用的前端应该是表示层,这里可以使用 Struts 框架。

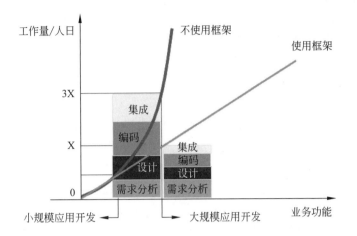

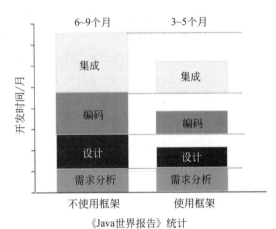

《Java世界报告》统计

图 4-5 框架对项目开发工作量的影响

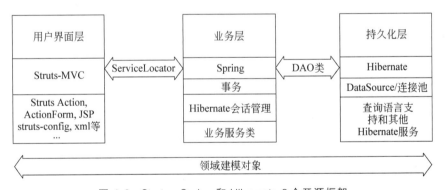

图 4-6 Struts、Spring 和 Hibernate 3 个开源框架

Struts 负责实现以下功能：

- 管理用户的请求，作出相应的响应。
- 提供一个流程控制器，委派给业务逻辑和其他上层处理。
- 处理异常。
- 为显示提供一个数据模型。

- 用户验证。

以下内容与 Struts 表示层无关：

- 与数据库直接通信。
- 与应用程序相关联的业务逻辑及校验。
- 事务处理。

在表示层引入这些代码，则会带来高耦合和难以维护的后果。

（2）Hibernate 框架。

典型的 Web 应用的后端是持久层。开发者容易低估构建持久层框架的挑战性。系统内部的持久层不但需要大量的调试时间，而且经常因为缺少功能使之变得难以控制。这是持久层构建中的通病。幸运的是，有几个对象/关系映射（Object/Relation Mapping，ORM）开源框架很好地解决了这类问题，尤其是 Hibernate。它为 Java 提供了持久化机制和查询服务，它还给已经熟悉 SQL 和 JDBC API 的 Java 开发者创造了一个学习途径，使他们学习起来很方便。Hibernate 的持久对象是基于 POJO（Plain Ordinary Java Object，简单普通 Java 对象）和 Java 集合（collection）的。此外，使用 Hibernate 并不影响正在使用的 IDE（Integrated Development Enviroment，集成开发环境）。

Hibernate 负责实现以下功能：

- 查询对象的相关信息。Hibernate 是通过一个面向对象的查询语言——HQL（Hibernate Query Language，Hibernate 查询语言）或者正则表达形式的 API 来完成查询的。HQL 非常类似于 SQL，只是把 SQL 中的 table 和 columns 用 Object 和 fields 代替。HQL 容易理解且软件文档也做得很好。
- 存储、更新、删除数据库记录。
- 支持大部分主流数据库，并且支持父表/子表（parent/child）关系、事务处理、继承和多态。

（3）Spring 框架。

一个典型 Web 应用的中间部分是业务层或者服务层。从编码的视角来看，这一层是最容易被忽视的。往往在用户界面层或持久层看到这些业务处理的代码，这其实是不正确的。因为它会造成程序代码的高耦合，这样，随着时间的推移，这些代码将很难维护。幸好，针对这一问题有多种框架。最受欢迎的一个框架是 Spring，它也被称为轻量级容器（micro container），它能很好地把对象搭配起来。另外，Spring 把程序中所涉及的包含业务逻辑和数据存取对象（Data Access Object，DAO）的对象，例如 Transaction Management Handler（事务管理控制）、Object Factory（对象工厂）、Service Objects（服务组件）都通过 XML 配置联系起来。

Spring 负责实现以下功能：

- 处理应用程序的业务逻辑和业务校验。
- 管理事务。
- 提供与其他层相互作用的接口。
- 管理业务层对象的依赖。
- 在表示层和持久层之间增加了一个灵活的机制，使得它们不直接联系在一起。
- 通过揭示从表示层到业务层之间的上下文（context）来得到业务逻辑。

- 管理程序的执行(从业务层到持久层)。

4. 子系统的划分和接口定义

划分子系统和设计模型组织结构的目的如下:

(1) 层次和包的划分为团队的分工协作提供最直接的依据。

(2) 子系统的划分使得团队成员之间的依赖关系最小化,从而支持并行开发(方便构建)。

(3) 方便测试。包、子系统及其接口的定义应当支持它们被独立地加以测试。

(4) 设计模型组织结构的最终目标是支持个人或团队进行独立的开发。

使用子系统有两个好处:

(1) 子系统可以用来将系统划分成相互独立的部件,这种做法有以下优点:

- 部件可以独立地定制、配置或交付。
- 在接口保持不变的情况下,部件可以独立地开发。
- 部件可以跨越一系列分布式计算节点独立部署。
- 部件可以独立地变更而不影响系统其他部分。

(2) 子系统可以用来实现以下两点:

- 将系统中访问关键资源而需要有安全限制的部分划分出来,成为独立控制的单元。
- 在设计中代表已有产品或外部系统(例如构件)。

识别系统接口的步骤如下:

(1) 为所有子系统识别一组候选的接口。

(2) 考察接口间的相似性。

(3) 定义接口间的依赖关系。

(4) 将接口对应到子系统。

(5) 定义接口规定的行为。

(6) 将接口打包。

设计接口的步骤如下:

(1) 命名接口。接口名称要反映系统中的角色。

(2) 描述接口。接口描述要传达职责信息。

(3) 定义操作。操作名称应当反映操作的结果,描述操作做了什么、所有的参数和结果。

(4) 文档化接口。将支持信息(如序列图、状态图、测试计划等)打包。

5. 优化设计

系统设计的优劣可以通过最终实施编码的冗余程度来衡量。

冗余程度小的设计具有以下优势:

(1) 减小系统的代码量,降低实施成本。

(2) 缩小因变更而引起的更改范围,降低维护成本。

(3) 简化系统的复杂度,使系统便于理解和扩展。

去冗余是通过抽取共性元素,从而在结构上保持组成元素形式单一的过程。去冗余的途径包括划分、泛化、模板化、元层次化和面向方面编程 5 种。

1）通过划分实现去冗余

通过划分实现去冗余的要点如下：

（1）将系统划分为职责更为集中和明确的模块（例如对象、子系统、子程序等），相同的行为将通过调用一个模块来实现，从而避免重复的组成元素分散于系统各处。

（2）在结构化范型下，主要将重复代码抽取出来重构为子程序、子函数。

（3）在面向对象范型下，主要方式有以下3种：

- 识别对象，并将职责分配给合适的对象，其他对象将委托它来完成对应的行为。
- 为对象定义通用的原语方法，在更高级别通过调用它们来实现粒度更大的职责。
- 让对象通过组合来复用已有对象的服务。

2）通过泛化实现去冗余

通过泛化实现去冗余的要点如下：

（1）将共性的行为抽取出来，专门在一处单独定义；所有类似行为的实现将专注于个性方面，对共性方面直接从上述之处继承，而不再重复实现。

（2）在结构化范型下，可以在主函数中定义一个统一（共性）的执行过程，然后使用钩子函数等途径来回调个性化的扩展函数。

（3）在面向对象范型下，父类实现共性的行为，并定义一些可重载的方法，在父方法中调用，然后让子类重载它们以便扩展个性行为（参考模板方法模式）。

（4）泛化的去冗余途径主要是避免重复实现一些较大粒度的框架性的行为，小粒度的行为复用应当使用上述的划分途径。

3）通过模板化实现去冗余

通过模板化实现去冗余的要点如下：

（1）使用模板来定义共性的结构和行为，并留出某些变量，这些变量对模板而言是行为敏感的；在具体的应用场景中，通过引入不同的参数变量，从而导出众多个性化的行为组合。

（2）在结构化范型下，将一组类似的行为并入一个函数，而通过传入参数控制不同行为的组合。

（3）在面向对象范型下，主要有模板类、模板函数等方式。

（4）模板化去冗余途径在形式上主要是一种结构（引入变量）与（模板）行为的二元组合，其实质是避免行为的重复定义。

4）通过元层次化实现去冗余

通过元层次化实现去冗余的要点如下：

（1）利用元数据来表达某种领域行为（"元"意味着"更高层次的"，即用更少的篇幅却能表达更多、更复杂的语义），然后使用相关机制来实例化，从而实现元数据所定义的行为内容（例如工作流引擎对某流程定义的解释执行）。

（2）元数据驱动（meta data driven）的主要方式有以下两种：

- 声明规格（declarative specification）。通过代码生成器将高层定义转换为具体的最终代码实现，需要使用编译器进行事前转换。
- 指令规格（imperative specification）。元数据定义的行为，在运行时刻被专门的机制解释执行，不需要事前转换。

5）通过面向方面编程实现去冗余

通过面向方面编程实现去冗余的要点如下：

（1）将分散在系统代码之间、行使类似职能的代码抽取出来，作为一个方面（aspect），集中到一起来处理（这些职能包括日志记录、权限验证、资源的释放、异常处理等），避免类似代码到处重复。

（2）面向方面编程（Aspect-Oriented Programming，AOP）技术的提出，就是为了解决前述所有途径都难以解决的、类似职能代码横向交错（cross-cut）的冗余问题。

（3）AOP 技术将系统中随处可见的行为抽象成若干个行为方面，然后将它们与主体对象的固有行为结合在一起，实现了纷繁复杂的多样系统行为。

架构分析设计所面对的通用问题往往可以抽象为方面，包括：

- 选择候选层级。
- 如何保持会话状态。
- 确定共同的用户界面交互机制。
- 确定共同的数据存取机制（OR Mapping）。
- 解决并发和同步冲突。
- 支持事务处理。
- 接口的定位与实例化机制（常用途径是名字服务）。
- 设计统一的异常机制。
- 安全机制的实施。

这里特别介绍一下 AOP 与分析设计的关系。

从方法论的角度来看，区分分析与设计的终极目的在于简化开发。分析关注目标系统所处理的领域问题（或称业务功能），而设计要关注系统完成上述领域功能时在性能、部署等方面应当满足的动作需求（非功能需求）。

AOP 正是一种实施层面的技术，它直接在代码级别上支持将处理动作需求方面的代码与处理业务逻辑的代码相隔离，使得开发人员将注意力集中于核心的业务逻辑上。

AOP、MDA（Model Driven Architecture，模型驱动体系结构）的模型转换技术等都是支持分析与设计分离方法论的绝佳途径。

4.1.3 架构设计文档[①]

---

eGov 电子政务系统架构设计说明书

1 引言

1.1 编写目的
本文档对 eGov 电子政务系统架构设计进行说明。

预期的读者有（甲方）的需求提供者、项目负责人、相关技术人员等，北京亚思晟商

[①] 本节内容按照项目架构设计说明书的格式要求，标题和图表均独立编号。

务科技有限公司(乙方)的项目组成员,包括项目经理、客户经理、分析/设计/开发/测试等人员。

1.2 背景

eGov电子政务系统是基于互联网的应用软件。在研究中心的网上能了解到已公开发布的不同栏目(如新闻、通知等)的内容,各部门可以发表栏目内容(如新闻、通知等),有关负责人对需要发布的内容进行审批。其中,有的栏目(如新闻)必须经过审批才能发布,有的栏目(如通知)则不需要审批就能发布。系统管理人员对用户及其权限进行管理。

1.3 定义

无

1.4 参考资料

《eGov电子政务系统需求规格说明书》
《eGov电子政务系统详细设计说明书》

2 总体设计

2.1 需求规定

eGov电子政务系统按模块可以分成3部分:一是一般用户浏览的内容管理模块;二是系统管理模块;三是内容和审核管理模块。而它们各自又由具体的小模块组成。具体需求见《eGov电子政务系统需求规格说明书》。

2.2 运行环境

- 操作系统:Windows 2003/XP以上、Linux。
- Web服务器:Tomcat 5.5以上。
- 数据库服务器:MySQL 5.0以上,能够处理数据并发访问,访问回馈时间短。

2.3 基本设计概念

2.3.1 系统整体方案

1. eGov电子政务系统的主要特性

从以下5个方面确定目标系统特性:

- 用户界面的复杂度:数据的静态显示/可定制视图。
- 用户界面的部署约束:基于独立的桌面计算机或专用工作站的浏览器。
- 用户的数量和类型:组织内的日常使用者,总共几百人。
- 系统接口类型:通过HTTP提供服务,未来可以使用SOAP的SOA技术。
- 性能:主要是独立的数据更新,有少量并发处理。

从上述特性可以判断eGov电子政务系统属于中大型项目,因此使用基于Struts-Spring-Hibernate框架的分层架构设计方案。

2. 架构分层

在eGov电子政务系统架构设计中使用分层模式。具体地说,将eGov电子政务系统应用在职责上分成3层:表示层、持久层和业务层。每个层在功能上都应该是十分明确的,而不应该与其他层混合。各个层要相互独立,通过通信接口相互联系。

3．模式和框架使用

在分层设计基础上，将使用设计模式和框架，这些是可以重用的资产。

1）MVC 模式

MVC(Model-View-Controller，模型-视图-控制器)模式就是一种很常见的设计模式，其结构图如图 1 所示。

（1）模型端。在 MVC 模式中，模型是执行某些任务的代码，而这部分代码并没有任何逻辑决定用户端的表示方法。模型只有纯粹的功能性接口，也就是一系列公共方法，通过这些公共方法便可以取得模型端的所有功能。

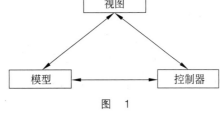

图　1

（2）视图端。在 MVC 模式中，一个模型可以有几个视图端，而实际上多个视图端是使用 MVC 的原始动机。使用 MVC 模式可以允许两个或更多个视图端存在，并可以在需要时动态注册所需要的 View。

（3）控制器端。MVC 模式的视图端是与 MVC 的控制器端结合使用的。当用户端与相应的视图发生交互时，用户可以通过视图更新模型的状态，而这种更新是通过控制器端进行的。控制器端通过调用模型端的方法更改其状态值。与此同时，控制器端会通知所有已注册的视图刷新用户接口。

那么，使用 MVC 模式有哪些优点呢？MVC 通过以下 3 种方式消除与用户接口和面向对象的设计有关的绝大部分困难。

（1）控制器通过一个状态机跟踪和处理面向操作的用户事件。这允许控制器在必要时创建和破坏来自模型的对象，并且将面向操作的拓扑结构与面向对象的设计隔离开来。这个隔离有助于防止面向对象的设计走向歧途。

（2）MVC 将用户接口与面向对象的模型分开。这允许同样的模型不用修改就可使用许多不同的接口显示方式。除此之外，如果模型更新由控制器完成，那么接口就可以跨应用再使用。

（3）MVC 允许应用的用户接口有大的变化而不影响模型。用户接口发生变化时，只需要对控制器进行修改，控制器包含的实际行为很少，是很容易修改的。

面向对象的设计人员在将一个可视化接口添加到一个面向对象的设计中时必须非常小心，因为可视化接口的面向操作的拓扑结构可以大大增加设计的复杂性。

MVC 设计允许一个开发者将一个好的面向对象的设计与用户接口隔离开来，允许在同样的模型中容易地使用多个用户接口，并且允许在实现阶段对用户接口做大的修改，而不需要对相应的模型进行修改。

2）框架

根据本系统的特点，使用 3 种开源框架：表示层用 Struts，业务层用 Spring，持久层用 Hibernate。

2.3.2　UML 视图

（1）用例图，如图 2 所示。

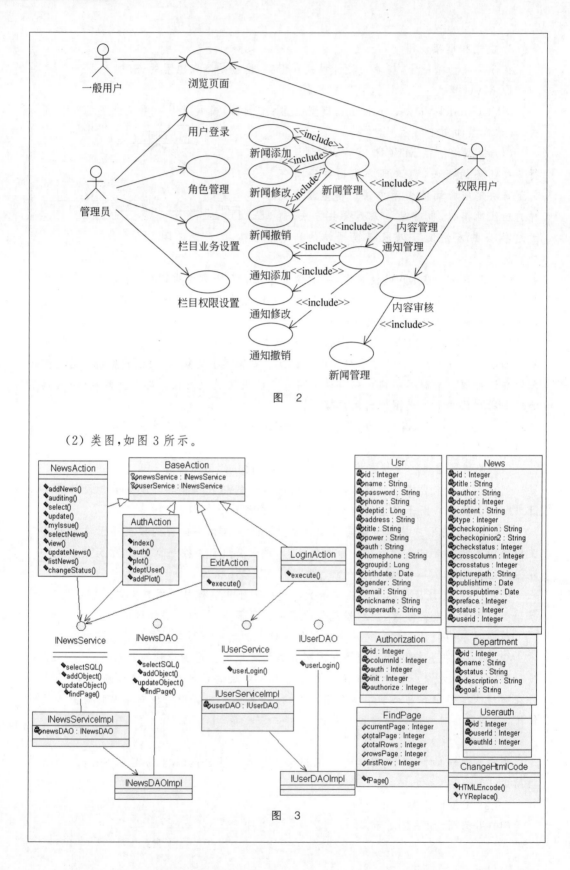

图 2

（2）类图，如图 3 所示。

图 3

2.4　结构

结构如图 4 所示。

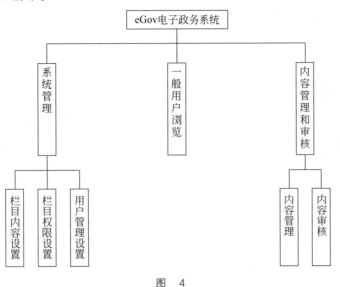

图　4

（1）一般用户浏览模块：首页及其他页面。

（2）系统管理模块：除登录功能外，还包括栏目业务设置、栏目权限设置和用户管理设置。

（3）内容管理和审核模块：包括内容管理（新闻的显示、编辑、修改、屏蔽、删除以及通知的显示、编辑、修改、删除）和内容审核（新闻审核）。

2.5　功能需求与程序的关系

各项功能需求的实现与各程序的分配关系如表 1 所示。

表　1

模　　块	功 能 需 求	程序 1 （Action）	程序 2 （Business Service）	程序 3 （DAO）
内容管理和审核模块	内容管理（新闻）	NewsAction	INewsServiceImpl/ INewsService	INewsDAOImpl/ INewsDAO
	内容审核（新闻）	NewsAction	INewsServiceImpl/ INewsService	INewsDAOImpl/ INewsDAO
	内容管理（通知）	NoticeAction	INoticeServiceImpl/ INoticeService	INoticeDAOImpl/ INoticeDAO
系统管理模块	登录	LoginAction	IUserServiceImpl/ IUserService	IUserDAOImpl/ IUserDAO
	…	…	…	…
…	…	…	…	…
一般用户浏览模块	…	…	…	…

2.6 人工处理过程

无

2.7 尚未解决的问题

无

3 接口设计

3.1 用户接口

用户接口以基于浏览器的图形用户界面(Graphic User Interface,GUI)的方式提供,具体见页面导航图(静态页面设计)。

3.2 外部接口

本系统与已有的办公自动化(Office Automation,OA)系统之间有数据交换。

3.3 内部接口

内部接口如表 2 所示。

表 2

Business Service 接口	DAO 接口
IUserService	IUserDAO
INewsService	INewsDAO
…	…

1. IUserService 接口类

IUserService 接口类提供以下方法:

```
public Usr userLogin(String username,String password);
```

目标:用户登录。

userLogin 方法的参数如表 3 所示。

表 3

参 数	类 型	说 明
username	String	用户名
password	String	密码

主要流程描述:用户提交请求,在 Action 中调用该方法,传入用户输入的用户名和密码,到数据库中读取相应的用户信息。如果有此用户且密码正确,则返回用户名,登录成功;否则返回 null,登录失败。

2. INewsService 接口类

INewsService 接口类提供以下方法。

1) selectSQL 方法

```
public List selectSQL(String sql,Object[] value);
```

目标:根据 SQL 语句执行查询。

selectSQL 方法的参数如表 4 所示。

表 4

参　数	类　型	说　明
sql	String	执行查询的 HQL 语句
value	Object[]	HQL 语句中的参数值

主要流程描述：在 Action 中写好 HQL 语句，把参数写入一个 Object 类型的数组中，然后调用 selectSQL 方法，传入 HQL 语句和 Object 类型的数组，执行查询，返回 List 类型的集合。

2）addObject 方法

```
public void addObject(Object obj);
```

目标：添加数据对象。

addObject 方法的参数如表 5 所示。

表 5

参　数	类　型	说　明
obj	Object	需要保存的数据对象

主要流程描述：在 Action 中创建 JavaBean 对象，调用 addObject 方法，传入该 JavaBean 对象，执行保存命令。

3）updateObject 方法

```
public void updateObject(Object obj);
```

目标：修改数据对象。

updateObject 方法的参数如表 6 所示。

表 6

参　数	类　型	说　明
obj	Object	需要修改的数据对象

主要流程描述：在 Action 中查找到需要修改的对象，赋予其新值，调用 updateObject 方法，传入该对象，执行修改命令。

4）deleteObject 方法

```
public void deleteObject(Object obj);
```

目标：删除数据对象。

deleteObject 方法的参数如表 7 所示。

表 7

参　数	类　型	说　明
obj	Object	需要删除的数据对象

主要流程描述：在 Action 中查找到需要删除的对象，调用 deleteObject 方法，传入该对象，执行删除命令。

5）findPage 方法

```
public List findPage(final String sql,final int firstRow,
                final int maxRow,final Object[] obj);
```

目标：分页查询。

findPage 方法的参数如表 8 所示。

表　8

参　　数	类　　型	说　　明
sql	final String	执行查询的 HQL 语句
firstRow	final int	开始查找的记录行号
maxRow	final int	每页显示的记录数
obj	final Object[]	HQL 语句中需要的参数

主要流程描述：在 Action 中写好查询的 HQL 语句，如有参数，则存入 Object 类型的数组中，根据页面传入的当前页数，算出要从哪条记录开始显示。调用该方法，传入 HQL 语句和其余 3 个参数，执行查询命令，返回 List 类型集合。

……

4　运行设计

4.1　运行模块组合

运行模块组合如图 5 所示。

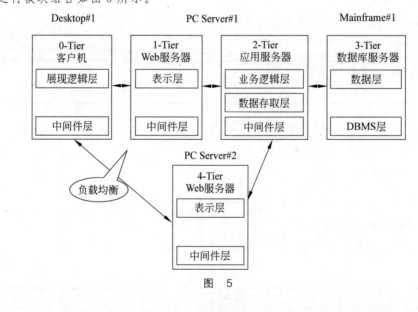

图　5

4.2 运行控制

用户(客户机)通过图形用户界面发出请求。应用服务器和数据库服务器处理请求后,向用户返回响应,并展现在图形用户界面上。具体操作步骤见详细设计说明书。

4.3 运行时间

运行模块组合占用各种资源的时间要满足性能要求,特别是响应速度要低于 5s。

5 系统数据结构设计

5.1 逻辑结构设计要点

逻辑结构设计图如图 6 所示。

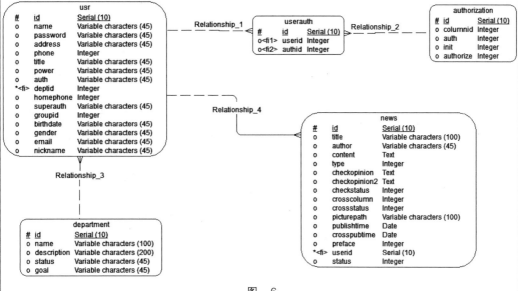

图 6

5.2 物理结构设计要点

本系统内使用 MySQL 关系型数据库,以便满足每个数据结构中的每个数据项的存储要求、访问方法、存取单位、存取的物理关系(索引、设备、存储区域)、设计考虑和保密条件。MySQL 是一个多用户、多线程的 SQL 数据库,是一个客户/服务器结构的应用,它由一个服务器守护程序 mysqld 和很多不同的客户程序及库组成。它是目前市场上运行最快的 SQL 数据库之一,它提供了其他数据库少有的编程工具,而且 MySQL 对于商业和个人用户是免费的。本系统使用相对稳定的 MySQL 5.0.45 版本。

MySQL 的功能特点如下:可以同时处理几乎不限数量的用户;处理多达 5000 万条以上的记录;命令执行速度快,也许是现今最快的;有简单、有效的用户特权系统。

5.3 数据结构与程序的关系

数据库中各个表与程序的关系如下:

- department 表和用户管理、新闻管理、通知管理有关。
- usr 表和用户管理、新闻管理和审核、通知管理有关。

- news 表和新闻管理和审核以及一般用户浏览的内容有关。
- userauth 表和用户管理、新闻管理和审核、通知管理有关。
- authorization 表和新闻管理和审核、通知管理有关。

……

6 系统出错处理设计

6.1 出错信息

在软件设计中使用异常处理机制和 log4j 工具保证系统健壮性,运行时正常和出错信息要保留在日志文件中;硬件方面则使用冗余备份方式来保证负载平衡和系统可靠性。

6.2 补救措施

当原始系统数据丢失时,启用副本的建立和启动技术,周期性地把磁盘信息记录到磁带上。

6.3 系统维护设计

系统设计时模式及框架的使用、子系统和接口的设计、高重用及低耦合设计原则等可以保证系统维护的方便性。

4.2 软件详细设计

4.2.1 软件详细设计概述

在软件架构设计阶段,已经确定了软件系统的总体结构,给出了软件系统中各个组成模块的功能和模块间的接口。作为软件设计的第二步,软件详细设计就是在软件架构设计的基础上,考虑如何实现定义的软件系统,直到对系统中的每个模块都给出了足够详细的过程描述。在软件详细设计以后,程序员将根据软件详细设计的过程编写出实际的程序代码。因此,软件详细设计的结果基本上决定了最终的程序代码质量。在软件详细设计阶段,将生成软件详细设计说明书。在软件详细设计结束时,软件详细设计说明书通过复审后形成正式文档,作为下一个阶段的工作依据。

软件详细设计的主要任务是设计每个模块的实现算法、所需的局部数据结构。软件详细设计的目标有两个:实现模块功能的算法在逻辑上要正确;算法描述要简明易懂。具体地说:

(1) 为每个模块确定采用的算法,选择某种适当的工具表达算法的过程,写出模块的详细过程性描述。

(2) 确定每个模块使用的数据结构。

(3) 确定模块接口的细节,包括对系统外部的接口和用户接口、对系统内部其他模块的接口,以及模块输入数据、输出数据及局部数据的全部细节。

在软件详细设计结束时,应该把上述结果写入软件详细设计说明书,并且在通过复审后形成正式文档,交付给下一阶段(编码阶段)作为工作依据。

(4)要为每一个模块设计出一组测试用例,以便在编码阶段对模块代码(即程序)进行预定的测试。模块的测试用例是软件测试计划的重要组成部分,通常应包括输入数据、期望输出等内容。

传统软件开发方法的软件详细设计主要采用结构化程序设计方法。软件详细设计的表示工具有图形工具和语言工具。图形工具有程序流程图、PAD(Problem Analysis Diagram,问题分析图)、NS 图(由 Nassi 和 Shneiderman 提出的流程图);语言工具有伪码和 PDL(Program Design Language,问题设计语言)等。

现代软件开发方法的软件详细设计主要采用面向对象的设计方法。UML(包括类图、序列图等)和 E-R 图(Entity-Relationship Diagram,实体-关系图)等都是完成详细设计的工具,选择合适的工具并且正确地使用工具是十分重要的。

4.2.2 面向对象的详细设计

进行面向对象的分析设计的一个常用工具是 Rational Rose。关于 Rational Rose 工具的使用,在第 2 章已经作了讲解,请读者参考。在这里使用 UML 的类图和序列图等进行面向对象的详细设计。

eGov 电子政务系统的类图如图 4-7 所示。

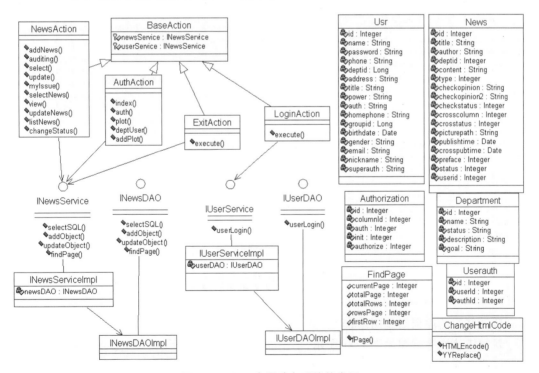

图 4-7 eGov 电子政务系统的类图

用户登录管理的序列图如图 4-8 所示。

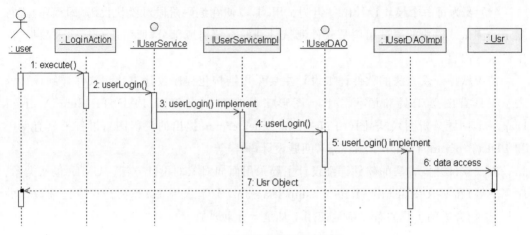

图 4-8　用户登录管理的序列图

新闻发布的序列图如图 4-9 所示。

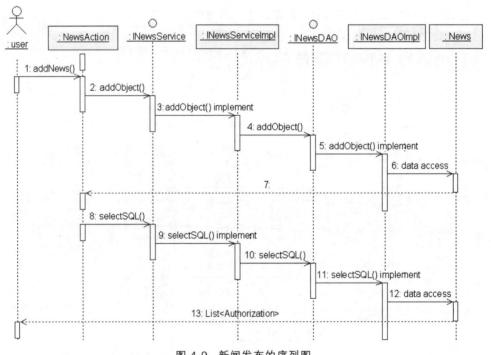

图 4-9　新闻发布的序列图

新闻修改的序列图如图 4-10 所示。

新闻审核的序列图如图 4-11 所示。

权限分配的序列图如图 4-12 所示。

其他 UML 的图这里就不再赘述了,具体内容可参见 4.3.4 节。

除了面向对象的详细设计之外,和软件设计密切相关的另一部分内容就是数据库的设计。

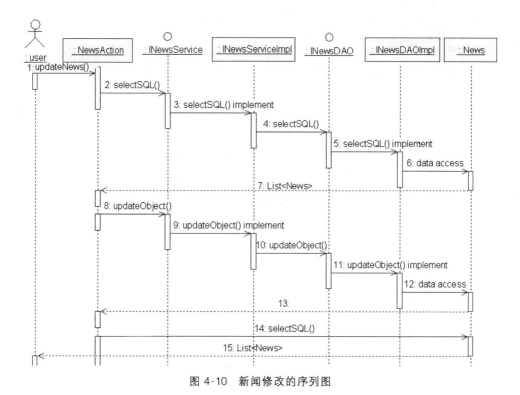

图 4-10 新闻修改的序列图

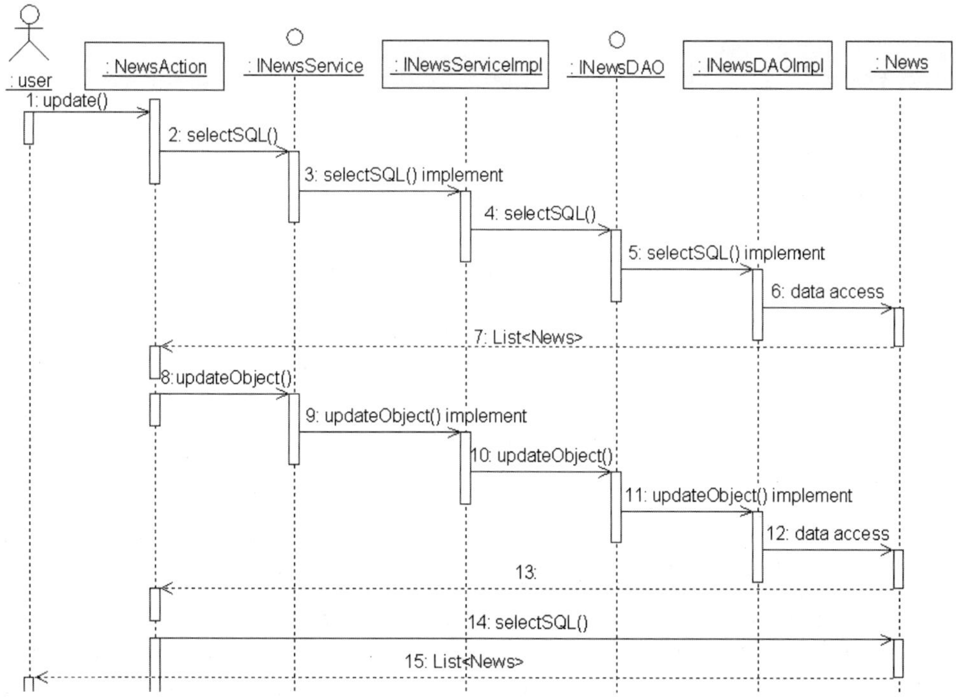

图 4-11 新闻审核的序列图

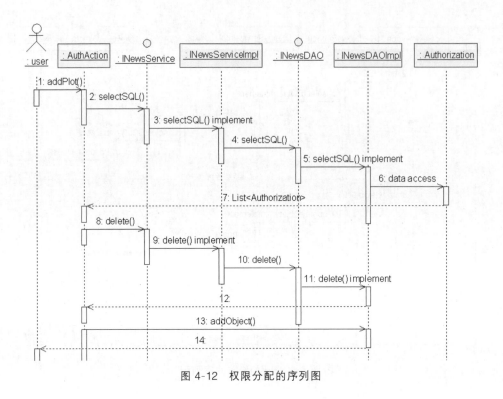

图 4-12　权限分配的序列图

4.2.3　数据库设计

1. 数据模型

数据库设计的目标是设计和建立数据模型。数据模型设计是企业信息系统设计的中心环节,数据模型建设是企业信息系统建设的基石,设计者与建设者万万不可粗心大意。站在设计者的立场上看,数据模型是系统内部的静态数据结构。企业信息系统中的数据模型是指它的 E-R 图及相应的数据字典。这里的数据字典包括实体字典、属性字典和关系字典。在数据库设计的 CASE 工具(例如 PowerDesigner、ERWin 等)帮助下,这些数据字典都可以查阅、显示、修改、打印和保存。

E-R 图将系统中所有的元数据按照其内部规律组织在一起。通过它们再将所有原始数据组织在一起。有了这些原始数据,再经过各种算法分析,就能派生出系统中的一切输出数据,从而满足人们对信息系统的各种需求。数据字典是系统中所有元数据的集合,或者说是系统中所有的表名、字段名、关系名的集合。由此可见,E-R 图和数据字典确实是信息系统的数据模型。抓住了 E-R 图,就抓住了信息系统的核心。

数据模型分为概念数据模型(Conceptual Data Model,CDM)和物理数据模型(Physical Data Model,PDM)两个层次。CDM 就是数据库的逻辑设计,即 E-R 图;PDM 就是数据库的物理设计,即物理表。有了 CASE 工具后,从 CDM 就可以自动转换为 PDM,而且还可以自动获得主键索引、表级触发器等。

数据模型本身是静态的,但是在设计者心目中,应该尽量将它由静态变成动态。设计者可以想象数据(或记录)在相关表上的流动过程,即增加、删除、修改、传输与处理等,从而在脑海中运行系统,或在 E-R 图上运行系统。

数据模型的设计工具有 PowerDesigner、ERWin、Oracle Designer 或 Rational Rose 中的类图加上对象图。在这里重点介绍 PowerDesigner。

2. PowerDesigner 介绍

PowerDesigner 是 Sybase 公司的 CASE 工具,使用它可以方便地对管理信息系统进行分析设计,它几乎包括了数据库模型设计的全过程。利用 PowerDesigner 可以制作数据流程图、概念数据模型、物理数据模型,可以生成多种客户端开发工具的应用程序,还可以为数据仓库制作结构模型,也能对团队设计模型进行控制。它可以与许多流行的数据库设计软件配合使用,以缩短开发时间并使系统设计更优化。

PowerDesigner 主要包括以下几个功能部分:

(1) DataArchitect。这是一个强大的数据库设计工具,使用 DataArchitect 可以利用 E-R 图为一个信息系统创建 CDM,并且可以根据 CDM 产生基于某一特定数据库管理系统(例如 Oracle)的 PDM。它还可以优化 PDM,产生为特定 DBMS 创建数据库的 SQL 语句并可以文件形式存储,以便在其他时刻运行这些 SQL 语句创建数据库。另外,DataArchitect 还可以根据已存在的数据库反向生成 PDM、CDM 及创建数据库的 SQL 脚本。

(2) ProcessAnalyst。此功能部分用于创建功能模型和数据流图,创建处理层次关系。

(3) AppModeler。此功能部分为客户/服务器应用程序创建应用模型。

(4) ODBC Administrator。此功能部分用来管理系统的各种数据源。

PowerDesigner 有 4 种模型文件:

(1) 概念数据模型。CDM 表达数据库的全部逻辑结构,与任何软件或数据存储结构无关。它给运行计划或业务活动的数据提供一个逻辑表现方式。

(2) 物理数据模型。PDM 表达数据库的物理实现。依据 PDM,考虑真实的物理实现细节。可以修正 PDM 以适合物理表现或约束。

(3) 面向对象模型(Object-Oriented Model,OOM)。一个 OOM 包含一系列包、类、接口和它们的关系。这些对象一起形成软件系统全部(或部分)逻辑设计视图的结构。一个 OOM 本质上是软件系统的一个静态的概念模型。

(4) 业务程序模型(Business Process Modeling,BPM)。BPM 描述业务的各种不同内在任务和流程,以及客户如何和这些任务及流程互相交互。BPM 是从业务用户的观点来看业务逻辑和规则的概念模型。

3. 使用 PowerDesigner 建立概念数据模型和物理数据模型

1) 建立概念数据模型

建立概念数据模型的步骤如下:

(1) 在 PowerDesigner 的菜单栏中选择 File→New 命令,如图 4-13 所示,在打开的窗口中选择要建立的模型类型——Conceptual Data Model,建立一个新的概念数据模型,命名为 electrones,如图 4-14 所示。

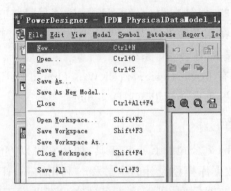

图 4-13　选择 File→New 命令

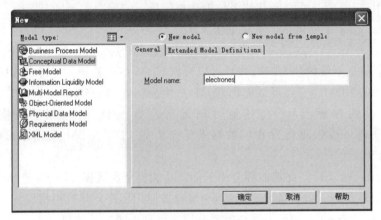

图 4-14　建立概念数据模型

（2）选择工具箱中的实体图标，光标变成该图标形状，在设计窗口的适当位置单击，在单击的位置上出现实体符号。依次加入实体 usr、userauth、news、department、authorization。双击加入的实体，为其添加属性。最后，设置主键和 Data Type。图 4-15 为工具箱，图 4-16 为加入的实体。实体命名和为实体添加属性分别如图 4-17 和图 4-18 所示。

图 4-15　工具箱　　　　　图 4-16　加入的实体

（3）建立实体之间的联系。选择工具窗口中的 Relationship 图标，如图 4-19 所示，单击第一个实体，按住鼠标左键将其拖曳至第二个实体上，然后释放左键，即建立了一个默认

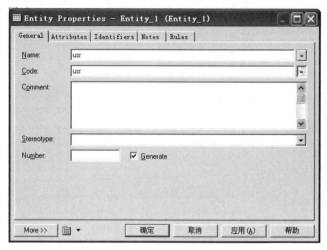

图 4-17　实体命名

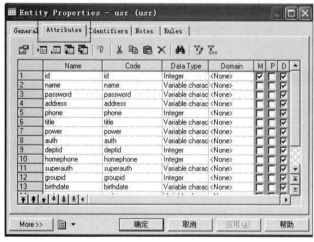

图 4-18　为实体添加属性

图 4-19　选择 Relationship 图标

联系。双击新建立的联系,打开 Relationship Properties(联系属性)对话框。在 General 选项卡中定义联系的常规属性,如图 4-20 所示;在 Cardinalities 选项卡中定义实体关系,如图 4-21 所示。

(4) 检查模型。在菜单栏中选择 Tools→Check Model 命令,如图 4-22 所示,打开 Check Model Parameters 对话框,在 Options 选项卡中选择要进行检查的节点前的复选框,如图 4-23 所示。

(5) 选择 Selection 选项卡,在其中选择要检查的模型和对象,如图 4-24 所示。

(6) 设置完毕后,单击"确定"按钮,开始检查 CDM。如果发现错误或者警告,系统将显示提示信息。也可以使用 Check 工具栏进行错误更正。如果 Check 工具栏没有显示,则可以在菜单栏中选择 Tools→Customize Toolbars 命令,如图 4-25 所示,在弹出的 Toolbars 对话框中选择 Check 复选框,如图 4-26 所示。

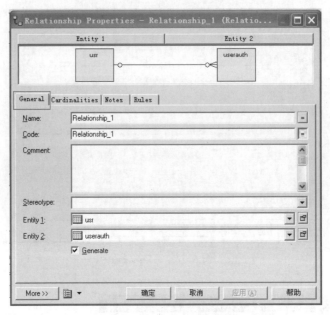

图 4-20　定义联系的常规属性

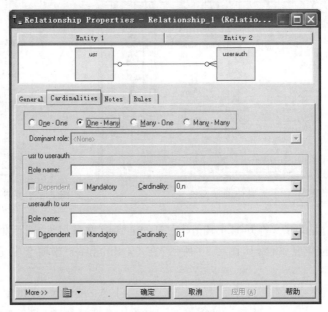

图 4-21　定义实体关系

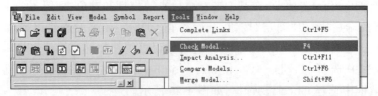

图 4-22　选择 Tools→Check Model 命令

图 4-23 选择要进行检查的节点

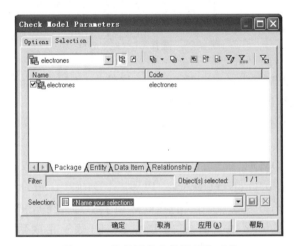

图 4-24 选择要检查的模型和对象

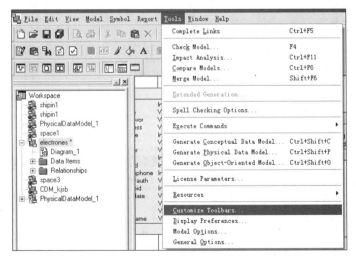

图 4-25 选择 Tools→Customize Toolbars 命令

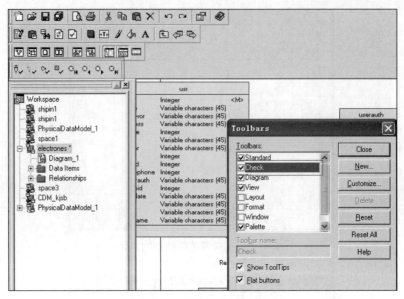

图 4-26　选择 Check 复选框

（7）选择结果列表窗口中的某个警告，右击该警告，通过弹出的快捷菜单进行更正或者重新检查。如果是错误，则弹出另一个快捷菜单。

按照 Check 工具栏提示的错误和警告进行纠正，直到没有问题为止。

2）生成物理数据模型

利用 CDM 生成 PDM 时，标识符、联系、数据类型等会自动转换。

（1）在菜单栏中选择 Tools→Generate Physical Data Model 命令，如图 4-27 所示，打开 PDM Generation Options 窗口，在 General 选项卡中选择生成 PDM 的方式和参数，如图 4-28 所示。选择 Generate new Physical Data Model 表示生成新的 PDM，选择 Update existing Physical Data Model 则表示将新生成的 PDM 与已经存在的 PDM 合并。

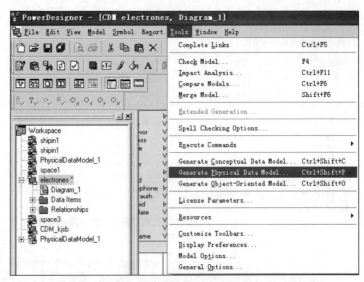

图 4-27　选择 Tools→Generate Physical Data Model 命令

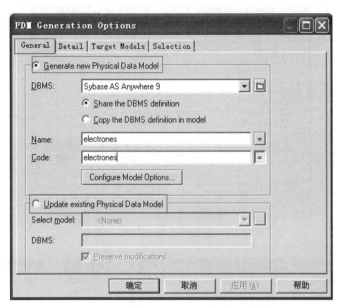

图 4-28 选择生成 PDM 的方式和参数

（2）选择 Detail 选项卡，进行细节选项设置，如图 4-29 所示。

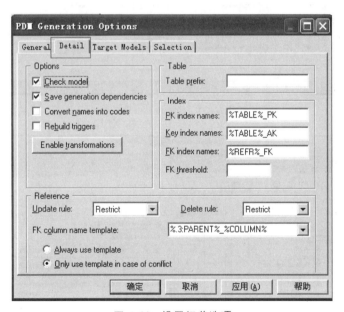

图 4-29 设置细节选项

（3）选择 Selection 选项卡，选择要转换为 PDM 的实体，如图 4-30 所示。

（4）单击"确定"按钮，开始生成 PDM，在 Result List 窗口中会显示在处理过程中出现的警告、错误和提示信息，如图 4-31 所示，根据提示对出现的警告和错误进行修改。如果 PDM 中显示的信息太多，难以阅读，则可以在菜单栏中选择 Tools→Display Preferences 命令，如图 4-32 所示，在 Display Preferences 对话框中进行设置，以减少显示的信息，如图 4-33 所示。

图 4-30 选择要转换为 PDM 的实体

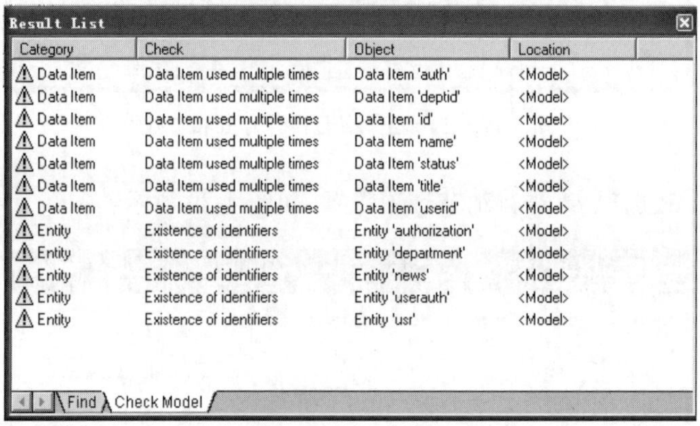

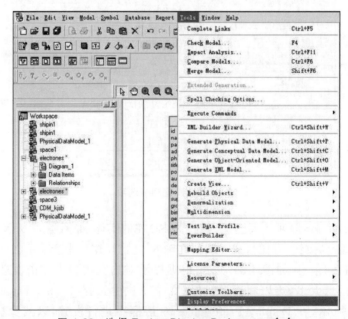

图 4-31 Result List 窗口

图 4-32 选择 Tools→Display Preferences 命令

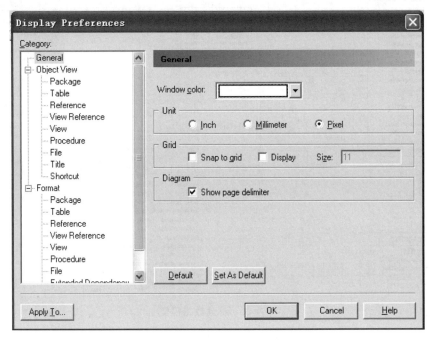

图 4-33　Display Preferences 对话框

　　eGov 电子政务系统数据库设计的结果是概念数据模型和物理数据模型,如图 4-34 和图 4-35 所示。

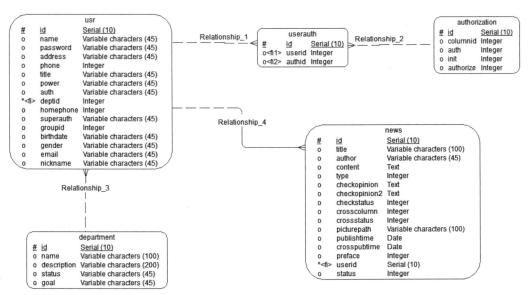

图 4-34　概念数据模型

下面说明各表的结构。

news 的结构如表 4-2 所示。

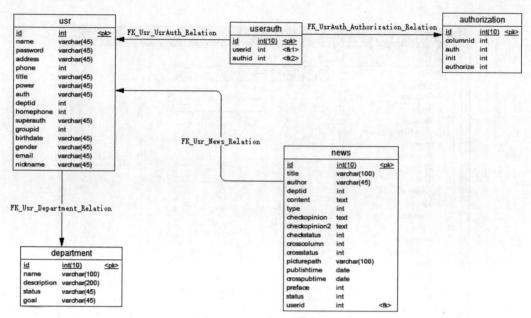

图 4-35　物理数据模型

表 4-2　news 的结构

序号	列　名	PK	FK	属　性	长　度	备　注
1	id	Y		integer	20	该表的主键,唯一标识,自动增长
2	title			varchar	255	新闻标题
3	author			varchar	32	作者
4	deptid			integer	20	部门号
5	content			longtext		新闻内容
6	type			integer	11	新闻类型
7	checkopinion			varchar	255	一审意见
8	checkopinion2			varchar	255	二审意见
9	checkstatus			integer	11	当前新闻审核状态
10	crosscolumn		Y	integer	11	跨栏栏目(值来自数据字典)
11	crossstatus			integer	11	跨栏状态(值来自数据字典)
12	picturepath			varchar	128	图片路径
13	publishtime			date		发布时间
14	crosspubtime			date		跨栏日期(值来自数据字典)
15	preface			integer	11	前言
16	status			integer	11	发布状态

department 的结构如表 4-3 所示。

表 4-3   department 的结构

序号	列　名	PK	FK	属　性	长　度	备　注
1	id	Y		integer	20	该表的主键,唯一标识,自动增长
2	name			varchar	32	部门名
3	status			varchar	255	部门状态
4	description			varchar	255	部门描述
5	goal			varchar	255	目标

usr 的结构如表 4-4 所示。

表 4-4   usr 的结构

序号	列　名	PK	FK	属　性	长　度	备　注
1	id	Y		integer	20	该表的主键,唯一标识,自动增长
2	name			varchar	16	用户名
3	password			varchar	16	密码
4	phone			varchar	16	电话号
5	deptid		Y	integer	20	部门号(外键)
6	address			varchar	64	地址
7	title			varchar	32	称谓
8	power			varchar	32	权力
9	auth			varchar	32	权限
10	homephone			varchar	16	家庭电话号码
11	superauth			varchar	8	高级权限
12	groupid			integer	20	组号
13	birthdate			date		出生日期
14	gender			varchar	8	性别
15	email			varchar	255	电子信箱

authorization 的结构如表 4-5 所示。

表 4-5   authorization 的结构

序号	列　名	PK	FK	属　性	长　度	备　注
1	id	Y		integer	20	该表的主键,唯一标识,自动增长
2	columnid		Y	integer	20	栏目编号
3	auth			integer	11	栏目权限
4	init			integer	11	初始值
5	authorize			integer	11	栏目是否有权限

userauth 的结构如表 4-6 所示。

表 4-6　userauth 的结构

序号	列　名	PK	FK	属　性	长　度	备　注
1	id	Y		integer	20	该表的主键,唯一标识,自动增长
2	userid		Y	integer	20	用户 ID(外键)
3	authid		Y	integer	20	栏目权限 ID(外键)

4.3　项目案例

4.3.1　学习目标

(1) 理解软件详细设计的概念和面向对象的设计原理。

(2) 掌握数据库设计的原理和方法。

4.3.2　案例描述

本案例介绍 eGov 电子政务项目详细设计说明书。通过本案例,可以更好地掌握软件详细设计的步骤和内容,同时更好地掌握文档书写格式。

4.3.3　案例要点

软件详细设计就是在软件架构设计的基础上,考虑如何实现定义的软件系统,直到对系统中的每个模块都给出了足够详细的过程描述。软件详细设计包括面向对象的设计和数据库的设计,它的主要任务是设计每个模块的实现算法以及所需的局部数据结构。

4.3.4　案例实施[①]

---

eGov 电子政务系统详细设计说明书

1　引言

1.1　编写目的

本文档对项目的功能设计进行说明,以确保相关人员对需求的理解一致。

预期的读者有(甲方)的需求提供者、项目负责人、相关技术人员等,北京亚思晟商务科技有限公司(乙方)的项目组成员,包括项目经理、客户经理、分析/设计/开发/测试等人员。

1.2　项目背景

eGov 电子政务系统是基于互联网的应用软件。在研究中心的网上能了解到已公开发布的不同栏目(如新闻、通知等)的内容,各部门可以发表栏目内容(如新闻、通知

[①]　本节内容按照详细设计说明书的格式要求,标题和图表均独立编号。

等),有关负责人对需要发布的内容进行审批。其中,有的栏目(如新闻)必须经过审批才能发布,有的栏目(如通知)则不需要审批就能发布。系统管理人员对用户及其权限进行管理。

1.3 定义、缩写词、略语
无

1.4 参考资料
《eGov 电子政务系统需求规格说明书》
《eGov 电子政务系统架构设计说明书》

2 系统总体设计

2.1 软件结构
软件结构如图 1 所示。

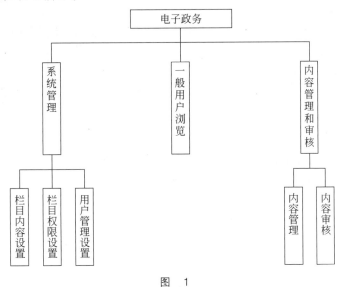

图 1

2.2 程序系统结构
本项目中使用了基于 Struts-Spring-Hibernate 的 MVC 框架开发电子政务系统。其中,Struts 处理前端的显示,Spring 主要处理业务,而 Hibernate 主要处理数据的持久化。系统类图如图 2 所示。

2.2.1 Web 应用设计
Web 应用的组织结构可以分为 8 个部分。
- Web 应用根目录下放置用于前端展现的 JSP 文件。
- com.ascent.po 放置处理的 JavaBean。
- com.ascent.service 放置处理业务类的接口。
- com.ascent.services.impl 放置实现处理业务类的接口的类。
- com.ascent.dao 放置数据持久化类的接口。

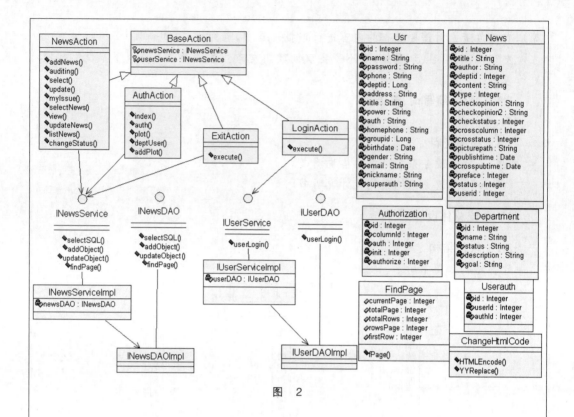

图　2

- com.ascent.dao.impl 放置数据持久化类的接口的实现类。
- com.ascent.action 放置处理请求的类。
- com.ascent.util 放置帮助类。

另外，在 WebRoot/WEB-INF 目录下放置 Spring 配置文件 applicationContext
.xml，在 src 目录下放置 Struts 2 配置文件 struts.xml 和 Struts 2 资源文件 struts
.properties。

2.2.2　组织结构

下面对组织结构中的几个部分分别进行介绍。

（1）每个 JSP 文件实现的功能如表 1 所示。

表　1

文 件 名 称	功　　能
index.jsp	首页
auditing.jsp	待审集合页面
auditings.jsp	审核页面
findpage.jsp	分页页面
issue.jsp	新闻发布页面
list.jsp	首页浏览新闻的二级页面

续表

文件名称	功能
view.jsp	首页浏览新闻的三级页面
manager.jsp	管理页面
myissue.jsp	当前登录用户所发布的新闻集合页面
updatenews.jsp	新闻修改页面
down2.jsp	被嵌套页面(尾)
down3.jsp	被嵌套页面(尾)
top.jsp	被嵌套页面(头)
top1.jsp	被嵌套页面(头)
top2.jsp	被嵌套页面(头)
top3.jsp	被嵌套页面(头)

(2)Action 中包括的控制器如表 2 所示。

表　2

文件名称	功能
AuthAction.java	提供首页信息和用户权限的控制器
LoginAction.java	用户登录控制器
ExitAction.java	用户退出控制器
NewsAction.java	对新闻操作的控制器
BaseAction.java	设置 service 对象和继承 struts2Action 的控制器

(3)po 中包括的 4 个逻辑类如表 3 所示。

表　3

文件名称	功能
Authorization.java	权限类
Usr.java	用户类
News.java	新闻类
Userauth.java	用户和权限对应
Department.java	部门类
Xxx.java	其他类(可按具体情况增加)

（4）Util 类如表 4 所示。

表　4

文 件 名 称	功　　能
ChangeHtmlCode.java	对提交过来的信息中的特殊字符进行处理
FindPage.java	分页算法的类
Xxx.java	其他类（可按具体情况增加）

（5）service 接口和 service.impl 类分别如表 5 和表 6 所示。

表　5

文 件 名 称	功　　能
INewsService.java	处理对新闻进行操作的方法的接口
IUserService.java	处理对用户操作的方法的接口
IXxxService.java	处理和其他有关的方法的接口（可按具体情况增加）

表　6

文 件 名 称	功　　能
INewsServiceImpl.java	处理对新闻进行操作的方法的接口的实现类
IUserServiceImpl.java	处理对用户操作的方法的接口的实现类
IXxxServiceImpl.java	处理和其他有关的方法的接口的实现类（可按具体情况增加）

（6）dao 接口和 dao.impl 类分别如表 7 和表 8 所示。

表　7

文 件 名 称	功　　能
INewsDAO.java	处理对新闻操作的接口
IUserDAO.java	处理对用户操作的接口
IXxxDAO.java	处理对其他数据的接口（可按具体情况增加）

表　8

文 件 名 称	功　　能
INewsDAOImpl.java	处理对新闻操作的接口的实现类
IUserDAOImpl.java	处理对用户操作的接口的实现类
IXxxDAOImpl.java	处理对其他数据的接口的实现类（可按具体情况增加）

3 系统功能设计说明

3.1 一般用户浏览内容模块

3.1.1 首页浏览

3.1.1.1 功能

实现首页的浏览。

3.1.1.2 输入项

访问首页。

3.1.1.3 输出项

显示首页信息。

3.1.1.4 算法

这是数据量最大的一页,为所有模块显示的部分。页面中心上方显示一条新闻较详细的内容;其他新闻或通知等只需要显示标题,给出链接,用户单击链接,就可以看到详细的内容。

3.1.1.5 流程逻辑

流程逻辑如图 3 所示。

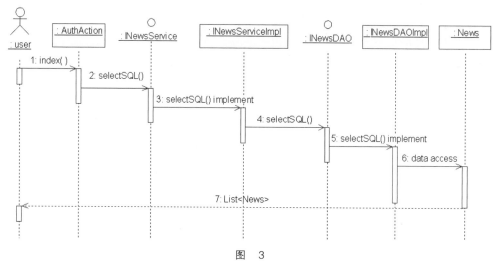

图 3

3.1.1.6 接口

接口文件为 INewsService.jsp 和 INewsDAO.java。

3.1.1.7 用户界面设计

index.jsp 页面如图 4 所示。

3.1.1.8 数据库设计

news 表结构如表 9 所示。

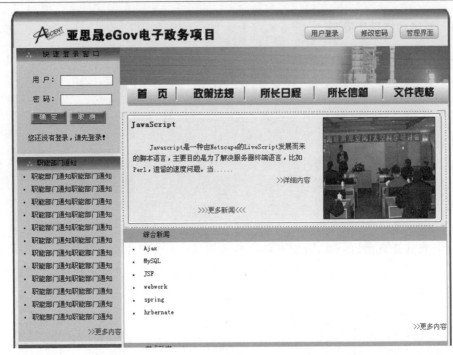

图 4

表 9

序号	列 名	PK	FK	属 性	长 度	备 注
1	id	Y		integer	20	该表的主键,唯一标识,自动增长
2	title			varchar	255	新闻标题
3	author			varchar	32	作者
4	deptid			integer	20	部门号
5	content			longtext		新闻内容
6	type			integer	11	新闻类型
7	checkopinion			varchar	255	一审意见
8	checkopinion2			varchar	255	二审意见
9	checkstatus			integer	11	当前新闻审核状态
10	crosscolumn		Y	integer	11	跨栏栏目(值来自数据字典)
11	crossstatus			integer	11	跨栏状态(值来自数据字典)
12	picturepath			varchar	128	图片路径
13	publishtime			date		发布时间
14	crosspubtime			date		跨栏日期(值来自数据字典)
15	preface			integer	11	前言
16	status			integer	11	发布状态

3.1.1.9 注释设计

无

3.1.1.10 限制条件

无

3.1.1.11 测试计划

无

3.1.1.12 尚未解决的问题

无

3.2 系统管理

3.2.1 栏目业务设置

3.2.1.1 功能

实现栏目业务设置,设定栏目是否具有内容管理权限或审核权限。

3.2.1.2 输入项

单击系统管理入口页面(SystemManage.jsp)上的"栏目业务设置"链接。

3.2.1.3 输出项

显示栏目业务设置(columnSetting.jsp)页面。

3.2.1.4 算法

设定栏目是否具有内容管理权限和内容审核权限。例如,新闻类栏目具有内容管理权限和内容审核权限,通知栏目具有内容管理权限。

3.2.1.5 流程逻辑

······

3.2.1.6 接口

接口文件为 INewsService.java 和 INewsDAO.java。

3.2.1.7 用户界面设计

栏目权限设置页面(columnSetting.jsp)如图 5 所示。

【总共有40条记录】

栏目	内容管理	内容审核	提交
头版头条	✓	✓	✗
综合新闻	✓	✗	✗
科技动态	✓	✓	✗
三会公告栏	✓	✓	✗
创新文化报道	✓	✓	✗
电子技术室综合新闻	✓	✓	✗
学术活动通知	✓	✓	✗
公告栏	✓	✗	✗
科技论文	✓	✓	✗
科技成果	✓	✗	✗
科技专利	✓	✗	✗
科研课题	✓	✗	✗
所长信箱	✓	✗	✗

【1】【2】【3】【4】【共有4页】

图 5

101

3.2.1.8 测试要点
无

3.2.1.9 数据库设计
数据字典表(datadictionary)结构如表 10 所示。

表 10

序号	列 名	PK	FK	属 性	长 度	备 注
1	id	Y		integer	20	该表的主键,唯一标识,自动增长
2	dictionaryid			integer	20	字典编号
3	dictionaryname			varchar	9	字典名称

权限表(authorization)结构如表 11 所示。

表 11

序号	列 名	PK	FK	属 性	长 度	备 注
1	id	Y		integer	20	该表的主键,唯一标识,自动增长
2	columnid		Y	integer	20	栏目编号
3	auth			integer	11	栏目权限
4	init			integer	11	初始值
5	authorize			integer	11	栏目是否有权限

3.2.1.10 注释设计
无

3.2.1.11 限制条件
无

3.2.1.12 测试计划
无

3.2.1.13 尚未解决的问题
无

3.2.2 栏目权限设置

3.2.2.1 功能
实现用户对栏目内容管理权限的设置。

3.2.2.2 输入项
单击系统管理入口页面(systemManage.jsp)上的"栏目权限设置"链接。

3.2.2.3 输出项
显示栏目权限设置页面(columnAuthorization.jsp)。

3.2.2.4　算法

设定用户对于栏目内容的管理权限。对于同一个栏目,用户不能同时具有内容管理权限和内容审核权限,也就是说,同一个用户要么具有内容管理权限,要么具有内容审核权限。

3.2.2.5　流程逻辑

返回用户和权限对应关系的流程如图 6 所示。

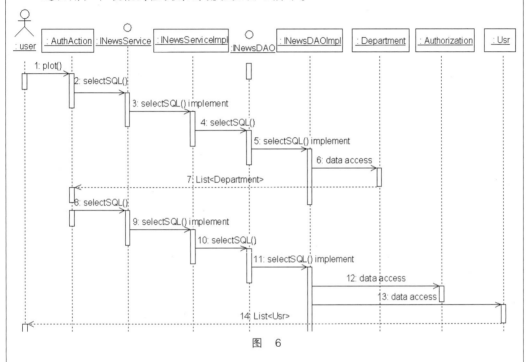

图　6

按部门选择用户流程如图 7 所示。

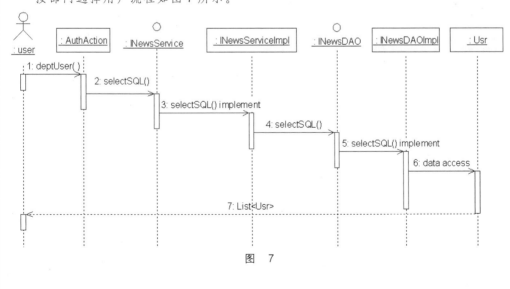

图　7

权限分配流程如图 8 所示。

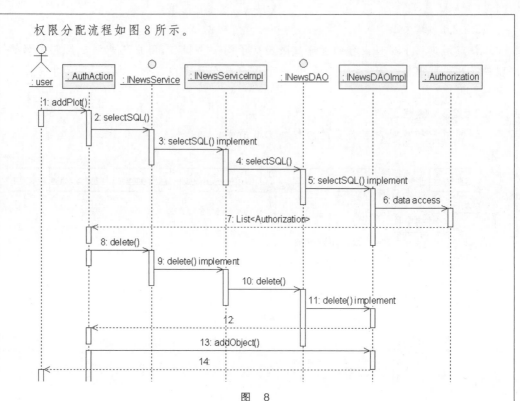

图 8

3.2.2.6 接口

接口文件为 INewsService.java 和 INewsDAO.java。

3.2.2.7 用户界面设计

columnAuthorization.jsp 页面如图 9 所示。

栏目	内容管理	内容审核	设置
头版头条	列出 3333 11 99 44 测试用户11	无	设置
综合新闻	11	无	设置
科技动态	11	22	设置
三合公告栏	11	22	设置
创新文化报道	11	22	设置
电子技术室综合新闻	11	22	设置
学术活动通知	11	22	设置
公告栏	11	无	设置
科技论文	11	22	设置

图 9

单击"设置"按钮,进入 userAuthorizationSetting.jsp 页面,如图 10 所示。

左面是"备选用户"列表框,右面为"管理权限"列表框和"审核权限"列表框。选择不同部门时,该部门的所有人员会显示在"备选用户"列表框中。单击"管理权限"列表框左侧的"添加"按钮时,可以将指定用户放入"管理权限"列表里;单击"审核权限"列表框左侧的"添加"按钮时,可以将指定用户放入"审核权限"列表框中。要记住:一个用户不可以既分配到"管理权限"列表框中又分配到"审核权限"列表框中。

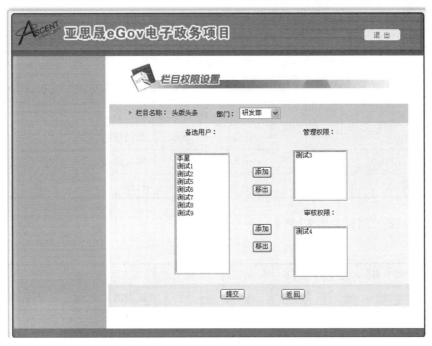

图　10

3.2.2.8　测试要点

无。

3.2.2.9　数据库设计

数据字典表(datadictionary)结构如表 12 所示。

表　12

序号	列　名	PK	FK	属　性	长　度	备　注
1	id	Y		integer	20	该表的主键,唯一标识,自动增长
2	dictionaryid			integer	20	字典编号
3	dictionaryname			varchar	9	字典名称

权限表(authorization)结构如表 13 所示。

表　13

序号	列　名	PK	FK	属　性	长　度	备　注
1	id	Y		integer	20	该表的主键,唯一标识,自动增长
2	columnid		Y	integer	20	栏目编号
3	auth			integer	11	栏目权限
4	init			integer	11	初始值
5	authorize			integer	11	栏目是否有权限

部门表(department)结构如表 14 所示。

表 14

序号	列　名	PK	FK	属　性	长　度	备　　注
1	id	Y		integer	20	该表的主键,唯一标识,自动增长
2	name			varchar	32	部门名
3	status			varchar	255	部门状态
4	description			varchar	255	部门描述
5	goal			varchar	255	目标

用户表(usr)结构如表 15 所示。

表 15

序号	列　名	PK	FK	属　性	长　度	备　　注
1	id	Y		integer	20	该表的主键,唯一标识,自动增长
2	name			varchar	16	用户名
3	password			varchar	16	密码
4	phone			varchar	16	电话号码
5	deptid		Y	integer	20	部门号
6	address			varchar	64	地址
7	title			varchar	32	称谓
8	power			varchar	32	权力
9	auth			varchar	32	权限
10	homephone			varchar	16	家庭电话号码
11	superauth			varchar	8	高级权限
12	groupid			integer	20	组号
13	birthdate			date		出生日期
14	gender			varchar	8	性别
15	email			varchar	255	电子信箱
16	nickname			varchar	45	昵称

3.2.2.10　注释设计

无。

3.2.2.11　限制条件

无。

3.2.2.12　测试计划

无。

3.2.2.13　尚未解决的问题

无。

3.2.3　用户管理设置

3.2.3.1　功能

实现对用户的管理,包括显示用户、添加用户、修改用户和删除用户。

3.2.3.2　输入项

单击系统管理入口页面(systemManage.jsp)上的"用户管理设置"链接。

3.2.3.3　输出项

显示用户管理设置页面(userDisplay.jsp)。

3.2.3.4　算法

……

3.2.3.5　流程逻辑

……

3.2.3.6　接口

接口文件为 INewsService.java 和 INewsDAO.java。

3.2.3.7　用户界面设计

(1) 显示用户页面(userDisplay.jsp)如图 11 所示。

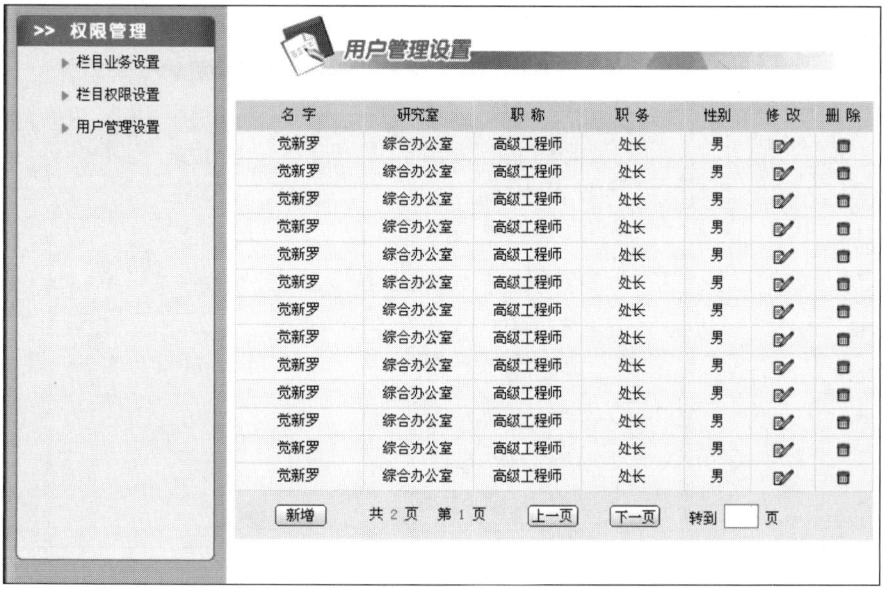

图　11

(2) 添加新用户页面(userAdd.jsp)如图 12 所示。

输入新的用户信息,单击"提交"按钮。

(3) 修改用户信息页面(userUpdate.jsp)如图 13 所示。

(4) 删除用户:单击"删除"按钮。

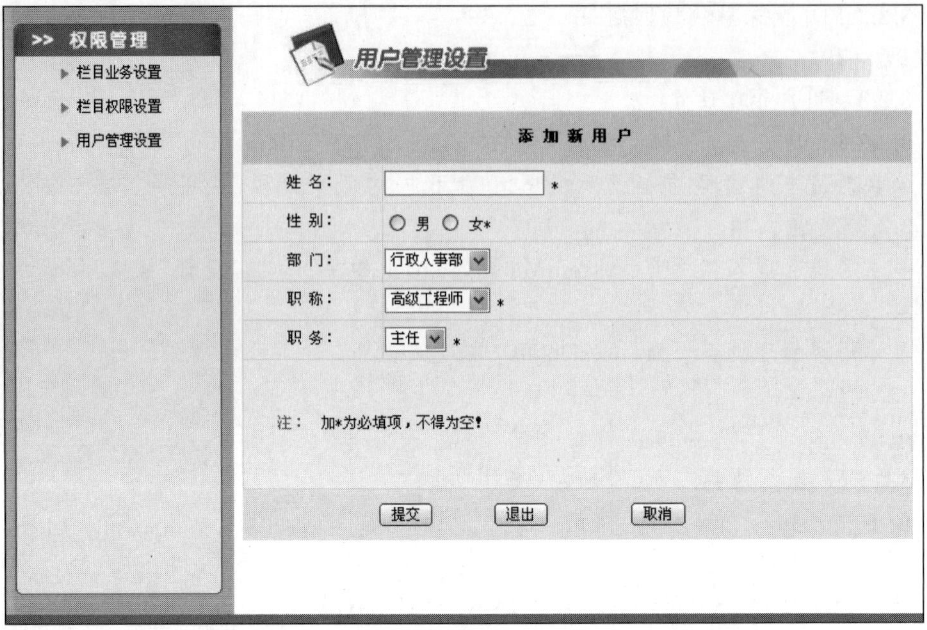

图　12

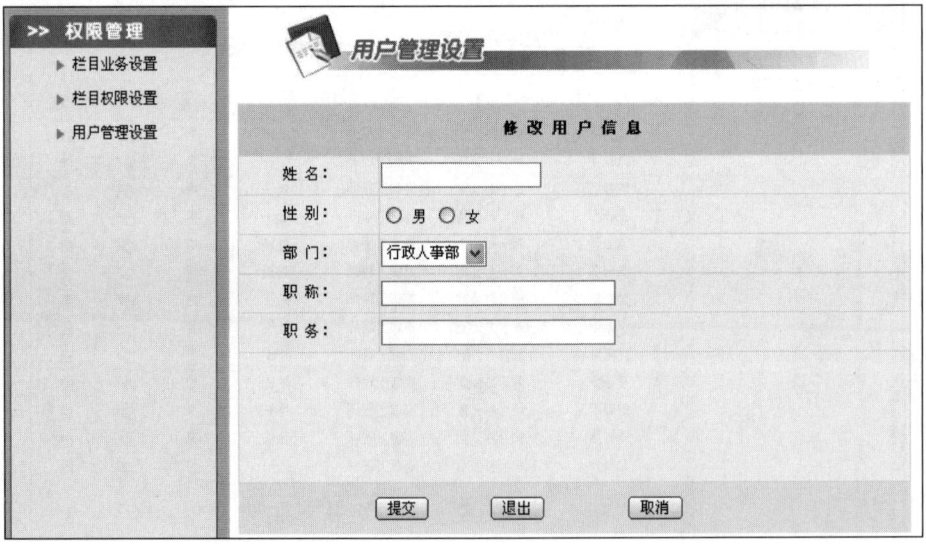

图　13

3.2.3.8　测试要点

无。

3.2.3.9　数据库设计

部门表(department)结构如表 16 所示。

表　16

序号	列　名	PK	FK	属　性	长　度	备　注
1	id	Y		integer	20	该表的主键,唯一标识,自动增长
2	name			varchar	32	部门名
3	status			varchar	255	部门状态
4	description			varchar	255	部门描述
5	goal			varchar	255	目标

用户表(usr)结构如表 17 所示。

表　17

序号	列　名	PK	FK	属　性	长　度	备　注
1	id	Y		integer	20	该表的主键,唯一标识,自动增长
2	name			varchar	16	用户名
3	password			varchar	16	密码
4	phone			varchar	16	电话号码
5	deptid		Y	integer	20	部门号
6	address			varchar	64	地址
7	title			varchar	32	称谓
8	power			varchar	32	权力
9	auth			varchar	32	权限
10	homephone			varchar	16	家庭电话号码
11	superauth			varchar	8	高级权限
12	groupid			integer	20	组号
13	birthdate			date		出生日期
14	gender			varchar	8	性别
15	email			varchar	255	电子信箱
16	nickname			varchar	45	昵称

3.2.3.10　注释设计

无。

3.2.3.11　限制条件

无。

3.2.3.12　测试计划

无。

3.2.3.13　尚未解决的问题

无。

3.3 内容管理

3.3.1 用户登录

3.3.1.1 功能

实现系统用户的登录验证。

3.3.1.2 输入项

系统用户名和密码。

3.3.1.3 输出项

首页,有系统用户功能。

3.3.1.4 算法

输入用户名和密码后,如果正确,则跳转回首页;如果无此用户名,则提示用户名错误;如果密码错误,则提示密码错误。

3.3.1.5 流程逻辑

流程逻辑如图 14 所示。

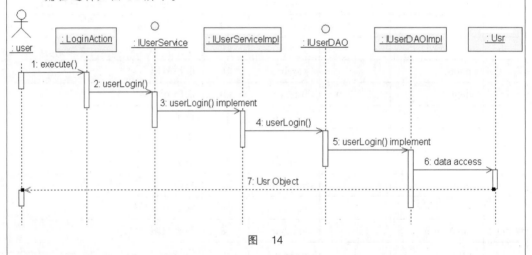

图 14

3.3.1.6 接口

接口文件为 IUserService.java 和 IUserDAO.java。

3.3.1.7 用户界面设计

登录页面(index.jsp)如图 15 所示。

图 15

登录成功后,显示首页(index.jsp)如图 16 所示。

图　16

3.3.1.8　测试要点

无。

3.3.1.9　数据库设计

用户表(usr)结构如表 18 所示。

表　18

序号	列　名	PK	FK	属　性	长　度	备　注
1	id	Y		integer	20	该表的主键,唯一标识,自动增长
2	name			varchar	16	用户名
3	password			varchar	16	密码
4	phone			varchar	16	电话号码
5	deptid		Y	integer	20	部门号
6	address			varchar	64	地址
7	title			varchar	32	称谓
8	power			varchar	32	权力
9	auth			varchar	32	权限
10	homephone			varchar	16	家庭电话号码

序号	列　名	PK	FK	属　性	长　度	备　　注
11	superauth			varchar	8	高级权限
12	groupid			integer	20	组号
13	birthdate			date		出生日期
14	gender			varchar	8	性别
15	email			varchar	255	电子信箱
16	nickname			varchar	45	昵称

3.3.1.10　注释设计

无。

3.3.1.11　限制条件

无。

3.3.1.12　测试计划

无。

3.3.1.13　尚未解决的问题

无。

3.3.2　新闻发布

3.3.2.1　功能

用户发布新闻。

3.3.2.2　输入项

单击管理页面中"内容管理"下的"头版头条管理"或"综合新闻管理"链接。

3.3.2.3　输出项

显示管理页面(manager.jsp)。

3.3.2.4　算法

进入管理页面(manager.jsp)时已经取得了当前登录用户所拥有的权限。如果该用户使用发布新闻权限,便可单击相应的链接进入管理页面。

3.3.2.5　流程逻辑

流程逻辑如图 17 所示。

3.3.2.6　接口

接口文件为 INewsService.java 和 INewsDAO.java。

3.3.2.7　用户界面设计

管理页面(manager.jsp)如图 18 所示。

新闻发布页面(issue.jsp)如图 19 所示。

3.3.2.8　测试要点

无。

3.3.2.9　数据库设计

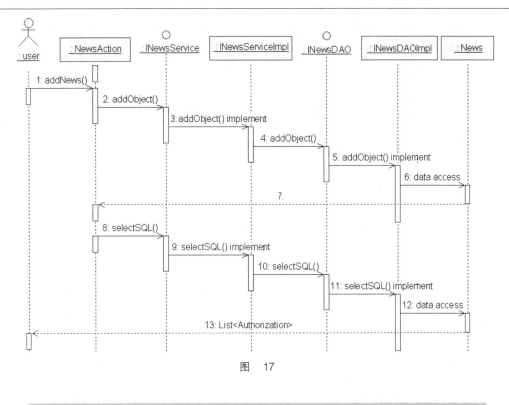

图 17

图 18

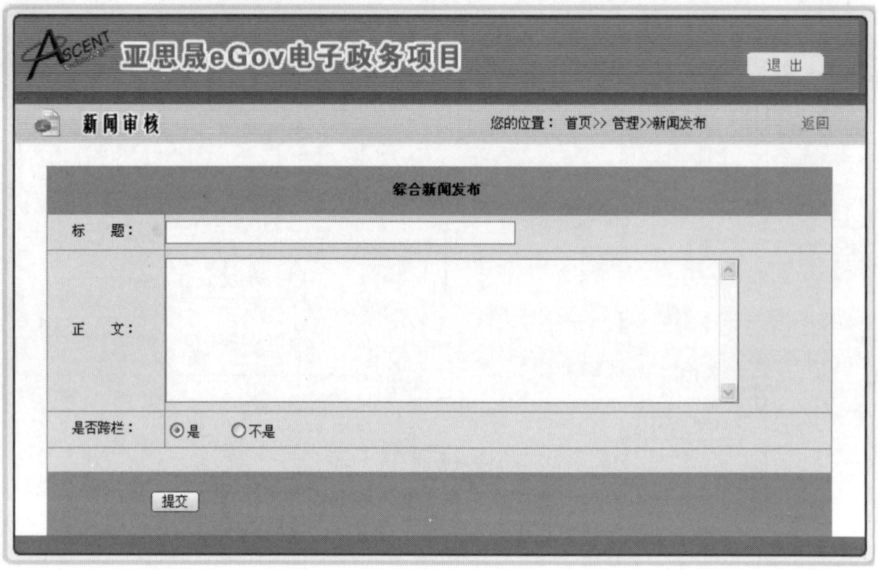

图 19

新闻表（news）结构如表 19 所示。

表 19

序号	列 名	PK	FK	属 性	长 度	备 注
1	id	Y		integer	20	该表的主键,唯一标识,自动增长
2	title			varchar	255	新闻标题
3	author			varchar	32	作者
4	deptid			integer	20	部门号
5	content			longtext		新闻内容
6	type			integer	11	新闻类型
7	checkopinion			varchar	255	一审意见
8	checkopinion2			varchar	255	二审意见
9	checkstatus			integer	11	当前新闻审核状态
10	crosscolumn		Y	integer	11	跨栏栏目(值来自数据字典)
11	crossstatus			integer	11	跨栏状态(值来自数据字典)
12	picturepath			varchar	128	图片路径
13	publishtime			date		发布时间
14	crosspubtime			date		跨栏日期(值来自数据字典)
15	preface			integer	11	前言
16	status			integer	11	发布状态

3.3.2.10　注释设计

无。

3.3.2.11　限制条件

无。

3.3.2.12　测试计划

无。

3.3.2.13　尚未解决的问题

无。

3.3.3　新闻审核

3.3.3.1　功能

实现对新闻的内容审核。

3.3.3.2　输入项

单击管理页面中"内容管理"下的"头版头条审核"或"综合新闻审核"链接。

3.3.3.3　输出项

新闻待审页面(auditing.jsp)。

3.3.3.4　算法

……

3.3.3.5　流程逻辑

返回新闻待审页面流程如图 20 所示。

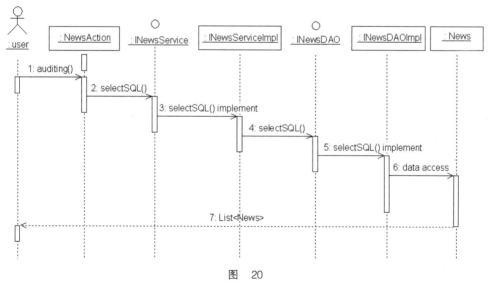

图　20

审核流程如图 21 所示。

3.3.3.6　接口

接口文件为 INewsService.java 和 INewsDAO.java。

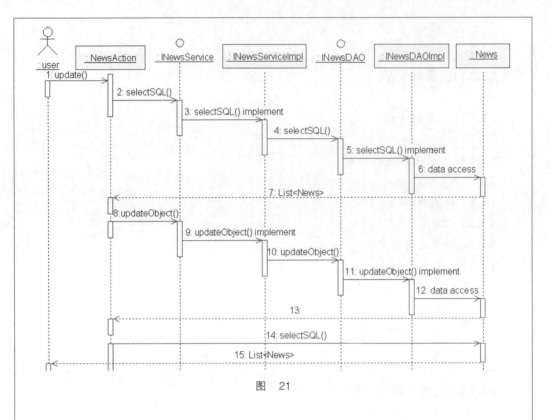

图　21

3.3.3.7　用户界面设计

管理页面（manager.jsp）如图 22 所示。

图　22

单击"内容管理"下的"头版头条审核"或"综合新闻审核"链接，进入新闻待审页面（auditing.jsp），如图 23 所示。

图　23

选择一条新闻，单击审核图标，进入新闻内容审核页面（auditings.jsp），如图 24 所示。

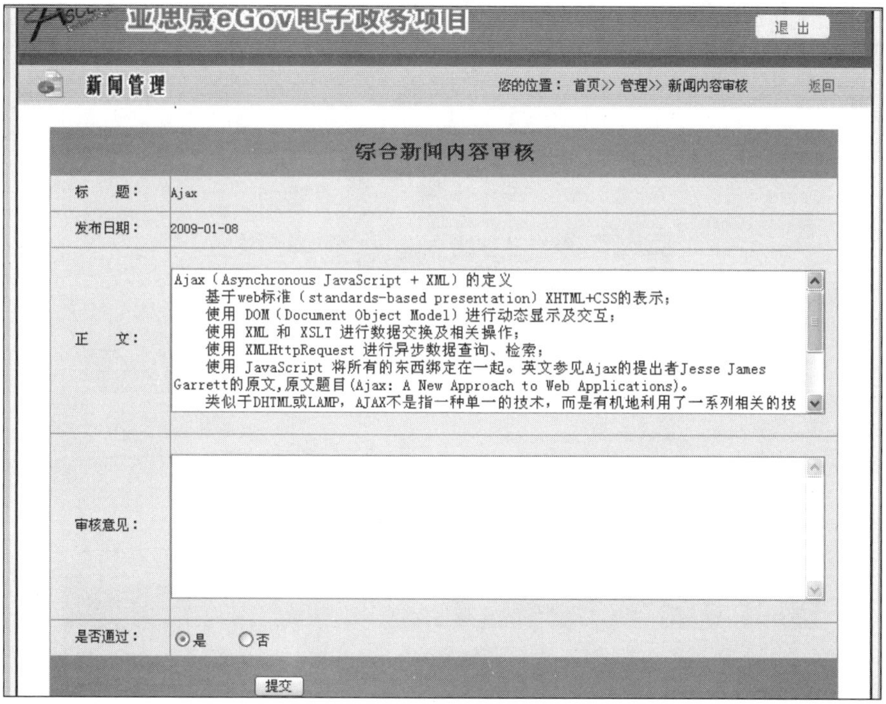

图　24

新闻内容审核界面和新闻内容发布界面是一样的,审核者可以根据新闻是否可以发布来选择"是"或"否"单选按钮。"是"表示此新闻可以发布;"否"则表示此新闻有问题不可以发布,并且可以在"审核意见"中输入文字说明。如果新闻有问题需要驳回,则填写审核意见,选择"否"单选按钮,最后单击"提交"按钮。

新闻发布者能看到当前状态,如图 25 所示。

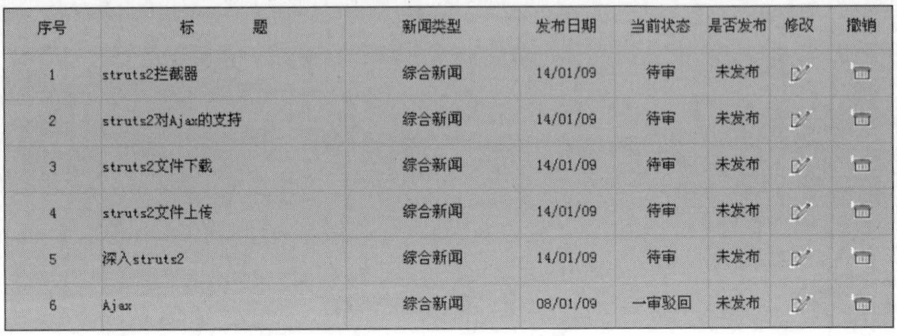

序号	标　　题	新闻类型	发布日期	当前状态	是否发布	修改	撤销
1	struts2拦截器	综合新闻	14/01/09	待审	未发布		
2	struts2对Ajax的支持	综合新闻	14/01/09	待审	未发布		
3	struts2文件下载	综合新闻	14/01/09	待审	未发布		
4	struts2文件上传	综合新闻	14/01/09	待审	未发布		
5	深入struts2	综合新闻	14/01/09	待审	未发布		
6	Ajax	综合新闻	08/01/09	一审驳回	未发布		

图　25

可以看到,序号为 6 的新闻的当前状态是"一审驳回"。因为发布时选择了跨栏发布,所以要经过两次审核。

单击"修改"图标可以看到审核意见,并且可以修改新闻内容,如图 26 所示。

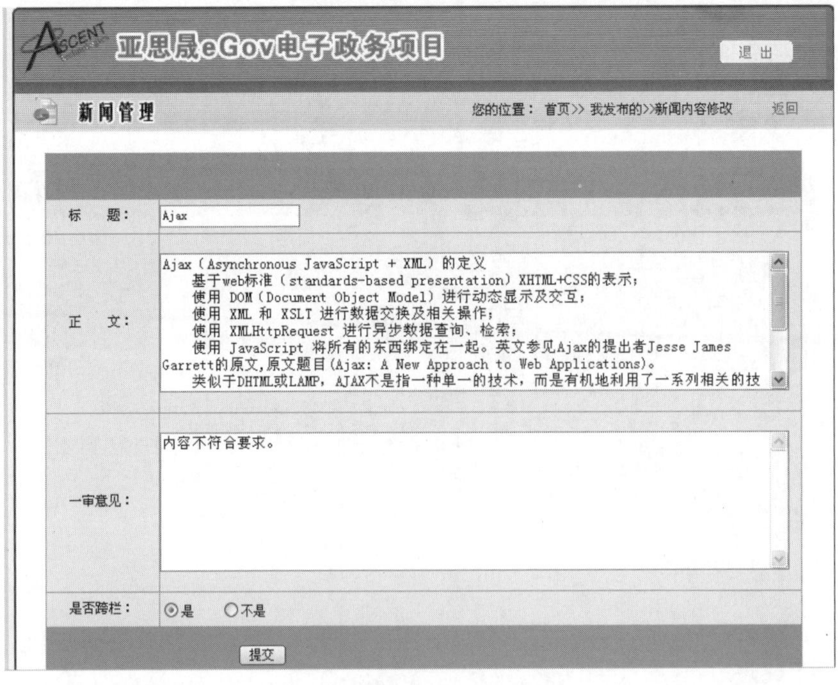

图　26

这条新闻因为刚才被修改过了,所以当前状态发生了改变。审核者这里又重新出现了这个任务,当前状态变为"待审",如图 27 所示。

| 6 | Ajax | | 综合新闻 | 08/01/09 | 待审 | 未发布 | | |

图 27

审核者又看到了第 6 条新闻，如图 28 所示。

1	struts2拦截器		14/01/09	
2	struts2对Ajax的支持		14/01/09	
3	struts2文件下载		14/01/09	
4	struts2文件上传		14/01/09	
5	深入struts2		14/01/09	
6	Ajax		08/01/09	

图 28

  审核者如果认为新闻没有问题，就单击"同意"按钮，这时新闻的当前状态变为"已发布"，如图 29 所示。此时一审通过，就可以在首页的综合新闻中看到这条新闻了。同时该新闻也进入二审的待审状态。

| 6 | Ajax | | 综合新闻 | 08/01/09 | 通过一次审核 | 已发布 | | |

图 29

  单击管理页面中"内容审核"下的"头版头条审核"，进入头版头条新闻审核和跨栏目新闻审核（二审），如图 30 所示。

| 1 | Ajax | | 08/01/09 | |

图 30

  此时在头版头条可以看到这条新闻。单击"审核"按钮进入二审，如图 31 所示。

标　题：	Ajax
发布日期：	2009-01-08
正　文：	Ajax（Asynchronous JavaScript + XML）的定义 　　基于web标准（standards-based presentation）XHTML+CSS的表示； 　　使用 DOM（Document Object Model）进行动态显示及交互； 　　使用 XML 和 XSLT 进行数据交换及相关操作； 　　使用 XMLHttpRequest 进行异步数据查询、检索； 　　使用 JavaScript 将所有的东西绑定在一起。英文参见Ajax的提出者Jesse James Garrett的原文，原文题目（Ajax: A New Approach to Web Applications）。 　　类似于DHTML或LAMP，AJAX不是指一种单一的技术，而是有机地利用了一系列相关的技
一审意见：	没有问题了。
审核意见：	
是否通过：	⊙是　○否

图 31

二审界面和一审界面是一样的，只是多了“审核意见”文本框。如果二次审核人认为此新闻无问题，则选择“是”，单击“提交”按钮，此新闻就会显示在头版头条里，在综合新闻中不再显示该新闻；如果有问题，则填写审核意见，选择“否”，单击“提交”按钮，此新闻被驳回，同时也撤销了在综合新闻里发布的此新闻。如果想重新发布该新闻，则需要重新提交审核。

通过二审后的页面如图 32 所示。

Ajax
Ajax(Asynchronous JavaScript + XML)的定义
基于web标准(standards-based presentat......
>>详细内容
>>>更多新闻<<<

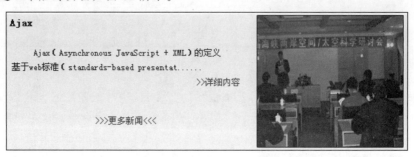

图　32

单击“详细内容”可阅读此新闻的全部内容，如图 33 所示。

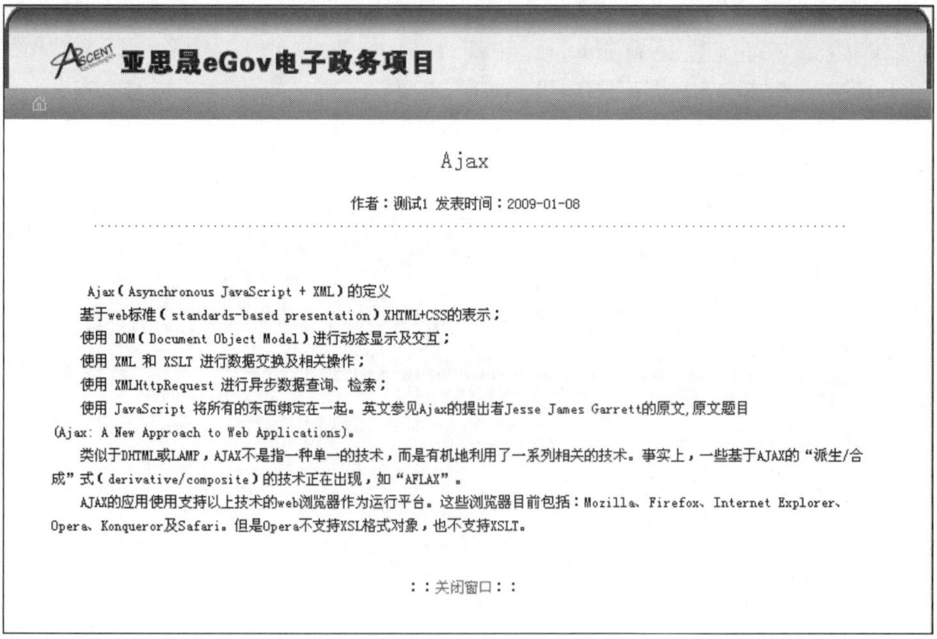

亚思晟eGov电子政务项目
Ajax
作者：测试1 发表时间：2009-01-08
Ajax(Asynchronous JavaScript + XML)的定义
基于web标准(standards-based presentation)XHTML+CSS的表示；
使用 DOM(Document Object Model)进行动态显示及交互；
使用 XML 和 XSLT 进行数据交换及相关操作；
使用 XMLHttpRequest 进行异步数据查询、检索；
使用 JavaScript 将所有的东西绑定在一起。英文参见Ajax的提出者Jesse James Garrett的原文,原文题目(Ajax: A New Approach to Web Applications)。
类似于DHTML或LAMP，AJAX不是指一种单一的技术，而是有机地利用了一系列相关的技术。事实上，一些基于AJAX的“派生/合成”式(derivative/composite)的技术正在出现，如“AFLAX”。
AJAX的应用使用支持以上技术的web浏览器作为运行平台。这些浏览器目前包括：Mozilla、Firefox、Internet Explorer、Opera、Konqueror及Safari。但是Opera不支持XSL格式对象，也不支持XSLT。
::关闭窗口::

图　33

单击“更多新闻”可以看到所有通过审核的头版头条新闻，如图 34 所示。

若二审未通过，发布者会看到如图 35 所示的信息。

图 34

图 35

对新闻进行修改,随后可以重新提交审核。

3.3.3.8 测试要点

无。

3.3.3.9 数据库设计

权限表(authorization)结构如表 20 所示。

表 20

序号	列 名	PK	FK	属 性	长 度	备 注
1	id	Y		integer	20	该表的主键,唯一标识,自动增长
2	columnid		Y	integer	20	栏目编号
3	auth			integer	11	栏目权限
4	init			integer	11	初始值
5	authorize			integer	11	栏目是否有权限

用户权限表(userauth)结构如表 21 所示。

表 21

序号	列 名	PK	FK	属 性	长 度	备 注
1	id	Y		integer	20	该表的主键,唯一标识,自动增长
2	userid		Y	integer	20	用户 ID(外键)
3	authid		Y	integer	20	栏目权限 ID(外键)

新闻表(news)结构如表 22 所示。

表 22

序号	列 名	PK	FK	属 性	长 度	备 注
1	id	Y		integer	20	该表的主键,唯一标识,自动增长
2	title			varchar	255	新闻标题
3	author			varchar	32	作者
4	deptid			integer	20	部门号
5	content			longtext		新闻内容
6	type			integer	11	新闻类型
7	checkopinion			varchar	255	一审意见
8	checkopinion2			varchar	255	二审意见
9	checkstatus			integer	11	当前新闻审核状态
10	crosscolumn		Y	integer	11	跨栏栏目(值来自数据字典)
11	crossstatus			integer	11	跨栏状态(值来自数据字典)
12	picturepath			varchar	128	图片路径
13	publishtime			date		发布时间
14	crosspubtime			date		跨栏日期(值来自数据字典)
15	preface			integer	11	前言
16	status			integer	11	发布状态

用户表(usr)结构如表 23 所示。

表 23

序号	列 名	PK	FK	属 性	长 度	备 注
1	id	Y		integer	20	该表的主键,唯一标识,自动增长
2	name			varchar	16	用户名
3	password			varchar	16	密码
4	phone			varchar	16	电话号码

续表

序号	列 名	PK	FK	属 性	长 度	备 注
5	deptid		Y	integer	20	部门号
6	address			varchar	64	地址
7	title			varchar	32	称谓
8	power			varchar	32	权力
9	auth			varchar	32	权限
10	homephone			varchar	16	家庭电话号码
11	superauth			varchar	8	高级权限
12	groupid			integer	20	
13	birthdate			date		出生日期
14	gender			varchar	8	性别
15	email			varchar	255	电子信箱
16	nickname			varchar	45	昵称

3.3.3.10 注释设计

无。

3.3.3.11 限制条件

无。

3.3.3.12 测试计划

无。

3.3.3.13 尚未解决的问题

无。

3.3.4 新闻修改

3.3.4.1 功能

当提交审核的新闻被驳回或发布人要修改新闻内容时,执行此功能。

3.3.4.2 输入项

在首页单击"我发布的"链接。

3.3.4.3 输出项

当前用户发布的新闻集合页面(myissue.jsp)。

3.3.4.4 算法

根据用户单击的新闻的 id 查找新闻,返回修改页面(updatenews.jsp)。

3.3.4.5 流程逻辑

返回当前用户编辑的新闻的流程如图 36 所示。

新闻修改流程如图 37 所示。

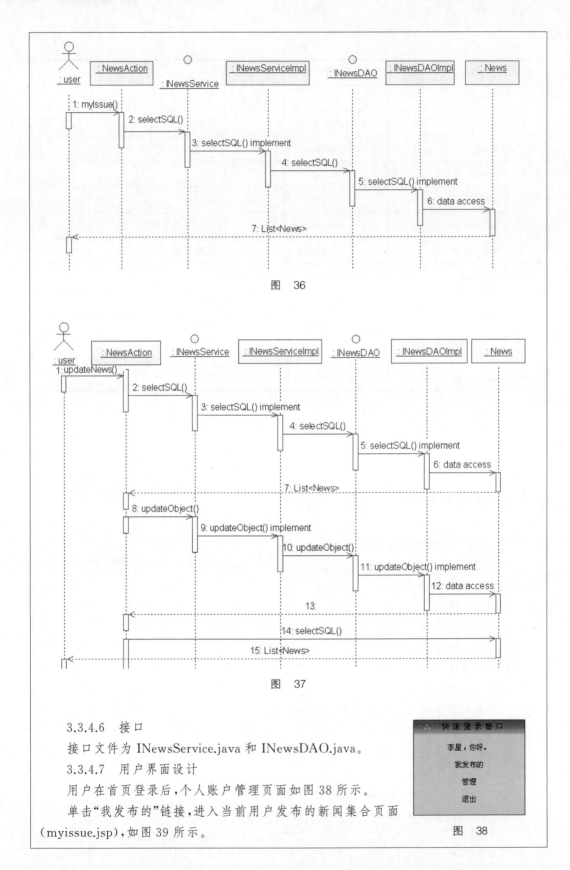

图　36

图　37

3.3.4.6　接口

接口文件为 INewsService.java 和 INewsDAO.java。

3.3.4.7　用户界面设计

用户在首页登录后,个人账户管理页面如图 38 所示。

单击"我发布的"链接,进入当前用户发布的新闻集合页面
(myissue.jsp),如图 39 所示。

图　38

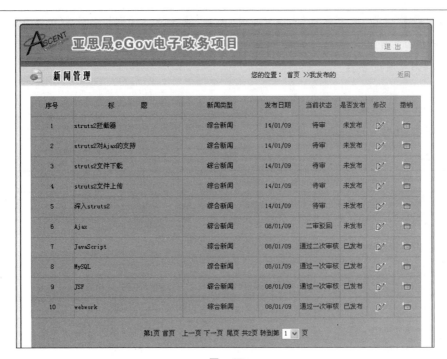

图 39

要修改新闻时,选择新闻,单击"修改"图标,进入新闻修改页面(updatenews.jsp),如图 40 所示。

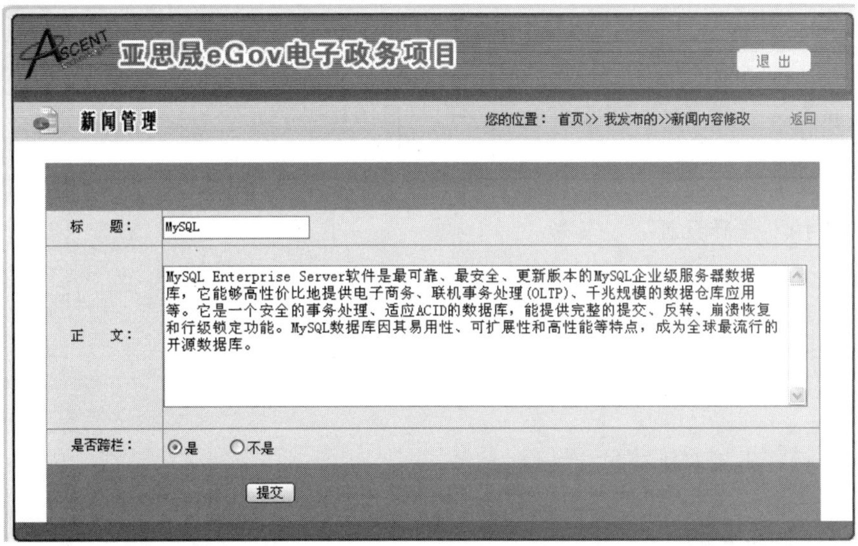

图 40

根据审批意见修改或自行修改,然后单击"提交"按钮,返回当前用户发布的新闻集合页面(myissue.jsp)。

要撤销新闻时,选择新闻,单击"撤销"图标,进入后台处理,把当前已发布新闻撤销,也可以重新发布已撤销的新闻。

3.3.4.8 测试要点

无。

3.3.4.9 数据库设计

新闻表(news)结构如表 24 所示。

表 24

序号	列 名	PK	FK	属 性	长 度	备 注
1	id	Y		integer	20	该表的主键,唯一标识,自动增长
2	title			varchar	255	新闻标题
3	author			varchar	32	作者
4	deptid			integer	20	部门号
5	content			longtext		新闻内容
6	type			integer	11	新闻类型
7	checkopinion			varchar	255	一审意见
8	checkopinion2			varchar	255	二审意见
9	checkstatus			integer	11	当前新闻审核状态
10	crosscolumn		Y	integer	11	跨栏栏目(值来自数据字典)
11	crossstatus			integer	11	跨栏状态(值来自数据字典)
12	picturepath			varchar	128	图片路径
13	publishtime			date		发布时间
14	crosspubtime			date		跨栏日期(值来自数据字典)
15	preface			integer	11	
16	status			integer	11	发布状态

3.3.4.10 注释设计

无。

3.3.4.11 限制条件

无。

3.3.4.12 测试计划

无。

3.3.4.13 尚未解决的问题

无。

3.3.5 通知发布

……

3.3.6 通知修改

……

3.3.7 通知撤销

……

4.3.5 特别提示

在软件详细设计结束时,软件详细设计说明书通过复审,形成正式文档,作为下一个阶段(编码或实现)的工作依据,程序员将根据详细设计的过程编写出实际的程序代码。因此,软件详细设计的结果基本上决定了最终的程序代码质量。

4.3.6 拓展与提高

在详细设计说明书中有些模块的内容被省略了。请参考其他模块,并结合软件需求规格说明书和架构设计说明书文档,将这些省略的模块补充完整。

习　题

1. 架构设计说明书和详细设计说明书的差异是什么?

2. 架构师的具体职责是什么?

3. 软件架构应描述哪些问题?

4. 软件架构"4+1"视图是什么?

5. 简述软件架构设计步骤。

6. 传统的软件架构风格有哪几种?

7. 为什么要划分子系统和设计模型组织结构?

8. 什么是软件详细设计?

9. 详细设计的目标是什么?

10. 数据模型分为哪两个层次?

第 5 章　软件实现

在完成系统分析和设计之后,进入软件实现环节。软件实现的目标是:利用已有的资产和构件,遵循程序开发规范,按照系统详细设计说明书中的数据结构、算法和模块实现等方面的设计,用面向对象技术实现目标系统的功能、性能、接口、界面等要求。

在 eGov 电子政务系统中,基于 Struts-Spring-Hibernate 架构完成了软件实现步骤。

5.1　Struts-Spring-Hibernate 架构概述

目前,国内外信息化建设已经进入以 Web 应用为核心的阶段。Java 语言是开发 Web 应用的最佳语言之一。然而,就算用 Java 建造一个不是很复杂的 Web 应用系统,也不是一件轻松的事情。有很多东西需要仔细考虑,例如,要考虑怎样建立用户接口,在哪里处理业务逻辑,怎样持久化数据。幸运的是,Web 应用面临的一些问题已经由曾遇到过这类问题的开发者通过建立相应的框架解决了。事实上,企业开发中直接采用的往往并不是某些具体的技术,例如大家熟悉的 Core Java、JDBC、Servlet、JSP 等,而是基于这些技术的应用框架,Struts、Spring 和 Hibernate 就是其中最常用的几种。

这里讨论一个使用 3 种开源框架的策略:表示层用 Struts,业务层用 Spring,持久层用 Hibernate。

接下来介绍这些技术。

5.2　Struts 技术

在 eGov 电子政务系统中,使用 Struts 框架来实现用户接口(User Interface,UI)层及其与后端应用层之间的交互。

5.2.1　Struts 概述

Struts 是由 Craig McClanahan 在 2001 年发布的 Web 框架。经过多年的改进,Struts 越来越稳定和成熟。Struts 1.x 版本被统称为 Struts 1。2006 年,Struts 推出全新框架,命名为 Struts 2,它改进了 Struts 1 的一些主要不足。

Struts 1 的主要缺点如下:

(1) 支持的表示层技术单一。Struts 1 只支持 JSP 视图技术,当然,可以部分支持 Velocity 等技术。

(2) Struts 1 与 Servlet API 严重耦合,难于测试。

例如,Struts 1 的 Action 的 execute 方法有 4 个参数:ActionMapping、ActionForm、HttpServletRequest 和 HttpServletResponse,初始化这 4 个参数比较困难,尤其是 HttpServletRequest 和 HttpServletResponse 两个参数,因为这两个参数通常是由容器进行注入的。如果脱离 Web 服务器,Action 的测试是很困难的。

(3) Struts 1 的侵入性太大。一个 Action 中包含了大量的 Struts API,例如 ActionMapping、ActionForm、ActionForward 等。这种侵入式设计最大的弱点在于切换框架相当困难,代码复用率较低,不利于重构。

Struts 2 在另一个 MVC 框架——WebWork 的优良基础设计之上进行了一次巨大的升级。注意,Struts 2 不是基于 Struts 1,而是基于 WebWork 的。Struts 2 针对 Struts 1 的不足,提出了全新的解决方案。

5.2.2　MVC 与 Struts 映射

Struts 的体系结构实现了 MVC 设计模式的概念,它将这些概念映射到 Web 应用的组件和概念中。

1. 控制器层

与 Struts 1 使用 ActionServlet 作为控制器不同,Struts 2 使用了 Filter 技术,FilterDispatcher 是 Struts 2 框架的核心控制器,该控制器负责拦截和过滤所有的用户请求。如果用户请求以 Action 结尾,该请求将被转入 Struts 框架来进行处理。Struts 2 框架获得了 *.action 请求后,将根据该请求前面的名称部分决定调用哪个业务控制 Action 类。例如,对于 test.action 请求,Struts 2 框架调用名为 test 的 Action 来处理该请求。

Struts 2 应用中的 Action 都被定义在 struts.xml 文件中。在该文件中配置 Action 时,主要定义了该 Action 的 name 属性和 class 属性,其中,name 属性决定了该 Action 处理哪个用户请求,而 class 属性决定了该 Action 的实现类。例如,<action name="registAction" class="com.ascent.action.RegistAction">。

用于处理用户请求的 Action 实例并没有与 Servlet API 耦合,所以无法直接处理用户请求。为此,Struts 2 框架提供了系列拦截器,该系列拦截器负责将 HttpServletRequest 请求中的请求参数解析出来,传入 Action,并回调 Action 的 execute 方法来处理用户请求。

2. 显示层

Struts 2 框架改进了 Struts 1 只能使用 JSP 作为视图技术的缺点(当然,Struts 1 可以部分支持 Velocity 等技术)。Struts 2 框架允许使用其他视图技术(如 FreeMarker 等)作为显示层。

当 Struts 2 的控制器调用业务逻辑组件处理完用户请求后,会返回一个字符串,该字符串代表逻辑视图,它并未与任何视图技术关联。

当在 struts.xml 文件中配置 Action 时,还要为 Action 元素指定系列 result 子元素,每个 result 子元素定义上述逻辑视图和物理视图之间的映射。一般情况下,使用 JSP 技术作为视图,故配置 result 子元素时没有 type 属性,默认使用 JSP 作为视图资源。例如,<result name="error">/product/register.jsp</result>。

如果需要在 Struts 2 中使用其他视图技术,则可以在配置 result 子元素时指定相应的 type 属性。例如,为 type 属性指定的值可以是 velocity。

3. 模型层

模型层指的是后端业务逻辑处理,Action 调用它来处理用户请求。当控制器需要获得业务逻辑组件实例时,通常并不会直接获得,而是通过工厂模式来获得,或者利用其他 IoC 容器(如 Spring 容器)来管理业务逻辑组件的实例。在后面会详细展开这些技术。

基于 MVC 的系统中的业务逻辑组件还可以细分为两个概念:系统的内部状态以及能够改变状态的行为。可以把内部状态当作名词(事物),把行为当作动词(对事物状态的改变),它们使用 JavaBean、EJB 或 Web Service 实现。

5.2.3　Struts 2 的工作流程和配置文件

1. Struts 2 的工作流程

Struts 2 的工作流程是 WebWork 的升级,而不是 Struts 1 的升级。Struts 2 的体系如图 5-1 所示。

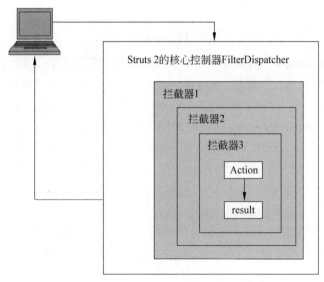

图 5-1　Struts 2 的体系

Struts 2 的工作流程如下:

（1）浏览器发送请求，例如请求/regist.action、/reports/myreport.pdf 等。

（2）核心控制器 FilterDispatcher 根据请求调用合适的 Action。

（3）WebWork 的拦截器链自动对请求应用通用功能，例如验证、工作流或文件上传等功能。

（4）回调 Action 的 execute 方法，该方法先获取用户请求参数，然后执行某种业务操作，既可以将数据保存到数据库，也可以从数据库中检索信息。实际上，因为 Action 只是一个控制器，它会调用业务逻辑组件（即模型层）来处理用户的请求。

（5）Action 的 execute 方法的处理结果信息将被输出到浏览器中，可以是 HTML 页面或者图像，也可以是 PDF 文档或者其他文档。Struts 2 支持的视图技术非常多，既支持 JSP，也支持 Velocity、FreeMarker 等模板技术。

要想更深入地掌握 Struts 的核心技术和流程，就要先理解 Struts 的配置文件。

2. Struts 2 的配置文件

Struts 2 的配置文件有两个，包括配置 Action 的 struts.xml 文件和配置 Struts 2 全局属性的 struts.properties 文件。接下来分别对它们进行讨论。

1）struts.xml 文件

Struts 框架的核心配置文件就是 struts.xml。在默认情况下，Struts 2 框架将自动加载放在 WEB-INF/classes 路径下的 struts.xml 文件。该文件主要负责管理应用中的 Action 映射、该 Action 包含的 result 定义等以及其他相关配置。

以下是 eGov 电子政务系统中的 struts.xml 内容：

```
<?xml version="1.0" encoding="UTF-8" ?>
<!DOCTYPE struts PUBLIC "-//Apache Software Foundation//
    DTD Struts Configuration 2.0//EN"
"http://struts.apache.org/dtds/struts-2.0.dtd">
<struts>

        <constantname="struts.i18n.encoding" value="GBK"/>
        <package name="struts2" extends="json-default">
            <action name="* authAction" class="com.ascent.action.AuthAction"
                method="{1}">
                <result>/jsp/authplot.jsp</result>
                <result name="qxx">/jsp/manager.jsp</result>
                <result name="de" type="json">/jsp/authplot.jsp</result>
                <result name="am">/jsp/authmanager.jsp</result>
            </action>
            <action name="exitAction" class="com.ascent.action.ExitAction">
                <result>/index.jsp</result>
            </action>
            <action name="loginAction" class="com.ascent.action.LoginAction">
                <result>/index.jsp</result>
            </action>
```

```
<action name="*newsAction" class="com.ascent.action.NewsAction"
    method="{1}">
<result>/jsp/manager.jsp</result>
<result name="auditing">/jsp/auditing.jsp </result>
<result name="auditings">/jsp/auditings.jsp </result>
<result name="myissue">/jsp/myissue.jsp</result>
<result name="view">/jsp/view.jsp</result>
<result name="list">/jsp/list.jsp</result>
<result name="newsselect">/jsp/updatenews.jsp</result>
</action>
</package>
</struts>
```

2）struts.properties 文件

除了 struts.xml 文件外，Struts 2 框架还包含 struts.properties 文件，该文件通常放在 Web 应用的 WEB-INF/classes 路径下。它定义了 Struts 2 框架的大量属性，开发者可以通过改变这些属性来满足个性化应用的需求。

在有些时候，开发者不喜欢使用额外的 struts.properties 文件。前面提到，Struts 2 允许在 struts.xml 文件中管理 Struts 2 属性，在该文件中通过配置 constant 元素，一样可以配置这些属性。建议尽量在 struts.xml 文件中配置 Struts 2 常量。

5.2.4 创建 Controller 组件

Struts 的核心是 Controller 组件。它是连接 Model 组件和 View 组件的桥梁，也是理解 Struts 2 架构的关键。Struts 2 的控制器由两个部分组成：FilterDispatcher 和 Action。

1. FilterDispatcher

任何 MVC 框架都需要与 Web 应用整合，这就离不开 web.xml 文件，只有配置在 web.xml 文件中 Filter/Servlet 才会被 Web 应用加载。对于 Struts 2 框架而言，需要加载 FilterDispatcher。因为 Struts 2 将核心控制器设计成 Filter，而不是一个 Servlet。因此，为了让 Web 应用加载 FilterDispatcher，需要在 web.xml 文件中配置 FilterDispatcher。

配置 FilterDispatcher 的代码片段如下：

```
<!--配置 Struts 2框架的核心 Filter-->
<filter>
    <!--配置 Struts 2核心 Filter 的名字-->
    <filter-name>struts</filter-name>
    <!--配置 Struts 2核心 Filter 的实现类-->
    <filter-class>org.apache.struts2.dispatcher.Filter Dispatcher
      </filter-class>
    <init-param>
        <!--配置 Struts 2框架默认加载的 Action 包结构-->
        <param-name>actionpackages</param-name>
        <param-value>org.apache.struts2.showcase.person</param-value>
```

```
        </init-param>
        <!--配置 Struts 2 框架的配置提供者类-->
        <init-param>
            <param-name>configProviders</param-name>
            <param-value>lee.MyConfigurationProvider</param-value>
        </init-param>
    </filter>
```

正如上面所示,当配置 Struts 2 的 FilterDispatcher 类时,可以指定一系列的初始化参数。为该 Filter 配置初始化参数时,其中的 3 个初始化参数有特殊意义:

(1) Config。该参数的值是一系列以英文逗号(,)隔开的字符串,每个字符串都有一个XML 配置文件的位置。Struts 2 框架将自动加载该属性指定的配置文件。

(2) ActionPackages。该参数的值也是一系列以英文逗号隔开的字符串,每个字符串都是一个包空间,Struts 2 框架将扫描这些包空间下的 Action 类。

(3) ConfigurationProviders。如果用户需要实现自己的 ConfigurationProvider 类,则可以提供一个或多个实现了 ConfigurationProvider 接口的类,然后将这些类的类名设置成该属性的值,类名之间以英文逗号隔开。

除此之外,还可在此处配置 Struts 2 常量,每个<init-param>元素配置一个 Struts 2常量,其中<param-name>子元素指定了常量 name,而<param-value>子元素指定了常量 value。

在 web.xml 文件中配置该 Filter,还需要配置该 Filter 拦截的 URL。通常,让该 Filter拦截所有的用户请求,因此使用通配符来配置该 Filter 拦截的 URL。

下面是配置该 Filter 拦截 URL 的代码片段:

```
<!--配置 Filter 拦截的 URL-->
<filter-mapping>
    <!--配置 Struts 2 的核心 FilterDispatcher 以拦截所有用户请求-->
    <filter-name>struts</filter-name>
    <url-pattern>/*</url-pattern>
</filter-mapping>
```

配置了 Struts 2 的核心 FilterDispatcher 后,就基本完成了 Struts 2 在 web.xml 文件中的配置了。

2. Action 的开发

对于 Struts 2 应用而言,Action 是应用系统的核心,也称 Action 为业务控制器。开发者需要提供大量的 Action 类,并在 struts.xml 文件中配置这个 Action 类。

1) 实现 Action 类

相对于 Struts 1 而言,Struts 2 采用了低侵入式的设计。Struts 2 的 Action 类是普通的 POJO(通常应该包含一个无参数的 execute 方法),从而具有很好的代码复用性。

例如,用户登录模块 LoginAction 类的代码如下:

```
package com.ascent.action;
import com.ascent.po.Usr;
```

```
import com.opensymphony.xwork2.ActionContext;
public class LoginAction extends BaseAction {
    public String username;
    public String password;
    public String getPassword() {
        return password;
    }
    public void setPassword(String password) {
        this.password=password;
    }
    public String getUsername() {
        return username;
    }
    public void setUsername(String username) {
        this.username=username;
    }
    public String execute(){
        if(this.getUsername()!=null && this.getPassword()!=null){
            Usr user=userService.userLogin(this.getUsername(),
                this.getPassword());
            if(user!=null){
                ActionContext.getContext().getSession().put("user",user);
            } else {
                ActionContext.getContext().put("tip","账号或密码不正确");
                return SUCCESS;
            }
        } else {
            ActionContext.getContext().put("tip","账号或密码不正确");
            return SUCCESS;
        }
        return SUCCESS;
    }
}
```

注意：上面的 LoginAction 类继承了 BaseAction 类，它是本书作者开发的一个帮助类，是为了对 Spring 集成提供支持的工具类。它可以帮助读者更好地理解 Spring，有兴趣的读者可参考配套电子资源中的源代码。

上面的 Action 类只是一个普通类，这个 Java 类提供了两个属性：username 和 password，这两个属性分别对应两个 HTTP 请求参数。

为了让用户开发的 Action 类更规范，Struts 2 提供了一个 Action 接口。该接口定义了 Struts 2 的 Action 处理类应该实现的规范。它只定义了一个 execute 方法，该接口的规范规定了 Action 类应该包含能够返回一个字符串的方法。除此之外，该接口还定义了 5 个字符串常量，分别是 ERROR、INPUT、LOGIN、NONE 和 SUCCESS，它们的作用是统一 execute 方法的返回值。例如，当 Action 类处理用户请求成功后，有人喜欢返回

WELCOME 字符串,有人喜欢返回 SUCCESS 字符串,这样不利于项目的统一管理。Struts 2 的 Action 类定义了上面的 5 个字符串,分别代表了统一的特定含义。

另外,Struts 2 还提供了 Action 类的一个实现类——ActionSupport。它是一个默认的 Action 类,该类里已经提供了许多默认方法,这些默认方法包括获取国际化信息的方法、数据校验的方法、默认的处理用户请求的方法等。实际上,ActionSupport 类是 Struts 2 默认的 Action 处理类,如果让开发者的 Action 类继承该 Action 类,则会大大简化 Action 的开发。

2)Action 访问 Servlet API

Struts 2 的 Action 并未直接与任何 Servlet API 耦合,这是 Struts 2 相对于 Struts 1 的一个改进之处,因为这样的 Action 类具有更好的重用性,并且能更轻松地测试 Action。

然而,对于 Web 应用的控制器而言,不访问 Servlet API 几乎是不可能的,例如获得 HTTP Request 参数、跟踪 HTTP Session 状态等。为此,Struts 2 提供了 ActionContext 类,Struts 2 的 Action 可以通过该类来访问 Servlet API,包括 HttpServletRequest、HttpSession 和 ServletContext 这 3 个类,它们分别代表 JSP 内置对象中的 request、session 和 application。

表 5-1 是 ActionContext 类中包含的常用方法。

表 5-1　ActionContext 类中包含的常用方法

方　　法	描　　述
Object get(Object key)	该方法类似于调用 HttpServletRequest 的 getAttribute(stringname) 方法
Map getApplication	返回一个 Map 对象,该对象模拟了该应用的 ServletContext 实例
Static ActionContext getContext	静态方法,获取系统的 ActionContext 实例
Map getParameters	获取所有的请求参数。类似于调用 HttpServletRequest 对象的 getparameter Map 方法
Map getSession	返回一个 Map 对象,该对象模拟了 HttpSession 实例
Void setApplication(Map application)	直接传入一个 Map 实例,将该 Map 实例里的键-值(key-value)对转换成 session 的属性名和属性值
Void setSession(Map session)	直接传入一个 Map 实例,将该 Map 实例里的键-值对转换成 session 的属性名和属性值

虽然 Struts 2 提供了 ActionContext 来访问 Servlet API,但这种访问毕竟不能直接获取 Servlet API 实例。为了在 Action 中直接访问 Servlet API,还提供了一些接口,如表 5-2 所示。

另外,为了直接访问 Servlet API,Struts 2 提供了 ServletActionContext 类。借助于这个类的帮助,开发者也能够在 Action 中直接访问 Servlet API,同时无须在 Action 类中实现上面的接口。这个类包含的静态方法如表 5-3 所示。

表 5-2　直接访问 Servlet API 的接口

接　　口	描　　述
ServletContextAware	实现该接口的 Action 可以直接访问应用的 ServletContext 实例
ServletRequestAware	实现该接口的 Action 可以直接访问用户请求的 HttpServletRequest 实例
ServletResponseAware	实现该接口的 Action 可以直接访问服务器响应的 HttpServletResponse 实例

表 5-3　ServletActionContext 类包含的静态方法

方　　法	描　　述
Static PageContext getPageContext()	取得 Web 应用的 PageContext 对象
Static HttpServletRequest getRequest()	取得 Web 应用的 HttpServletRequest 对象
Static HttpServletResponse getResponse()	取得 Web 应用的 HttpServletResponse 对象
Static ServletContext getServletContext()	取得 Web 应用的 ServletContext 对象

在 eGov 电子政务系统中，AuthAction 就使用了 Servlet API，其代码如下：

```
package com.ascent.action;
import java.util.ArrayList;
import java.util.List;
import java.util.Map;
import com.ascent.po.Authorization;
import com.ascent.po.Department;
import com.ascent.po.News;
import com.ascent.po.Userauth;
import com.ascent.po.Usr;
import com.opensymphony.xwork2.ActionContext;
public class AuthAction extends BaseAction {
    public String typ;
    public String pars;
    public String id;
    public String name;
    public String gid;
    public String sid;
    public String gname;
    public String sname;
    public String dept;
    public String getGname() {
        return gname;
    }
    public void setGname(String gname) {
        this.gname=gname;
    }
    public String getSname() {
```

```
        return sname;
    }
    public void setSname(String sname) {
        this.sname=sname;
    }
    public String getGid() {
        return gid;
    }
    public void setGid(String gid) {
        this.gid=gid;
    }
    public String getSid() {
        return sid;
    }
    public void setSid(String sid) {
        this.sid=sid;
    }
    public String getId() {
        return id;
    }
    public void setId(String id) {
        this.id=id;
    }
    public String getName() {
        return name;
    }
    public void setName(String name) {
        this.name=name;
    }
    public String getPars() {
        return pars;
    }
    public void setPars(String pars) {
        this.pars=pars;
    }
    public String getTyp() {
        return typ;
    }
    public void setTyp(String typ) {
        this.typ=typ;
    }
    public String getDept() {
        return dept;
    }
    public void setDept(String dept) {
```

```
            this.dept=dept;
        }
        /**
         * 查找用户权限
         *
         */
        public String auth(){
            String sql="select a from Authorization a,Usr u,Userauth ua "+"where
                u.id=? and ua.userId=u.id and ua.authId=a.id";
            Map session=ActionContext.getContext().getSession();
            Usr user=(Usr) session.get("user");
            Integer[] value=new Integer[1];
            value[0]=user.getId();
            List list=newsService.selectSQL(sql,value);
            ActionContext.getContext().put("auth",list);
            return "qxx";
        }
        /**
         * 查找应该显示在首页的头版头条和综合新闻
         *
         */
        public void index(){
            Map session=ActionContext.getContext().getSession();
            String sql="from News n where (n.status=1 and n.typ=1) or "+"(n.typ=2
                and n.statu=2 and n.status=1) order by n.id"+"desc";
            List list=newsService.selectSQL(sql,null);
            if(list.size()>0){
                News news=(News) list.get(0);
                session.put("typ1",news);
            } else {
                session.put("typ1",null);
            }
            sql="from News n where n.status=1 and n.typ=2 and "+"n.statu!=2 order
                by n.id desc";
            list=newsService.selectSQL(sql,null);
            List li=new ArrayList();
            if(list.size()>6){
                for(int i=0;i<6;i++){
                    li.add(list.get(i));
                }
                session.put("typ2",li);
            } else {
                session.put("typ2",list);
            }
        }
```

```
/**
 *用户分配权限之前的寻找
 */
public String plot(){
    //部门集合
    String sql="from Department";
    List list=newsService.selectSQL(sql, null);
    ActionContext.getContext().put("dept",list);
    //未分配权限的用户集合
    Department dt=(Department) list.get(0);
    sql="from Usr u where u.deptid=? and u.id not in"+"(select ua.userId
        from Userauth ua,Authorization a where "+"ua.authId=a.id and
        a.columnId=?)";
    Integer[] value1={dt.getId(),Integer.parseInt(this.getTyp())};
    list=newsService.selectSQL(sql, value1);
    ActionContext.getContext().put("user1",list);
    //栏目管理的权限的用户集合
    sql="select u from Usr u,Userauth ua,Authorization a where "+"u.id=
        ua.userId and u.deptid=? and a.columnId=? and "+"a.auth=1 and
        ua.authId=a.id";
    list=newsService.selectSQL(sql, value1);
    ActionContext.getContext().put("guser",list);
    //栏目审核的权限的用户集合
    sql="select u from Usr u,Userauth ua,Authorization a where "+"u.id=
        ua.userId and u.deptid=? and a.columnId=? and "+"a.auth=2 and
        ua.authId=a.id";
    list=newsService.selectSQL(sql, value1);
    ActionContext.getContext().put("suser",list);
    return SUCCESS;
}
/**
 * 根据部门查询用户
 * @return
 */
public String deptUser(){
    String[] par=this.getPars().split(",");
    String sql="from Usr u where u.deptid=? and u.id not in"+"(select
        ua.userId from Userauth ua,Authorization a "+"where
        ua.authId=a.id and a.columnId=?)";
    Integer[] value={Integer.parseInt(par[0]),Integer.parseInt(par[1])};
    List list=newsService.selectSQL(sql, value);
    this.setId("");
    this.setName("");
    for(int i=0;i<list.size();i++){
        Usr user=(Usr) list.get(i);
```

```
            if(i==0){
                id=user.getId()+"";
                name=user.getNickname();
            } else {
                id=id +","+user.getId();
                name=name +","+user.getNickname();
            }
        }
        Integer[] va={Integer.parseInt(par[0]),Integer.parseInt(par[1])};
        sql="select u from Usr u,Userauth ua,Authorization a where "+"u.id=
            ua.userId and u.deptid=? and a.columnId=? and "+"a.auth=1 and
            ua.authId=a.id";
        list=newsService.selectSQL(sql, va);
        this.setGname("");
        this.setGid("");
        for(int i=0;i<list.size();i++){
            Usr user=(Usr) list.get(i);
            if(i==0){
                gid=user.getId()+"";
                gname=user.getNickname();
            } else {
                gid=gid +","+user.getId();
                gname=gname +","+user.getNickname();
            }
        }
        sql="select u from Usr u,Userauth ua,Authorization a where "+"u.id=
            ua.userId and u.deptid=? and a.columnId=? and "+"a.auth=2 and
            ua.authId=a.id";
        list=newsService.selectSQL(sql, va);
        this.setSname("");
        this.setSid("");
        for(int i=0;i<list.size();i++){
            Usr user=(Usr) list.get(i);
            if(i==0){
                sid=user.getId()+"";
                sname=user.getNickname();
            } else {
                sid=sid +","+user.getId();
                sname=sname +","+user.getNickname();
            }
        }
        return "de";
    }
    public String addPlot(){
        String[] gid=this.getGid().split(",");
```

```
String[] sid=this.getSid().split(",");
String gsql="from Authorization a where a.columnId=? and a.auth=1";
String ssql="from Authorization a where a.columnId=? and a.auth=2";
Integer[] value={Integer.parseInt(this.getTyp())};
List glist=newsService.selectSQL(gsql,value);
List slist=newsService.selectSQL(ssql,value);
Authorization ga=(Authorization) glist.get(0);
Authorization sa=(Authorization) slist.get(0);
String sql="select ua from Usr u,Userauth ua,Authorization a "+"where
    u. deptid=? and u.id=ua.userId and a.columnId=? "+"and a.auth=1
    and a.id=ua.authId";
Integer[] v={Integer.parseInt(this.getDept()),
        Integer.parseInt(this.getTyp())};
List list=newsService.selectSQL(sql, v);
for(int i=0;i<list.size();i++){
    Userauth ua=(Userauth) list.get(i);
    newsService.deleteObject(ua);
}
sql="select ua from Usr u,Userauth ua, Authorization a where "+
    "u.deptid=? and u.id=ua.userId and a.columnId=? and "+"a.auth=2
    and a.id=ua.authId";
list=newsService.selectSQL(sql, v);
for(int i=0;i<list.size();i++){
    Userauth ua=(Userauth) list.get(i);
    newsService.deleteObject(ua);
}
for(int i=0;i<gid.length;i++){
    if(gid[0]!=null && !"".equals(gid[0])){
        Userauth ua=new Userauth();
        ua.setUserId(Integer.parseInt(gid[i]));
        ua.setAuthId(ga.getId());
        newsService.addObject(ua);
    }
}
for(int i=0;i<sid.length;i++){
    if(sid[0]!=null && !"".equals(sid[0])){
        Userauth ua=new Userauth();
        ua.setUserId(Integer.parseInt(sid[i]));
        ua.setAuthId(sa.getId());
        newsService.addObject(ua);
    }
}
return "am";
    }
}
```

5.2.5 创建 Model 组件

Struts 中的 Model 组件指的是业务逻辑组件,它可以使用 JavaBean 技术。

要开发的系统的需求文档很可能集中于创建用户界面,同时应该保证每个提交的请求所需要的处理要被清楚地定义。通常来说,Model 组件的开发者侧重于创建支持所有功能需求的 JavaBeans 类。它们通常可以分成系统状态 Bean 和商业逻辑 Bean 两种类型。下面首先对范围的概念进行简要介绍,因为它与 Beans 有关。

在一个基于 Web 的应用程序中,JavaBeans 类可以被保存在一些不同属性的集合中。每一个集合都有集合生存期和关于所保存的 Bean 可见度的不同规则。总的说来,定义生存期和可见度的这些规则被叫作 Bean 的范围。JSP 规范中使用以下术语定义可选的范围(括号中定义的是 Servlet API 中的等价概念)。

- page。在一个单独的 JSP 页面中可见的 Bean,生存期只限于当前请求(service 方法中的局部变量)。
- request。在一个单独的 JSP 页面中可见的 Bean,也包括所有包含在这个页面或从这个页面重定向到的页面或 Servlet 的 Bean(Request 属性)。
- session。参与一个特定的用户会话的所有 JSP 和 Servlet 都可见的 Bean,跨越一个或多个请求(Session 属性)。
- application。一个 Web 应用的所有 JSP 页面和 Servlet 都可见的 Bean(Servlet context 属性)。

同一个 Web 应用的 JSP 页面和 Servlets 共享同样一组 Bean 是很重要的。例如,将一个 Bean 作为一个 request 属性保存在一个 Servlet 中:

```
MyCart mycart=new MyCart(…);
request.setAttribute("cart", mycart);
```

这个 Bean 将立即被这个 Servlet 重定向到的一个 JSP 页面,通过一个标准的行为标记看到:

```
<jsp:useBean id="cart"; scope="request" class="com.mycompany.MyApp. MyCart"/>
```

1. 系统状态 Bean

系统的实际状态通常表示为一组(一个或多个)JavaBeans 类,其属性定义当前状态。例如,一个购物车系统包括一个表示购物车的 Bean,这个 Bean 为每个单独的购物者分别维护购物清单,这个 Bean 中包括一组购物者当前选择购买的商品。同时,系统也包括保存用户信息(包括他们的信用卡号和送货地址)、可提供商品的目录和当前库存情况的不同的 Bean。

对于小规模的系统,或者对于不需要长时间保存的状态信息,一组系统状态 Bean 可以包含所有系统以往的特定细节的信息。或者,系统状态 Bean 表示永久保存在一些外部数据库中的信息(例如,CustomerBean 对象对应于表 Customers 中特定的一行),在需要时在服务器的内存中创建或从服务器的内存中清除。在大规模应用程序中,Entity EJB 也用于这种用途。

2. 商业逻辑 Bean

应该把应用程序中的功能逻辑封装成为此目的设计的 JavaBeans 类的方法调用。这些方法可以是用于系统状态 Bean 的相同类的一部分,也可以是在专门执行商业逻辑的独立类中。在后一种情况下,通常需要将系统状态 Bean 传递给这些方法作为参数处理。

为了代码最大的可重用性,商业逻辑 Bean 应该被设计和实现为使它们不知道自己在 Web 应用环境中被执行。如果在 Bean 中必须引入一个 javax.servlet. * 类,就把这个商业逻辑 Bean 捆绑在了 Web 应用环境中,这时候需要考虑重新组织事务,使 Action 类把所有 HTTP 请求处理为对商业逻辑 Bean 属性 set 方法调用的信息,然后可以发出一个对 execute 方法的调用。这样的商业逻辑 Bean 可以在 Web 应用以外的环境中重用。

取决于应用程序的复杂度和范围,商业逻辑 Bean 可以是与作为参数传递的系统状态 Bean 交互作用的普通的 JavaBeans 类,或者使用 JDBC 调用访问数据库的普通的 JavaBeans 类。而对于较大的应用程序,这些 Bean 经常是有状态或无状态的 EJB。

在 eGov 电子政务系统中使用了基于 Spring 的 JavaBean。关于 JavaBean,会在 5.3 节和 5.4 节详细介绍。

5.2.6　创建 View 组件

这里侧重于创建 Web 应用中 View 组件,主要使用 JSP 技术。当然,Struts 2 也支持一部分 View 技术。

在 JSP 中会大量使用标签。Struts 1 将标签库(tag library)按功能分成 HTML、Tiles、Logic 和 Bean 等几部分,而 Struts 2 的标签库严格来说没有分类,所有标签都在 URI 为 /struts-tags的命名空间下。不过,可以从功能上将其分为两大类:一般标签和 UI 标签。

如果 Web 应用使用了 Servlet 2.3 以前的规范,Web 应用不会自动加载标签文件,因此必须在 web.xml 文件中进行配置以加载 Struts 2 标签库。

加载 Struts 2 标签库的配置片段如下:

```
<!--手动配置 Struts 2 的标签库-->
<taglib>
    <!--配置 Struts 2 标签库的 URI-->
    <taglib-uri>/s</taglib-uri>
    <!--指定 Struts 2 标签库定义文件的位置-->
    <taglib-location>/WEB-INF/struts-tags.tld</taglib-location>
</taglib>
```

在上面的配置片段中,指定了 Struts 2 标签库定义文件的物理位置:/WEB-INF/ struts-tags.tld,因此必须手动复制 Struts 2 的标签库定义文件,将该文件放置在 Web 应用的 WEB-INF 路径下。

如果 Web 应用使用 Servlet 2.4 以上的规范,则无须在 web.xml 文件中配置标签库,因为 Servlet 2.4 规范会自动加载标签定义文件。加载标签库定义文件 struts-tag.tld 时,该文件的开始部分包含如下代码片段:

```
<taglib>
```

```
<!--定义标签库的版本-->
<tlib-version>2.2.3</tlib-version>
<!--定义标签库所需的 JSP 版本-->
<jsp-version>1.2</jsp-version>
<short-name>s</short-name>
<!--定义 Struts 2 标签库的 URI-->
<uri>/struts-tags</uri>
...
</taglib>
```

因为该文件中已经定义了该标签库的 URI：struts-tags，这样就不必在 web.xml 文件中重新定义 Struts 2 标签库文件的 URI 了。

要在 JSP 中使用 Struts 2 标签，先要指明标签的引入。通过在 JSP 代码的顶部加入以下代码可以做到这一点：

```
<%@taglib prefix="s" uri="/struts-tags" %>
```

除了上述内容以外，Struts 还有一些高级特性，例如转换器、拦截器、国际化、表单验证等，有兴趣的读者可以参考相关书籍。

5.3　Hibernate 技术

本节讨论数据持久层的处理。实际项目都需要数据的支持，而 Hibernate 就是目前最好的数据持久层框架之一。

5.3.1　Hibernate 概述

在今日的企业环境中，同时使用面向对象的软件和关系数据库可能是相当麻烦、浪费时间的。Hibernate 是一个面向 Java 环境的对象/关系数据库映射工具。对象/关系数据库映射（Object/Relational Mapping，ORM）这个术语表示一种技术，用来把对象模型表示的对象映射到基于 SQL 的关系模型数据结构中。

Hibernate 不仅管理 Java 类到数据库表的映射，还提供数据查询和获取数据的方法，可以大幅度减少开发时人工使用 SQL 和 JDBC 处理数据的时间。

Hibernate 高层概览如图 5-2 所示。

在如图 5-3 所示的 Hibernate 全面解决体系中，对于应用程序来说，所有的底层 JDBC/JTA API 都被抽象了，Hibernate 会替开发者管理所有的细节。

下面是图 5-3 中一些对象的定义。

1. SessionFactory

SessionFactory（会话工厂）是对属于单一数

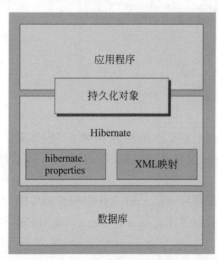

图 5-2　Hibernate 高层概览

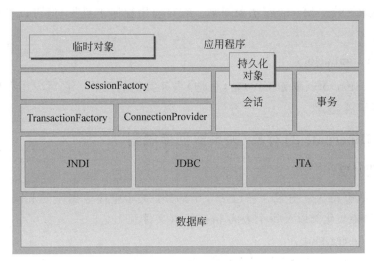

图 5-3　Hibernate 全面解决体系

据库的编译过的映射文件的一个线程安全的、不可变的缓存快照。它是会话的工厂,是
ConnectionProvider 的客户。可能持有一个可选的(第二级)数据缓存,可以在进程级别或
集群级别保存可以在事务中重用的数据。

2. 会话

会话是单线程、生命周期短暂的对象,代表应用程序和持久化层之间的一次对话。会
话封装了一个 JDBC 连接,也是事务的工厂。在会话中保存了必需的(第一级)持久化对象
的缓存内容,用于遍历对象图,或者通过标识符查找对象。

3. 持久化对象

持久化对象(persistent object)是生命周期短暂的单线程的对象,包含了持久化状态和
商业功能。持久化对象的集合可能是普通的 JavaBeans/POJO 类,唯一特别的是它们从属
于且仅从属于一个会话。一旦会话被关闭,它们都将断开与会话的联系,可以在任何程序
层自由使用。例如,直接作为传送到表现层的数据传输对象(Data Transfer Object,
DTO)。

4. 临时对象及其集合(Collection)

临时对象(transient object)是目前没有从属于一个会话的持久化类的实例。它们可能
是刚刚被程序实例化,还没有来得及被持久化;也可能是被一个已经关闭的会话所实例化
的对象。

5. 事务

事务(transaction)是(可选)单线程。生命周期短暂的对象,应用程序用它来表示一批
不可分割的操作。事务是底层的 JDBC、JTA 或者 CORBA 事务的抽象。一个会话在某些
情况下可能跨越多个事务。

6. ConnectionProvider

ConnectionProvider(连接提供者)是(可选)JDBC 连接的工厂和池。它从底层的

DataSource 或者 DriverManager 抽象而来。它对应用程序不可见,但可以被开发者扩展/实现。

7. TransactionFactory

TransactionFactory(事务工厂)是(可选)事务实例的工厂。它对应用程序不可见,但可以被开发者扩展/实现。

5.3.2 Hibernate 的对象/关系数据库映射

1. 持久化对象

首先介绍数据持久化对象。它包括 3 个部分:关于整体数据库的 hiberenate.cfg.xml 文件、每个表的持久化类以及每个表的 hbm.xml 文件。

1) hibernate.cfg.xml

首先讨论一个重要的 XML 配置文件:hibernate.cfg.xml。这个文件可以用于替代以前版本中的 hibernate.properties 文件,如果两者都出现,它会覆盖 properties 文件。

XML 配置文件默认会在 CLASSPATH 的根目录中找到。下面是一个实例:

```
<?xml version='1.0' encoding='UTF-8'?>
<!DOCTYPE hibernate-configuration PUBLIC
        "-//Hibernate/Hibernate Configuration DTD 3.0//EN"
        "http://hibernate.sourceforge.net/hibernate-configuration-3.0.dtd">
<!--Generated byMyEclipse Hibernate Tools. -->
<hibernate-configuration>
    <session-factory>
        <property name="connection.username">root</property>
        <property name="connection.url">jdbc:mysql://localhost:3306/my
        </property>
        <property name="dialect">org.hibernate.dialect.MySQLDialect
        </property>
        <property name="myeclipse.connection.profile">mysql driver
        </property>
        <property name="connection.password"></property>
        <property name="connection.driver_class">com.mysql.jdbc.Driver
        </property>
    </session-factory>
</hibernate-configuration>
```

可以看到,这个配置文件主要用于管理数据库的整体信息,例如 URL、driver class、dialect 等,同时管理数据库中各个表的映射文件(即 hbm.xml,后面会介绍)。

有了 hibernate.cfg.xml 文件,配置 Hibernate 就非常简单:

```
SessionFactory sf=new Configuration().configure().buildSessionFactory();
```

也可以使用一个名为 HibernateSessionFactory 的工具类,它优化了 SessionFactory 和 Session 的管理。

2）持久化类

持久化类（persistent class）是应用程序用来解决商业问题的类（例如项目中的 User 和
Order 等）。持久化类，就如同它的名字所暗示的那样，不是短暂存在的，它的实例会被持
久地保存于数据库中。

如果这些类符合简单的规则，Hibernate 就能够工作得很好，这些规则就是 POJO 编程
模型。

大多数 Java 程序都需要一个持久化类的表示方法。

下面是作为 POJO 简单示例的 News.java 的代码。

```java
package com.ascent.po;
import java.util.Date;
/**
 * News generated by MyEclipse Persistence Tools
 */
public class News implements java.io.Serializable {
    //Fields
    private Integer id;
    private String title;
    private String author;
    private Integer deptid;
    private String content;
    private Integer type;
    private String checkopinion;
    private String checkopinion2;
    private Integer checkstatus;
    private Integer crosscolumn;
    private Integer crossstatus;
    private String picturepath;
    private Date publishtime;
    private Date crosspubtime;
    private Integer preface;
    private Integer status;
    private Integer userid;
    //Constructors
    /**
     * default constructor
     */
    public News() {
    }
    /**
     *full constructor
     */
    public News(String title, String author, Integer deptid, String content,
            Integer type, String checkopinion, String checkopinion2,
            Integer checkstatus, Integer crosscolumn, Integer crossstatus,
```

```
                    String picturepath, Date publishtime, Date crosspubtime,
                    Integer preface, Integer status, Integer userid) {
            this.title=title;
            this.author=author;
            this.deptid=deptid;
            this.content=content;
            this.type=type;
            this.checkopinion=checkopinion;
            this.checkopinion2=checkopinion2;
            this.checkstatus=checkstatus;
            this.crosscolumn=crosscolumn;
            this.crossstatus=crossstatus;
            this.picturepath=picturepath;
            this.publishtime=publishtime;
            this.crosspubtime=crosspubtime;
            this.preface=preface;
            this.status=status;
            this.userid=userid;
        }
    //Property accessors
    public Integer getId() {
            return this.id;
        }
    public void setId(Integer id) {
            this.id=id;
        }
    public String getTitle() {
            return this.title;
        }
    public void setTitle(String title) {
            this.title=title;
        }
    public String getAuthor() {
            return this.author;
        }
    public void setAuthor(String author) {
            this.author=author;
        }
    public Integer getDeptid() {
            return this.deptid;
        }
    public void setDeptid(Integer deptid) {
            this.deptid=deptid;
        }
    public String getContent() {
```

```
        return this.content;
    }
    public void setContent(String content) {
        this.content=content;
    }
    public Integer getType() {
        return this.type;
    }
    public void setType(Integer type) {
        this.type=type;
    }
    public String getCheckopinion() {
        return this.checkopinion;
    }
    public void setCheckopinion(String checkopinion) {
        this.checkopinion=checkopinion;
    }
    public String getCheckopinion2() {
        return this.checkopinion2;
    }
    public void setCheckopinion2(String checkopinion2) {
        this.checkopinion2=checkopinion2;
    }
    public Integer getCheckstatus() {
        return checkstatus;
    }
    public void setCheckstatus(Integer checkstatus) {
        this.checkstatus=checkstatus;
    }
    public Integer getCrosscolumn() {
        return this.crosscolumn;
    }
    public void setCrosscolumn(Integer crosscolumn) {
        this.crosscolumn=crosscolumn;
    }
    public Integer getCrossstatus() {
        return this.crossstatus;
    }
    public void setCrossstatus(Integer crossstatus) {
        this.crossstatus=crossstatus;
    }
    public String getPicturepath() {
        return this.picturepath;
    }
    public void setPicturepath(String picturepath) {
```

```
                this.picturepath=picturepath;
            }
            public Date getPublishtime() {
                return this.publishtime;
            }
            public void setPublishtime(Date publishtime) {
                this.publishtime=publishtime;
            }
            public Date getCrosspubtime() {
                return this.crosspubtime;
            }
            public void setCrosspubtime(Date crosspubtime) {
                this.crosspubtime=crosspubtime;
            }
            public Integer getPreface() {
                return this.preface;
            }
            public void setPreface(Integer preface) {
                this.preface=preface;
            }
            public Integer getStatus() {
                return this.status;
            }
            public void setStatus(Integer status) {
                this.status=status;
            }
            public Integer getUserid() {
                return this.userid;
            }
            public void setUserid(Integer userid) {
                this.userid=userid;
            }
        }
```

以下是关于持久化类的 4 条主要的规则：

(1) 为持久化字段声明访问器(accessor)和是否可变的标志(mutator)。

Productuser 为它的所有可持久化字段声明了访问方法。很多其他 ORM 工具直接对实例变量进行持久化。在持久化机制中不限定这种实现细节要好得多。Hibernate 对 JavaBeans 风格的属性执行持久化，采用如下格式来辨认方法：getFoo、isFoo 和 setFoo。

属性不一定需要声明为 public。Hibernate 可以对 default、protected 或者 private 的 get/set 方法对的属性一视同仁地执行持久化。

(2) 实现一个默认的构造方法。

Productuser 有一个显式的无参数默认构造方法(constructor)。所有的持久化类都必须有一个默认的构造方法(可以不是 public 的)，这样，Hibernate 就可以使用 Constructor

.newInstance()来实例化它们。

（3）提供一个标识属性（可选）。

Productuser 有一个属性叫作 uid，这个属性包含了数据库表中的主键字段。这个属性可以叫作任何名字，其类型可以是任何的原始类型、原始类型的包装类型、java.lang.String 或者 java.util.Date（老式数据库表有联合主键，甚至可以用一个用户自定义的类，其中每个属性都是上述类型之一）。

标识属性（identifier property）是可选的，可以不管它，让 Hibernate 内部来追踪对象的识别。当然，对于大多数应用程序来说，这是一个好的设计方案。

一些功能只能对声明了标识属性的类起作用。

建议对所有的持久化类采用同样的名字作为标识属性。建议使用一个可以为空（即不是原始类型）的类型。

（4）建议使用不是 final 的类（可选）。

代理（proxy）是 Hibernate 的关键功能之一，它要求持久化类不是 final 的，或者是一个全部方法都是 public 的接口的具体实现。

可以对一个 final 的、没有实现接口的类进行持久化，但是不能对它们使用代理，这多少会影响开发者在进行性能优化时的选择。

3）hbm.xml

现在要讨论一下 hbm.xml 文件，这也是对象/关系映射的基础。这个映射文件被设计为易读的，并且可以手工修改。映射语言是以 Java 为中心的，意味着映射是按照持久化类的定义而非表的定义来创建的。

注意：虽然很多 Hibernate 用户选择手工定义 XML 映射文件，但是也可以使用一些工具生成映射文件，包括 XDoclet、Middlegen 和 AndroMDA。

以下是 News.hbm.xml 的内容：

```
<?xml version="1.0" encoding="utf-8"?>
<!DOCTYPE hibernate-mapping PUBLIC "-//Hibernate/Hibernate Mapping DTD 3.0//EN"
"http://hibernate.sourceforge.net/hibernate-mapping-3.0.dtd">
<!--
    Mapping file autogenerated by MyEclipse Persistence Tools
-->
<hibernate-mapping>
    <class name="com.ascent.po.News" table="news">
        <id name="id" type="integer">
            <column name="id"/>
            <generator class="native"/>
        </id>
        <property name="title" type="string">
            <column name="title" length="100"/>
        </property>
        <property name="author" type="string">
            <column name="author" length="45"/>
        </property>
```

```
            <property name="deptid" type="integer">
                <column name="deptid"/>
            </property>
            <property name="content" type="string">
                <column name="content"/>
            </property>
            <property name="type" type="integer">
                <column name="type"/>
            </property>
            <property name="checkopinion" type="string">
                <column name="checkopinion"/>
            </property>
            <property name="checkopinion2" type="string">
                <column name="checkopinion2"/>
            </property>
            <property name="checkstatus" type="integer">
                <column name="checkstatus"/>
            </property>
            <property name="crosscolumn" type="integer">
                <column name="crosscolumn"/>
            </property>
            <property name="crossstatus" type="integer">
                <column name="crossstatus"/>
            </property>
            <property name="picturepath" type="string">
                <column name="picturepath" length="100"/>
            </property>
            <property name="publishtime" type="date">
                <column name="publishtime" length="10"/>
            </property>
            <property name="crosspubtime" type="date">
                <column name="crosspubtime" length="10"/>
            </property>
            <property name="preface" type="integer">
                <column name="preface"/>
            </property>
            <property name="status" type="integer">
                <column name="status"/>
            </property>
            <property name="userid" type="integer">
                <column name="userid"/>
            </property>
        </class>
    </hibernate-mapping>
```

现在开始讨论映射文件的内容。只描述 Hibernate 在运行时用到的文件元素和属性。

映射文件还包括一些额外的可选属性和元素,它们在使用 schema 导出工具时会影响导出的数据库 schema 的结果(例如 not-null 属性)。

(1) DOCTYPE。

所有的 XML 映射都需要定义如上所示的 DOCTYPE。DTD 文件可以从上述 URL 中获取,或者在 hibernate-x.x.x/src/net/sf/hibernate 目录中或 hibernate.jar 文件中找到。Hibernate 总是会在它的 CLASSPATH 中首先搜索 DTD 文件。

(2) <hibernate-mapping>。

这个元素包括 3 个可选的属性。

① schema 属性。指明了这个映射所引用的表所在的 schema 名称。假如指定了这个属性,表名会加上所指定的 schema 的名字扩展为全限定名;假如没有指定这个属性,表名就不会使用全限定名。

② default-cascade 属性指定了未明确注明 cascade 属性的 Java 属性和集合类 Java 会采取什么样的默认级联风格。

③ auto-import 属性默认在查询语言中可以使用非全限定名的类名。其格式如下:

```
<hibernate-mapping
    schema="schemaName"
    default-cascade="none|save-update"
    auto-import="true|false"
    package="package.name"
/>
```

其中:

- schema(可选)是数据库 schema 的名称。
- default-cascade(可选,默认值为 none)是默认的级联风格。
- auto-import(可选,默认值为 true)用于指定是否可以在查询语言中使用非全限定的类名(仅限于本映射文件中的类)。
- package(可选)用于指定一个包前缀,如果在映射文件中没有指定全限定名,就使用这个包名。

假如有两个持久化类,它们的非全限定名是一样的(就是在不同的包里面),则应该设置 auto-import="false"。假若把一个引入的名字同时对应两个类,Hibernate 会抛出一个异常。

(3) <class>。

可以使用<class>元素来定义一个持久化类。其格式如下:

```
<class
    name="ClassName"
    table="tableName"
    discriminator-value="discriminator_value"
    mutable="true|false"
    schema="owner"
    proxy="ProxyInterface"
    dynamic-update="true|false"
```

```
            dynamic-insert="true|false"
            select-before-update="true|false"
            polymorphism="implicit|explicit"
            where="arbitrary sql where condition"
            persister="PersisterClass"
            batch-size="N"
            optimistic-lock="none|version|dirty|all"
            lazy="true|false"
/>
```

其中：

- name 是持久化类(或者接口)的 Java 全限定名。
- table 是对应的数据库表名。
- discriminator-value(可选,默认值和类名一样)是一个用于区分不同的子类的值,在多态行为时使用。
- mutable(可选,默认值为 true)用于表明该类的实例可变或不可变。
- schema(可选)用于覆盖在根元素<hibernate-mapping>中指定的 schema 名字。
- proxy(可选)用于指定一个接口,在延迟装载时作为代理使用。可以在这里使用该类的名字。
- dynamic-update(可选,默认值为 false)指定用于更新的 SQL 语句将会在运行时动态生成,并且只更新那些改变过的字段。
- dynamic-insert(可选,默认值为 false)指定用于插入的 SQL 语句将会在运行时动态生成,并且只包含那些非空值字段。
- select-before-update(可选,默认值为 false)用于指定 Hibernate 何时执行 SQL UPDATE 操作。在特定场合(实际上只会发生在一个临时对象关联到一个新的会话中,执行 UPDATE 操作的时候),这说明 Hibernate 会在更新之前执行一次额外的 SQL SELECT 操作,来决定是否应该进行更新。
- polymorphism(可选,默认值为 implicit)用于界定是隐式(implicit)还是显式(explicit)地使用查询多态。
- where(可选)用于指定一个附加的 SQL WHERE 条件。
- persister(可选)用于指定一个定制的 ClassPersister。
- batch-size(可选,默认值为 1)用于指定一个根据标识符抓取实例时的成批抓取数量。
- optimistic-lock(可选,默认值为 version)用于指定乐观锁定的策略。
- lazy(可选)用法为:假如设置 lazy="true",就是设置这个类自己的名字作为 Proxy 接口的一种等价快捷形式。

若指明的持久化类实际上是一个接口,也可以被完美地接受,然后就可以用<subclass>来指定该接口的实际实现类名。可以持久化任何 static(静态的)内部类,此时应该使用标准的类名格式。

不可变类(mutable="false")不可以被应用程序更新或者删除。这可以让 Hibernate 进行一些性能优化。

proxy 属性可以允许延迟加载类的持久化实例。Hibernate 会返回实现了这个命名接口的 CGLIB 代理。当代理的某个方法被实际调用时,真实的持久化对象才会被装载。

隐式的多态是指:如果查询中给出的是任何超类、该类实现的接口或者该类的名字,都会返回这个类的实例;如果查询中给出的是子类的名字,则会返回子类的实例。显式的多态是指:只有查询中明确给出的是该类的名字时才会返回这个类的实例;同时只有当这个类在<class>的定义中是作为<subclass>或者<joined-subclass>出现的子类时,才会返回这个类的实例。大多数情况下,默认的 polymorphism="implicit" 都是合适的。显式的多态在有两个不同的类映射到同一个表时很有用。

persister 属性可以让开发者定制这个类使用的持久化策略。开发者可以指定自己实现的 net.sf.hibernate.persister.EntityPersister 的子类,甚至可以完全从头开始编写一个 net.sf.hibernate.persister.ClassPersister 接口的实现,可能是用存储过程调用、序列化到文件或者 LDAP 数据库来实现的。

注意:dynamic-update 和 dynamic-insert 的设置并不会继承到子类,所以在<subclass>或者<joined-subclass>元素中可能需要再次进行设置。这些设置是否能够提高效率要视情形而定。

使用 select-before-update 通常会降低性能,但是在防止数据库不必要地触发 update 触发器时,它就很有用了。

如果开启了 dynamic-update,则可以选择以下 4 种乐观锁定的策略:

- version(版本检查),检查 version/timestamp 字段。
- all(全部),检查全部字段。
- dirty(脏检查),只检查修改过的字段。
- none(不检查),不使用乐观锁定。

建议在 Hibernate 中使用 version/timestamp 字段来进行乐观锁定。对性能来说,这是最好的选择,并且这也是唯一能够处理在会话外进行操作的策略(也就是说,当使用 Session.update()时)。

注意:不管采用何种 unsaved-value 策略,version 或 timestamp 属性都不能使用 null,否则实例会被认为是尚未被持久化的。

(4) <id>。

被映射的类必须声明对应的数据库表主键字段。大多数类有一个 JavaBeans 类风格的属性,为每一个实例包含唯一的标识。id 元素定义了该属性到数据库表主键字段的映射。其格式如下:

```
<id
    name="propertyName"
    type="typename"
    column="column_name"
    unsaved-value="any|none|null|id_value"
    access="field|property|ClassName">
    <generator class="generatorClass"/>
</id>
```

其中：
- name(可选)是标识属性的名字。
- type(可选)用于标识 Hibernate 类型的名字。
- column(可选,默认值为属性名)是主键字段的名字。
- unsaved-value(可选,默认值为 null)是一个特定的标识属性值,用来标志该实例是刚刚创建的,尚未保存。这可以把这种实例和在以前的会话中装载过(可能又做过修改)但未再次持久化的实例区分开来。
- access(可选,默认值为 property)是 Hibernate 用来访问属性值的策略。

如果 name 属性不存在,会认为这个类没有标识属性。

unsaved-value 属性很重要。如果类的标识属性的默认值不是 null,应该指定正确的默认值。

另外,还有一个<composite-id>声明可以访问旧式的多主键数据,不鼓励使用这种方式。

必须声明的<generator>子元素是一个 Java 类的名字,用来为该持久化类的实例生成唯一的标识。如果这个生成器实例需要某些配置值或者初始化参数,则用<param>元素来传递。其格式如下:

```
<id name="id" type="long" column="uid" unsaved-value="0">
    <generator class="net.sf.hibernate.id.TableHiLoGenerator">
        <param name="table">uid_table</param>
        <param name="column">next_hi_value_column</param>
    </generator>
</id>
```

所有的生成器都实现 net.sf.hibernate.id.IdentifierGenerator 接口。这是一个非常简单的接口;某些应用程序可以选择提供它们自己特定的实现。当然,Hibernate 提供了很多内置的实现。下面是一些内置生成器。
- increment。用于为 long、short 或者 int 类型生成唯一标识。只有在没有其他进程往同一张表中插入数据时才能使用,在集群下不要使用。
- identity。对 DB2、MySQL、SQL Server、Sybase 和 HypersonicSQL 的内置标识字段提供支持。返回的标识符是 long、short 或者 int 类型。
- sequence。在 DB2、PostgreSQL、Oracle、SAP DB、McKoi 中使用序列(sequence),而在 Interbase 中使用生成器(generator)。返回的标识符是 long、short 或者 int 类型。
- hilo。使用一个高/低位算法来高效地生成 long、short 或者 int 类型的标识符。给定一个表和字段(默认分别是 hibernate_unique_key 和 next_hi)作为高位值的来源。高/低位算法生成的标识符只在一个特定的数据库中是唯一的。在使用 JTA 获得的连接或者用户自行提供的连接中,不要使用这种生成器。
- seqhilo。使用一个高/低位算法来高效地生成 long、short 或者 int 类型的标识符,给定一个数据库序列(sequence)的名字。
- uuiad.hex。用一个 128b 的 UUID 算法生成字符串类型的标识符,在一个网络中是唯一的(使用了 IP 地址)。UUID 被编码为一个 32 位十六进制数字的字符串。

- uuid.string。使用 128b 的 UUID 算法。UUID 被编码为一个 16 个字符长的任意 ASCII 字符组成的字符串。不能在 PostgreSQL 数据库中使用。
- native。根据底层数据库的能力选择 identity、sequence 或者 hilo 中的一个。
- assigned。让应用程序在 save 方法执行之前为对象分配一个标识符。
- foreign。使用另外一个相关联的对象的标识符。它和<one-to-one>联合使用。
- 高/低位算法。hilo 和 seqhilo 生成器给出了两种高/低位算法(Hi/Lo Algorithm) 的实现,这是一种很令人满意的标识符生成算法。

第一种实现需要一个特殊的数据库表来保存下一个可用的高位值:

```
<id name="id" type="long" column="cat_id">
        <generator class="hilo">
                <param name="table">hi_value</param>
                <param name="column">next_value</param>
                <param name="max_lo">100</param>
        </generator>
</id>
```

第二种实现使用一个 Oracle 风格的序列:

```
<id name="id" type="long" column="cat_id">
        <generator class="seqhilo">
                <param name="sequence">hi_value</param>
                <param name="max_lo">100</param>
        </generator>
</id>
```

很遗憾,在为 Hibernate 自行提供 Connection 或者 Hibernate 使用 JTA 获取应用服务器的数据源连接时无法使用 hilo。Hibernate 必须能够在一个新的事务中得到一个高位值。在 EJB 环境中,实现高/低位算法的标准方法是使用一个无状态的 Session Bean。

UUID 包含 IP 地址、JVM 的启动时间(精确到 1/4s)、系统时间和一个计数器值(在 JVM 中唯一)。在 Java 代码中不可能获得 MAC 地址或者内存地址,所以这已经是在不使用 JNI 的前提下最好的实现了。

对于内部支持标识字段的数据库(DB2、MySQL、Sybase、SQL Server),可以使用 identity 关键字生成;对于内部支持序列的数据库(DB2、Oracle、PostgreSQL、Interbase、McKoi、SAP DB),可以使用 sequence 关键字生成。这两种方式对于插入一个新的对象都需要两次 SQL 查询。这两种方式的示例如下:

```
<id name="id" type="long" column="uid">
        <generator class="sequence">
                <param name="sequence">uid_sequence</param>
        </generator>
</id>
<id name="id" type="long" column="uid" unsaved-value="0">
        <generator class="identity"/>
</id>
```

对于跨平台开发，native 策略会从 identity、sequence 和 hilo 中进行选择，这取决于底层数据库的支持能力。

如果需要应用程序分配一个标识符（而非由 Hibernate 生成标识符），可以使用 assigned 生成器。这种特殊的生成器会使用已经分配给对象的标识符属性的标识符值。用这种特性来分配商业行为的关键字时要特别小心。因为存在继承关系，使用这种生成器策略的实体不能通过会话的 saveOrUpdate 方法保存。作为替代，应该明确告知 Hibernate 是应该被保存还是应该被更新（分别调用会话的 save 方法或 update 方法）。

（5）＜composite-id＞。

其格式如下：

```
<composite-id
    name="propertyName"
    class="ClassName"
    unsaved-value="any|none"
    access="field|property|ClassName">
    <key-property name="propertyName" type="typename" column="column_
        name"/>
    <key-many-to-one name="propertyName class="ClassName" column="column_
        name"/>
    ...
</composite-id>
```

其中：
- name（可选）是一个组件类型，具有组合标识符。
- class（可选，默认值为通过反射得到的属性类型）：作为组合标识符的组件类名。
- unsaved-value（可选，默认值为 none）假如被设置为非 none 的值，就表示新创建的、尚未被持久化的实例将具有的值。

如果表使用联合主键，则可以把类的多个属性组合成标识符属性。＜composite-id＞元素以＜key-property＞属性映射和＜key-many-to-one＞属性映射作为子元素。其格式如下：

```
<composite-id>
    <key-property name="medicareNumber"/>
    <key-property name="dependent"/>
</composite-id>
```

持久化类必须重载 equals 和 hashCode 方法，以实现组合标识符等价判断，同时必须实现 Serializable 接口。

遗憾的是，这种组合关键字的方法意味着一个持久化类是它自己的标识符。除了对象自己之外，没有其他方便的引用可用。开发者必须初始化持久化类的实例，在使用组合关键字 load 持久化状态之前，必须填充它的联合属性。

（6）＜discriminator＞。

在"一棵对象继承树对应一个表"的策略中，＜discriminator＞元素是必需的，它声明了表的识别器字段。识别器字段包含标志值,用于告知持久化层应该为某个特定的行创建哪一个子类的实例。只能使用如下类型：string、character、integer、byte、short、boolean、yes_no、true_false。其格式如下：

```
<discriminator
    column="discriminator_column"
    type="discriminator_type"
    force="true|false"
/>
```

其中：

- column(可选,默认值为 class)是识别器字段的名字。
- type(可选,默认值为 string)是 Hibernate 字段类型。
- force(强制)(可选,默认值为 false)用于强制 Hibernate 指定允许的识别器值。

标识器字段的实际值是根据<class>和<subclass>元素的 discriminator-value 得到的。

force 属性只在表中包含一些未指定应该映射到哪个持久化类的时候才是有用的。这种情况不经常出现。

(7) <version>。

<version>元素是可选的,表明表中包含附带版本信息的数据。这在使用长事务 (Long Transactions)的时候特别有用。其格式如下：

```
<version
    column="version_column"
    name="propertyName"
    type="typename"
    access="field|property|ClassName"
    unsaved-value="null|negative|undefined"
/>
```

其中：

- column(可选,默认值为属性名)用于指定持有版本号的字段名。
- name 是持久化类的属性名。
- type(可选,默认值为 integer)是版本号的类型。
- access(可选,默认值为 property)指定 Hibernate 用于访问属性值的策略。
- unsaved-value(可选,默认值为 undefined)用于标明某个实例是刚刚被实例化的(尚未保存的)版本属性值,利用这个值就可以把这种情况和已经在以前的会话中保存或装载的实例区分开(undefined 指明使用标识属性值进行这种判断)。

版本号必须是 long、integer、short、timestamp 或者 calendar 类型。

(8) <timestamp>。

可选的<timestamp>元素指明了表中包含时间戳数据,用它来作为版本的替代。时间戳本质上是对乐观锁定并非特别安全的实现。当然,有时候应用程序也可能在其他方面使用时间戳。其格式如下：

```
<timestamp
    column="timestamp_column"
    name="propertyName"
    access="field|property|ClassName"
    unsaved-value="null|undefined"
/>
```

其中：

- column(可选,默认值为属性名)是持有时间戳的字段名。
- name 是在持久化类中 JavaBeans 类风格的属性名,其在 Java 中的类型是 date 或者 timestamp 的。
- access(可选,默认值为 property)指定 Hibernate 用于访问属性值的策略。
- unsaved-value(可选,默认值为 null)用于标明某个实例是刚刚被实例化的(尚未保存的)版本属性值,利用这个值就可以把这种情况和已经在以前的会话中保存或装载的实例区分开。

注意：＜timestamp＞和＜version type＝"timestamp"＞是等价的。

(9) ＜property＞。

＜property＞元素为类声明了一个持久化的、JavaBeans 类风格的属性。其格式如下：

```
<property
    name="propertyName"
    column="column_name"
    type="typename"
    update="true|false"
    insert="true|false"
    formula="arbitrary SQL expression"
    access="field|property|ClassName"
/>
```

其中：

- name 是属性的名字,以小写字母开头。
- column(可选,默认值为属性的名字)是对应的数据库字段名。也可以通过嵌套的 ＜column＞元素指定。
- type(可选)指定 Hibernate 类型。
- update 和 insert(可选,默认值为 true)：表明在执行 UPDATE 和 INSERT 操作的 SQL 语句中是否包含这个字段。这二者如果都设置为 false,则表明这是一个衍生 (derived)属性,它的值来源于通过一个触发器(trigger)或者其他程序映射到同一个(或多个)字段的某些其他属性。
- formula(可选)是一个 SQL 表达式,定义了这个计算(computed)属性的值。计算属性没有和它对应的数据库字段。
- access(可选,默认值为 property)指定 Hibernate 用来访问属性值的策略。

typename 的值可以是如下几种：

- Hibernate 基础类型之一(例如 integer、string、character、date、timestamp、float、

binary、serializable、object、blob)。
- 一个 Java 类的名字,这个类属于一种默认基础类型(例如 int、float、char、java.lang
.String、java.util.Date、java.lang.Integer、java.sql.Clob)。
- 一个 PersistentEnum 的子类的名字。
- 一个可以序列化的 Java 类的名字。
- 一个自定义类型的类的名字。

如果没有指定 Hibernate 类型,Hibernate 会使用反射来得到这个名字的属性,以此来猜测正确的 Hibernate 类型。Hibernate 会对属性读取器(getter 方法)的返回类进行解释。然而,在某些情况下仍然需要 type 属性(例如,为了区别 Hibernate.DATE 和 Hibernate.TIMESTAMP,或者为了指定一个自定义类型)。

access 属性用来控制 Hibernate 如何在运行时访问属性。在默认情况下,Hibernate 会使用属性的 get/set 方法对。如果指明 access="field",Hibernate 会忽略 get/set 方法对,直接使用反射来访问成员变量。开发者也可以指定自己的策略,这就需要自己实现 net.sf.hibernate.property.PropertyAccessor 接口,再在 access 中设置自定义策略类的名字。

2. DAO

至此,完成了 PO(持久化对象)的开发工作。那么,如何使用 PO 呢?这里引入 DAO(数据存取对象)的概念,它是 PO 的客户端,负责所有与数据操作有关的逻辑,例如数据查询、增加、删除及更新。为了演示一个完整的流程,这里编写并测试 DAO 类来调用 PO(在实际项目中,DAO 会有些区别,它是由 Spring 提供的集成模板 HibernateTemplate 实现的,这在 5.4 节介绍 Spring 技术时会具体展开)。

```java
package com.ascent.dao;
import java.util.Collection;
import java.util.List;
import org.hibernate.Query;
import org.hibernate.Session;
import org.hibernate.Transaction;
import com.po.HibernateSessionFactory;
import com.po.News;
public class INewsDAOImpl {
    /**
     * 根据 id 查询用户新闻方法
     */
    public News findNewsById(int id){
        News news=null;
        Session session=null;
        try{
            session=HibernateSessionFactory.getSession();
            Query query=session.createQuery("from News n where n.id=?");
            query.setInteger(0, id);
            List list=query.list();
```

软件工程与项目案例教程

```
                news= (News) list.get(0);
            } catch (Exception e) {
                e.printStackTrace();
                return null;
            } finally {
                session.close();
            }
            return news;
    }
    /**
     * 查询所有新闻方法
     */
    public Collection findAllNews() {
        Collection collection=null;
        Session session=null;
        try{
            session=HibernateSessionFactory.getSession();
            Query query=session.createQuery("from News");
            List list=query.list();
            collection=(Collection)list;
        } catch (Exception e) {
            e.printStackTrace();
            return null;
        } finally {
            session.close();
        }
        return collection;
    }
    /**
     * 添加新闻方法
     */
    public void addNews(News news) {
        boolean status=false;
        Session session=null;
        Transaction tr=null;
        try{
            session=HibernateSessionFactory.getSession();
            tr=session.beginTransaction();
            session.save(news);
            tr.commit();
            status=true;
        } catch (Exception e) {
            tr.rollback();
            e.printStackTrace();
```

```
            status=false;
        } finally {
            session.close();
        }
        if(status){
            System.out.println("添加新闻成功。");
        } else {
            System.out.println("添加新闻失败。");
        }
    }
    /**
     * 根据 id 删除新闻方法
     */
    public void deleteNews(int id){
        boolean status=false;
        Session session=null;
        Transaction tr=null;
        try{
            session=HibernateSessionFactory.getSession();
            tr=session.beginTransaction();
            News news=(News)session.load(News.class, new Integer(id));
            session.delete(news);
            tr.commit();
            status=true;
        } catch (Exception e){
            tr.rollback();
            e.printStackTrace();
            status=false;
        } finally {
            session.close();
        }
        if(status){
            System.out.println("删除新闻成功。");
        } else {
            System.out.println("删除新闻失败。");
        }
    }
    /**
     * 修改新闻内容方法
     */
    public void updateNews(News news){
        boolean status=false;
        Session session=null;
        Transaction tr=null;
```

```
        try{
            session=HibernateSessionFactory.getSession();
            tr=session.beginTransaction();
            session.update(news);
            tr.commit();
            status=true;
        }catch(Exception e){
            tr.rollback();
            e.printStackTrace();
            status=false;
        }
        if(status)
            System.out.print("修改新闻成功。");
        else
            System.out.print("修改新闻失败。");
    }
    /**
     * @param args
     */
    public static void main(String[] args) {
        INewsDAOImpl newsDAO=new INewsDAOImpl();
        //根据 id 查询用户测试
        News news1=newsDAO.findNewsById(14);
        System.out.println("新闻标题:"+news1.getTitle());
        //查询所有新闻测试
        int newsSize=newsDAO.findAllNews().size();
        System.out.println("新闻总和:"+newsSize);
        //添加新闻测试
        News news2=new News();
        news2.setTitle("添加新闻测试");
        news2.setContent("测试一下添加新闻的方法");
        news2.setAuthor("梁立新");
        newsDAO.addNews(news2);
        //删除新闻测试
        newsDAO.deleteNews(24);
        //修改新闻测试
        News news3=newsDAO.findNewsById(25);
        news3.setTitle("修改新闻测试");
        newsDAO.updateNews(news3);
    }
}
```

这样就完成了对 News 表数据的增加、删除、修改和查询功能。

上面通过单表的实例介绍了 Hibernate 的基本工作原理。在现实中可能遇到多表操作的情况。关于多表关系的对象/关系数据库映射,有兴趣的读者可以参考相关书籍。

5.4 Spring 技术

本节讨论 Spring 框架,它是连接 Struts 与 Hibernate 的桥梁,同时它能很好地处理业务逻辑层。

5.4.1 Spring 概述

Spring 是一个开源框架,是为了解决企业应用程序开发复杂性而创建的。该框架的主要优势之一就是其分层架构,分层架构允许开发者选择使用哪一个组件,同时为 J2EE 应用程序开发提供集成的框架。

Spring 框架采用分层架构,由 7 个定义好的模块组成,如图 5-4 所示。其中,Spring Core 定义了创建、配置和管理 bean 的方式,Spring 的其余 6 个模块构建在 Spring Core 之上。

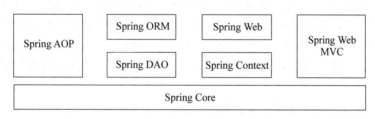

图 5-4   Spring 框架的 7 个模块

组成 Spring 框架的每个模块(或组件)都可以单独存在,或者与其他一个或多个模块联合实现。这 7 个模块的功能如下:

① Spring AOP:该模块通过配置管理特性直接将面向方面的编程功能集成到 Spring 框架中,所以,可以很容易使 Spring 框架管理的任何对象支持 Spring AOP。Spring AOP 模块为基于 Spring 的应用程序中的对象提供了事务管理服务。通过使用 Spring AOP,不用依赖 EJB 组件,就可以将声明性事务管理集成到应用程序中。

② Spring ORM:Spring 框架插入了若干个 ORM 框架,从而提供了对象关系映射工具,其中包括 JDO、Hibernate 和 iBatis SQL Map。这些工具都采用 Spring 的通用事务类型和 DAO 异常层次结构。

③ Spring DAO:提供了有意义的异常层次结构,可用该结构来管理异常处理和不同数据库供应商抛出的错误消息。异常层次结构简化了错误处理,并且极大地降低了需要编写的异常代码数量。Spring DAO 的面向 JDBC 的异常采用通用的 DAO 异常层次结构。

④ Spring Web:该模块建立在 Spring Context 模块之上,为基于 Web 的应用程序提供上下文,所以,Spring 框架支持与 Jakarta Struts 的集成。该模块还简化了处理由多个部分组成的请求以及将请求参数绑定到域对象的工作。

⑤ Spring Context:是一个配置文件,向 Spring 框架提供上下文信息。Spring Context 包括企业服务,例如 JNDI、EJB、电子邮件、国际化、校验和调度功能。

⑥ Spring Web MVC:该模块是一个全功能的构建 Web 应用的 MVC 实现。通过策略接口,可成为高度可配置的。该模块容纳了大量的视图技术,其中包括 JSP、Velocity、

Tiles、iText 和 POI。

⑦ Spring Core：提供 Spring 框架的基本功能。其主要组件是 BeanFactory，它是工厂模式的实现。BeanFactory 使用控制反转(Inversion of Control，IoC)模式将应用程序的配置和依赖性规范与实际的应用程序代码分开。

Spring 框架的功能可以用在任何 J2EE 服务器中，大多数功能也适用于不受管理的环境。Spring 的核心要点是：支持不绑定到特定 J2EE 服务的可重用业务和数据访问对象。毫无疑问，这样的对象可以在不同的 J2EE 环境(Web 或 EJB)、独立应用程序和测试环境之间重用。

5.4.2　Spring IoC

首先介绍 Spring IoC 这个在 Spring 框架中最核心、最重要的概念。

1. IoC 原理

IoC，直观地讲，就是由容器控制程序之间的关系，而非传统实现中由程序代码直接操控程序执行。这就是控制反转的概念：控制权由应用代码转到了外部容器，控制权的转移就是反转。IoC 还有另外一个名字：依赖注入(dependency injection)。所谓依赖注入，即组件之间的依赖关系由容器在运行时决定，形象地说，即由容器动态地将某种依赖关系注入组件中。

下面通过一个生活中的例子帮助读者理解控制反转的概念。

例如，一个女孩希望找到合适的男朋友，如图 5-5 所示。

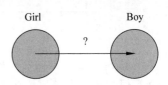

图 5-5　控制反转示例

可以有 3 种实现方式：

(1) 青梅竹马。

(2) 亲友介绍。

(3) 父母包办。

第一种方式是青梅竹马，如图 5-6 所示。可以用代码表示如下：

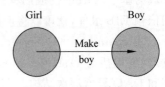

图 5-6　第一种方式

```
public class Girl {
    void kiss(){
        Boy boy=new Boy();
    }
}
```

第二种方式是亲友介绍，如图 5-7 所示。可以用代码表示如下：

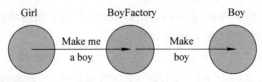

图 5-7　第二种方式

```
public class Girl {
    void kiss(){
        Boy boy=BoyFactory.createBoy();
    }
}
```

第三种方式是父母包办,如图 5-8 所示。可以用代码表示如下:

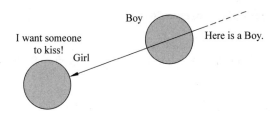

图 5-8　第三种方式

```
public class Girl {
    void kiss(Boy boy){
        //kiss boy
        boy.kiss();
    }
}
```

哪一种方式为控制反转呢? 虽然在现实生活中人们都希望青梅竹马,但在 Spring 世界里选择的却是父母包办,它就是控制反转,而这里具有控制力的父母就是 Spring 中的容器。

典型的控制反转如图 5-9 所示。

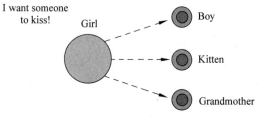

图 5-9　典型的控制反转

控制反转的 3 种依赖注入类型如下。

第一种类型是通过接口注入,这种方式要求类必须实现容器给定的一个接口,随后容器会利用这个接口向这个类注入它所依赖的类。代码如下:

```
public class Girl implements Servicable {
    Kissable kissable;
    public void service(ServiceManager mgr) {
        kissable=(Kissable) mgr.lookup("kissable");
    }
    public void kissYourKissable() {
```

```
            kissable.kiss();
        }
    }
<container>
    <component name="kissable" class="Boy">
        <configuration>… </configuration>
    </component>
    <component name="girl" class="Girl"/>
</container>
```

第二种类型是通过 setter 方法来注入类，这是 Spring 推荐的方式。代码如下：

```
public class Girl {
private Kissable kissable;
    public void setKissable(Kissable kissable) {
        this.kissable=kissable;
    }
    public void kissYourKissable() {
        kissable.kiss();
    }
}
<beans>
    <bean id="boy" class="Boy"/>
    <bean id="girl" class="Girl">
        <property name="kissable">
            <ref bean="boy"/>
        </property>
    </bean>
</beans>
```

第三种类型是通过构造方法来注入类，Spring 也实现了这种方式。它和通过 setter 方式一样，都在类里无任何侵入性。但是，它并非完全没有侵入性，只是把侵入性转移了。而第一种类型要求实现特定的接口，显然侵入性非常强，不方便以后移植。第三种类型的代码如下：

```
public class Girl {
    private Kissable kissable;
    public Girl(Kissable kissable) {
        this.kissable=kissable;
    }
    public void kissYourKissable() {
        kissable.kiss();
    }
}
PicoContainer container=new DefaultPicoContainer();
container.registerComponentImplementation(Boy.class);
container.registerComponentImplementation(Girl.class);
```

```
Girl girl=(Girl) container.getComponentInstance(Girl.class);
girl.kissYourKissable();
```

2. BeanFactory

Spring IoC 设计的核心是 org.springframework.beans 包,它的设计目标是与 JavaBean 组件一起使用。这个包通常不是由用户直接使用的,而是由服务器将其用作其他多数功能的底层中介。下一个最高级抽象是 BeanFactory 接口,它是工厂设计模式的实现,允许通过名称创建和检索对象。BeanFactory 也可以管理对象之间的关系。

BeanFactory 支持两个对象模型:

- 单态模型。它提供了具有特定名称的对象的共享实例,可以在查询时对其进行检索。单态模型是默认的也是最常用的对象模型。对于无状态服务对象很理想。
- 原型模型。它确保每次检索都会创建单独的对象。在每个用户都需要自己的对象时,原型模型最适合。

BeanFactory 的概念是 Spring 作为 IoC 容器的基础,IoC 将处理事情的责任从应用程序代码转移到框架。Spring 框架使用 JavaBean 属性和配置数据来指出必须设置的依赖关系。

1) BeanFactory 简介

BeanFactory 实际上是实例化、配置和管理众多 Bean 的容器。这些 Bean 通常会彼此合作,因而它们之间会产生依赖。BeanFactory 使用的配置数据可以反映这些依赖关系(一些依赖可能不像配置数据一样可见,而是在运行期作为 Bean 之间程序交互的函数)。

BeanFactory 可以用接口 org.springframework.beans.factory.BeanFactory 表示,这个接口有多个实现。最常使用的简单的 BeanFactory 实现是 org.springframework.beans.factory.xml.XmlBeanFactory(注意,ApplicationContext 是 BeanFactory 的子类,所以大多数用户更喜欢使用 ApplicationContext 的 XML 形式)。

虽然在大多数情况下,几乎所有被 BeanFactory 管理的用户代码都不需要知道 BeanFactory,但是 BeanFactory 还是应该以某种方式实例化。可以使用下面的代码实例化 BeanFactory:

```
InputStream is=new FileInputStream("beans.xml");
XmlBeanFactory factory=new XmlBeanFactory(is);
```

或者

```
ClassPathResource res=new ClassPathResource("beans.xml");
XmlBeanFactory factory=new XmlBeanFactory(res);
```

或者

```
ClassPathXmlApplicationContext appContext=new ClassPathXmlApplication Context
(new String[] {"applicationContext.xml", "applicationContext-part2. xml"});
//an ApplicationContext is just a BeanFactory
BeanFactory factory=(BeanFactory) appContext;
```

在很多情况下,用户代码不需要实例化 BeanFactory,因为 Spring 框架代码会做这件事。例如,Web 层提供支持代码,在 J2EE Web 应用启动过程中自动载入一个 Spring ApplicationContext。

下面将集中描述 BeanFactory 的配置。

一个最基本的 BeanFactory 配置由一个或多个它所管理的 Bean 定义组成。在一个 XmlBeanFactory 中,根节点 beans 中包含一个或多个 Bean 元素。

```xml
<?xml version="1.0" encoding="UTF-8"?>
<!DOCTYPE beans PUBLIC "-//SPRING//DTD BEAN//EN" "http://www.springframework.
org/dtd/spring-beans.dtd">
<beans>
    <bean id="…" class="…">
      …
    </bean>
    <bean id="…" class="…">
      …
    </bean>
    …
</beans>
```

2) Bean 定义

一个 XmlBeanFactory 中的 Bean 定义包括的内容如下:

- classname。这通常是 Bean 的真正的实现类。但是如果一个 Bean 是由静态工厂方法创建的,而不是由普通的构造函数创建的,那么这实际上就是工厂类的 classname。
- Bean 行为配置元素。它声明这个 Bean 在容器中的行为方式(例如 prototype 或 singleton、自动装配模式、依赖检查模式、初始化和析构方法)。
- 构造函数的参数和新创建 Bean 需要的属性。例如,一个管理连接池的 Bean 使用的连接数目(既可以作为一个属性,也可以作为一个构造函数参数)或者该管理连接池的大小。
- 和这个 Bean 工作相关的其他 Bean。例如它的合作者(同样可以作为属性或者构造函数的参数)。

上面列出的概念可以直接转化为组成 Bean 定义的元素。这些元素如表 5-4 所示。

表 5-4　Bean 定义的元素

元　素	说　明	元　素	说　明
class	Bean 的类	自动装配模式	自动装配协作对象
id 和 name	Bean 的标志符(id 与 name)	依赖检查模式	依赖检查
singleton 或 prototype	singleton 的使用与否	初始化模式	生命周期接口
构造函数参数	设置 Bean 的属性和合作者	析构方法	生命周期接口
Bean 的属性	设置 Bean 的属性和合作者		

注意：Bean 定义可以表示为真正的接口 org.springframework.beans.factory.config

.BeanDefinition 以及它的各种子接口和实现。然而,绝大部分用户代码不需要与 BeanDefinition 直接接触(即调用它)。

3)Bean 的类

class 属性通常是强制性的,有两种用法。在大多数情况下,BeanFactory 直接调用 Bean 的构造函数来新建一个 Bean(相当于调用 new 的 Java 代码),class 属性指定了需要创建的 Bean 的类。在少数情况下,BeanFactory 调用某个类的静态的工厂方法来创建 Bean,class 属性指定了实际包含静态工厂方法的那个类(至于静态工厂方法返回的 Bean 是同一类型还是不同类型,这并不重要)。

(1)通过构造函数创建 Bean。

当使用构造函数创建 Bean 时,所有普通的类都可以被 Spring 使用并且和 Spring 兼容。这就是说,被创建的类不需要实现任何特定的接口或者按照特定的样式进行编写,仅仅指定 Bean 的类就足够了。然而,根据 Bean 使用的 IoC 类型,可能需要一个默认的(空的)构造函数。

另外,BeanFactory 并不局限于管理 JavaBean,它也能管理任何类。虽然很多使用 Spring 的人喜欢在 BeanFactory 中用 JavaBean[仅包含一个默认的(无参数的)构造函数,在属性后面定义相应的 setter 和 getter 方法],但是在 BeanFactory 中也可以使用特殊的非 Bean 样式的类。举例来说,如果需要使用一个遗留下来的完全没有遵守 JavaBean 规范的连接池,Spring 同样能够管理它。

使用 XmlBeanFactory,可以像下面这样定义 Bean 的类:

```
<bean id="exampleBean" class="examples.ExampleBean"/>
<bean name="anotherExample" class="examples.ExampleBeanTwo"/>
```

(2)通过静态工厂方法创建 Bean。

当定义一个使用静态工厂方法创建的 Bean,同时使用 class 属性指定包含静态工厂方法的类时,需要用 factory-method 属性指定工厂方法名。Spring 调用这个方法(包含一组可选的参数)并返回一个有效的对象,然后这个对象就完全和构造方法创建的对象一样。用户可以使用这样的 Bean 定义在遗留代码中调用静态工厂。

下面是一个 Bean 定义的例子,这个 Bean 要通过 factory-method 指定的方法创建。注意,这个 Bean 定义并没有指定返回对象的类型,只指定包含工厂方法的类。在这个例子中,createInstance 必须是静态方法。

```
<bean id="exampleBean" class="examples.ExampleBean2"
    factory-method="createInstance"/>
```

(3)通过实例工厂方法创建 Bean。

使用一个实例工厂方法(非静态的)创建 Bean 和使用静态工厂方法非常类似,调用一个已存在的 Bean(这个 Bean 应该是工厂类型)的工厂方法来创建新的 Bean。

使用这种机制,class 属性必须为空,而且 factory-bean 属性必须指定一个 Bean 的名字,这个 Bean 一定要在当前的 BeanFactory 或者父 BeanFactory 中,并包含工厂方法。而工厂方法本身仍然要通过 factory-method 属性设置。

下面是一个例子:

```
<!--The factory bean, which contains a method called createInstance -->
<bean id="myFactoryBean" class="…">
  …
</bean>
<!--The bean to be created via the factory bean -->
<bean id="exampleBean" factory-bean="myFactoryBean" factory-method=
"createInstance"/>
```

这个方法意味着工厂 Bean 本身能够被容器通过依赖注入来管理和配置。

4）Bean 的标志符

每一个 Bean 都有一个或多个标志符（id）或名字（name）。这些 id 在管理 Bean 的 BeanFactory 或 ApplicationContext 中必须是唯一的。一个 Bean 一般只有一个 id，但是如果一个 Bean 有两个或多个 id，那么可以认为其他的 id 是别名。

在一个 XmlBeanFactory 中（包括 ApplicationContext 的形式），可以用 id 或者 name 属性来指定 Bean 的 id，并且至少指定一个 id。id 属性允许指定一个 id，并且它在 XML DTD（Document Type Definition，文档类型定义）中作为一个真正的 XML 元素的 ID 属性被标记，所以 XML 解析器能够在其他元素指向它时做一些额外的校验。因此，用 id 属性指定 Bean 的 id 是一个比较好的方式。然而，XML 规范严格限定了在 XML 元素的 ID 属性中合法的字符。通常这并不是真正限制，但是如果有必要使用这些字符（在 XML 元素的 ID 属性中的非法字符），或者想给 Bean 增加其他的别名，那么可以通过 name 属性指定一个或多个 id（用逗号或者分号分隔）。

5）singleton 的使用

Bean 被定义为两种部署模式中的一种：singleton 或 non-singleton（后一种也叫作 prototype）。如果一个 Bean 是 singleton 模式的，那么就只有一个共享的实例存在，所有和这个 Bean 定义的 id 匹配的 Bean 请求都会返回这个唯一的、特定的实例。

如果 Bean 以 non-singleton 模式部署，对这个 Bean 的每次请求都会创建一个新的 Bean 实例。例如，对于每个 user 需要一个独立的 user 对象的情况，这种部署模式是非常理想的。

Bean 默认被部署为 singleton 模式。把部署模式变为 non-singleton 后，对这个 Bean 的每一次请求都会创建一个新的 Bean，而这可能并不是必要的，所以应该只在绝对需要的时候才把模式改成 non-singleton。

在下面这个例子中，两个 Bean 中的一个被定义为 singleton，而另一个被定义为 non-singleton。客户端每次向 BeanFactory 发出请求时都会创建新的 exampleBean，而 AnotherExample 仅仅被创建一次；每次向它发出请求都会返回这个实例的引用。

```
<bean id="exampleBean" class="examples.ExampleBean" singleton="false"/>
<bean name="yetAnotherExample" class="examples.ExampleBeanTwo" singleton=
"true"/>
```

注意：当部署一个 Bean 为 PROTOTYPE 模式时，这个 Bean 的生命周期就会有稍许改变。Spring 无法管理一个 non-singleton 模式的 Bean 的整个生命周期，因为当它创建之后就被交给客户端，而且容器不再跟踪它了。当说起 non-singleton 模式的 Bean 的时候，可以把 Spring 的角色想象成 new 操作符的替代品,从那之后的任何生命周期方面的事情都由客户端来处理。

3. ApplicationContext

beans 包提供了以编程的方式管理和操控 Bean 的基本功能,而 context 包增加了 ApplicationContext,它以一种更具有面向框架特点的方式增强了 BeanFactory 的功能。多数用户可以以声明的方式来使用 ApplicationContext,甚至不用创建它,而是依赖 ContextLoader 等支持类,在 J2EE 的 Web 应用的启动进程中用它启动 ApplicationContext。当然,这种情况下还可以用编程的方式创建一个 ApplicationContext。

context 包的基础是位于 org.springframework.context 包中的 ApplicationContext 接口。它是由 BeanFactory 接口集成而来的,提供了 BeanFactory 所有的功能。为了以一种更具有面向框架特点的方式工作,context 包使用分层和有继承关系的上下文类,包括:

- MessageSource,提供对 i18n 消息的访问。
- 资源访问,例如 URL 和文件。
- 将事件传递给实现了 ApplicationListener 接口的 Bean。
- 载入多个(有继承关系的)上下文类,使得每一个上下文类都专注于一个特定的层次,例如应用的 Web 层。

因为 ApplicationContext 包括了 BeanFactory 所有的功能,所以通常建议在 BeanFactory 之前使用 ApplicationContext,除了有限的一些场合,例如,在一个 Applet 中,内存的消耗是关键的,每个字节都很重要。

接下来叙述 ApplicationContext 在 BeanFactory 的基本能力上增加的功能。

1)使用 MessageSource

ApplicationContext 接口继承 MessageSource 接口,所以提供了 messaging 功能(i18n 或者国际化)。同 NestingMessageSource 一起使用,就能够处理分级的信息,这些是 Spring 提供的处理信息的基本接口。从 MessageSource 取得信息有 3 种方法:

```
String getMessage(String code, Object[]args, String default, Locale loc)
```

这是从 MessageSource 取得信息的基本方法。如果对于指定的 locale 没有找到信息,则使用默认的信息。传入的参数 args 被用来代替信息中的占位符,这是通过 Java 标准类库的 MessageFormat 实现的。

```
String getMessage(String code, Object[] args, Locale loc)
```

这个方法本质上和第一个方法是一样的,除了一点区别:没有默认值。如果信息找不到,就会抛出一个 NoSuchMessage Exception。

```
String getMessage(MessageSourceResolvable resolvable, Locale locale)
```

前两个方法使用的所有属性都封装到一个叫作 MessageSourceResolvable 的类中。可以通过第三个方法直接使用这个类。

当 ApplicationContext 被加载的时候,它会自动查找在 context 中定义的 MessageSource Bean。这个 Bean 的名称必须是 messageSource。如果找到了这样的一个 Bean,所有对上述方法的调用将会被委托给找到的 MessageSource。如果没有找到 MessageSource，ApplicationContext 将会尝试查它的父类是否包含这个 Bean。如果找到了，它将会把找到的 Bean 作为 MessageSource；如果它最终没有找到任何信息源，一个空的 StaticMessageSource 将会被实例化，使它能够被上述方法调用。

Spring 目前提供了两个 MessageSource 的实现，它们是 ResourceBundleMessageSource 和 StaticMessageSource。这两个 MessageSource 都实现了 NestingMessageSource，以便能够嵌套地解析信息。StaticMessageSource 很少被使用，但是它提供以编程的方式向信息源添加信息的功能。ResourceBundleMessageSource 用得多一些，下面是它的一个例子：

```
<beans>
    <bean id="messageSource"
            class="org.springframework.context.support.ResourceBundleMessage
            Source">
        <property name="basenames">
            <list>
                <value>format</value>
                <value>exceptions</value>
                <value>windows</value>
            </list>
        </property>
    </bean>
</beans>
```

这段配置假定在 CLASSPATH 中有 3 个 resource bundle，分别叫作 format、exceptions 和 windows。使用 JDK 通过 ResourceBundle 解析信息的标准方式，任何解析信息的请求都会被处理。

2）事件传递

ApplicationContext 中的事件处理功能是通过 ApplicationEvent 类和 ApplicationListener 接口提供的。如果在上下文中部署了一个实现了 ApplicationListener 接口的 Bean，每当一个 ApplicationEvent 发布到 ApplicationContext 时，相应的 Bean 就会得到通知。实质上，这是标准的 Observer 设计模式。Spring 提供了 3 个标准事件，如表 5-5 所示。

表 5-5　标准事件

事　件	解　释
ContextRefreshedEvent	当 ApplicationContext 已经初始化或刷新后发送的事件。这里初始化意味着：所有的 Bean 被装载，singleton 被预实例化，ApplicationContext 已准备好
ContextClosedEvent	当使用 ApplicationContext 的 close 方法结束上下文的时候发送的事件。这里结束意味着 singleton 被销毁
RequestHandledEvent	一个与 Web 应用相关的事件，告诉所有的 Bean 一个 HTTP 请求已经被响应（这个事件将会在一个请求结束后被发送）。注意，这个事件只能应用于使用了 Spring 的 DispatcherServlet 的 Web 应用

同样也可以实现自定义的事件。通过调用 ApplicationContext 的 publishEvent 方法，

并且指定一个参数,这个参数是开发者自定义的事件类的一个实例。下面给出一个例子。
首先是 ApplicationContext:

```
<bean id="emailer" class="example.EmailBean">
    <property name="blackList">
        <list>
            <value>black@list.org</value>
            <value>white@list.org</value>
            <value>john@doe.org</value>
        </list>
    </property>
</bean>
<bean id="blackListListener" class="example.BlackListNotifier">
    <property name="notificationAddress">
        <value>spam@list.org</value>
    </property>
</bean>
```

然后是实际的 Bean:

```
public class EmailBean implements ApplicationContextAware {
    /*
     * the blacklist
     */
    private List blackList;
    public void setBlackList(List blackList) {
        this.blackList=blackList;
    }
    public void setApplicationContext(ApplicationContext ctx) {
        this.ctx=ctx;
    }
    public void sendEmail(String address, String text) {
        if (blackList.contains(address)) {
            BlackListEvent evt=new BlackListEvent(address, text);
            ctx.publishEvent(evt);
            return;
        }
        //send email
    }
}
public class BlackListNotifier implement ApplicationListener {
    /*
     * notification address
     */
    private String notificationAddress;
    public void setNotificationAddress(String notificationAddress) {
```

```
        this.notificationAddress=notificationAddress;
    }
    public void onApplicationEvent(ApplicationEvent evt) {
        if (evt instanceof BlackListEvent) {
            //notify appropriate person
        }
    }
}
```

3）在 Spring 中使用资源

很多应用程序都需要访问资源。Spring 提供了以一种与协议无关的方式访问资源的方案。ApplicationContext 接口包含的 getResource(String)方法负责这项工作。

Resource 类定义了几个方法,这几个方法被所有的 Resource 实现所共享,如表 5-6 所示。

表 5-6　Resource 类的方法

方　　　法	解　　　释
getInputStream	用 InputStream 打开资源,并返回这个 InputStream
exists	检查资源是否存在,如果不存在返回 false
isOpen	如果不能打开基于这个资源的多个流,将会返回 true。除了基于文件的资源,一些资源不能被同时多次读取,将会返回 false
getDescription	返回资源的描述,通常是全限定文件名或者实际的 URL

Spring 提供了几个 Resource 的实现,它们都需要一个用字符串表示的资源的实际位置。依据这个字符串,Spring 将会自动选择正确的 Resource 实现。当向 ApplicationContext 请求一个资源时,Spring 首先检查用户指定的资源位置,寻找任何前缀。根据不同的 ApplicationContext 的实现,可以使用不同的 Resource 实现。Resource 最好使用 ResourceEditor 来配置,例如 XmlBeanFactory。

5.4.3　Spring AOP 原理

本节介绍另一个重要的概念:AOP(Aspect Oriented Programming),也就是面向方面编程的技术。AOP 以 IoC 为基础,是对 OOP 的有益补充。

AOP 将应用系统分为两部分:核心业务逻辑(core business concerns)和横向的通用逻辑(crosscutting enterprise concerns),后者也就是所谓的方面,例如,所有大中型应用都要涉及持久化管理(persistent)、事务管理(transaction management)、安全管理(security)、日志管理(logging)和调试管理(debugging)等。

AOP 正在成为软件开发的热门技术。使用 AOP,可以将处理方面的代码注入主程序,通常主程序的主要目的并不在于处理这些方面。AOP 可以防止代码混乱。

Spring 框架是很有前途的 AOP 技术。作为一种非侵入性的、轻型的 AOP 框架,无须使用预编译器或其他的元标签,便可以在 Java 程序中使用它。这意味着开发团队里只需要有一个人了解 AOP 框架即可,其他人还是像往常一样编程。

下面给出一些重要的 AOP 概念的定义。

- 方面(aspect)：一个关注点的模块化,这个关注点实现可能另外横切多个对象。事务管理是 J2EE 应用中一个很好的横切关注点例子。方面用 Spring 的 Advisor 或拦截器实现。
- 连接点(joinpoint)：程序执行过程中明确的点,如方法的调用或特定的异常被抛出。
- 通知(advice)：AOP 框架在特定的连接点执行的动作。通知包括 around、before 和 throws 等(通知类型将在下面介绍)。许多 AOP 框架(包括 Spring)都是以拦截器作为通知模型,维护一个"围绕"连接点的拦截器链。
- 切入点(pointcut)：一个通知将被引发的一系列连接点的集合。AOP 框架必须允许开发者指定切入点(例如使用正则表达式)。
- 引入(introduction)：添加方法或字段到被通知的类。Spring 允许引入新的接口到任何被通知的对象。例如,可以使用一个引入使任何对象都能实现 IsModified 接口,以此简化缓存。
- 目标对象(target object)：包含连接点的对象。也被称为被通知对象或被代理对象。
- AOP 代理(AOP proxy)：AOP 框架创建的对象,包含通知。在 Spring 中,AOP 代理可以是 JDK 动态代理或者 CGLIB 代理。
- 编织(weaving)：组装方面来创建一个被通知对象。这可以在编译时完成(例如使用 AspectJ 编译器),也可以在运行时完成。Spring 和其他纯 Java AOP 框架一样,在运行时完成编织。

通知类型如下：

- Around 通知：包围一个连接点的通知,如方法调用。这是最强大的通知。Around 通知在方法调用前后完成自定义的行为。它负责选择继续执行连接点或通过返回它自己的返回值或抛出异常来短路执行。
- Before 通知：在一个连接点之前执行的通知,但这个通知不能阻止连接点前的执行(除非它抛出一个异常)。
- Throws 通知：在方法抛出异常时执行的通知。Spring 提供了强制类型的 Throws 通知,因此可以编写代码来捕获感兴趣的异常(和它的子类),不需要从 Throwable 或 Exception 进行强制类型转换。
- After returning 通知：在连接点正常完成后执行的通知。例如,一个方法正常返回,没有抛出异常。

Around 通知是最通用的通知类型。大部分基于拦截的 AOP 框架,如 Nanning 和 JBoss4 只提供 Around 通知。

如同 AspectJ 一样,Spring 提供所有类型的通知。应使用最合适的通知类型来实现需要的行为。例如,如果只需要用一个方法的返回值来更新缓存,则最好实现一个 After returning 通知而不是 Around 通知(尽管 Around 通知也能完成同样的事情)。使用最合适的通知类型能使编程模型变得简单,并能减少潜在错误。

切入点的概念是使 AOP 区别于其他使用拦截的技术的关键。切入点使通知独立于面向对象的层次选定目标,例如,提供声明式事务管理的 Around 通知可以被应用到跨越多个对象的一组方法上。因此,切入点构成了 AOP 的结构要素。

下面给出一个 Spring AOP 的例子。在这个例子中,将实现一个 Before 通知,这意味着通知的代码在被调用的公共方法开始前被执行。以下是这个 Before 通知的实现代码:

```
package com.ascenttech.springaop.test;
import java.lang.reflect.Method;
import org.springframework.aop.MethodBeforeAdvice;
public class TestBeforeAdvice implements MethodBeforeAdvice {
public void before(Method m, Object[] args, Object target)
    throws Throwable {
        System.out.println("Hello world! (by "+this.getClass().getName()+")");
    }
}
```

接口 MethodBeforeAdvice 只需要实现 before 方法,它定义了通知的实现。before 方法共有 3 个参数,它们提供了相当丰富的信息。参数 Method m 是通知开始后执行的方法,方法名称可以用作判断是否执行代码的条件。Object[] args 是传给被调用的 public 方法的参数数组。当需要记日志时,参数 args 和被执行方法的名称都是非常有用的信息。也可以改变传给 m 的参数,但要小心使用这个功能;编写主程序的程序员并不知道主程序可能会和传入的参数发生冲突。Object target 是执行方法 m 对象的引用。

在下面的 BeanImpl 类中,每个公共方法被调用前,都会执行通知。

```
package com.ascenttech.springaop.test;
public class BeanImpl implements Bean {
    public void theMethod() {
        System.out.println(this.getClass().getName()
          +"."+new Exception().getStackTrace()[0].getMethodName()
          +"()"
          +" says HELLO!");
    }
}
```

类 BeanImpl 实现了下面的接口 Bean:

```
package com.ascenttech.springaop.test;
public interface Bean {
    public void theMethod();
}
```

虽然不是必须使用接口,但面向接口而不是面向实现编程是良好的编程习惯,在 Spring 中也建议大家这样做。

切入点和通知通过配置文件来实现,因此,接下来只需编写主方法的 Java 代码即可。

```
package com.ascenttech.springaop.test;
import org.springframework.context.ApplicationContext;
```

```
import org.springframework.context.support.FileSystemXmlApplicationContext;
public class Main {
    public static void main(String[] args) {
        //Read the configuration file
        ApplicationContext ctx
            =new FileSystemXmlApplicationContext("springconfig.xml");
        //Instantiate an object
        Bean x=(Bean) ctx.getBean("bean");
        //Execute the public method of the Bean (the test)
        x.theMethod();
    }
}
```

接下来创建配置文件。这个配置文件将作为黏合程序不同部分的"胶水"。读入和处理配置文件后,会得到一个创建工厂——ctx。Spring 管理的任何一个对象都必须通过这个工厂来创建。对象通过工厂创建后便可正常使用了。

只使用配置文件便可把程序的每一部分组装起来。

```
<?xml version="1.0" encoding="UTF-8"?>
<!DOCTYPE beans PUBLIC "-//SPRING//DTD BEAN//EN" "http://www.springframework.
    org/dtd/spring-beans.dtd">
<beans>
    <!--CONFIG-->
    <bean id="bean" class="org.springframework.aop.framework.ProxyFactoryBean">
        <property name="proxyInterfaces">
        <value>com.ascenttech.springaop.test.Bean</value>
        </property>
        <property name="target">
            <ref local="beanTarget"/>
        </property>
        <property name="interceptorNames">
            <list>
              <value>theAdvisor</value>
            </list>
        </property>
    </bean>
    <!--CLASS-->
    <bean id="beanTarget" class="com.ascenttech.springaop.test.BeanImpl"/>
    <!--ADVISOR-->
    <bean id="theAdvisor" class="org.springframework.aop.support.RegexpMethod
    PointcutAdvisor">
        <property name="advice">
            <ref local="theBeforeAdvice"/>
        </property>
```

```
        <property name="pattern">
        <value>com\.ascenttech\.springaop\.test\.Bean\.theMethod</value>
        </property>
    </bean>
    <!--ADVICE-->
    <bean id="theBeforeAdvice" class="com.ascenttech.springaop.test.TestBefore
        Advice"/>
</beans>
```

4 个 Bean 定义的次序并不重要。现在有了一个通知、一个包含了正则表达式切入点的顾问(advisor)、一个主程序类和一个配置好的接口,通过(ctx)工厂,这个接口返回其自身实现的一个引用。

BeanImpl 和 TestBeforeAdvice 都是直接配置。用一个唯一的 ID 创建一个 Bean 元素,并指定了一个实现类。这就是全部的工作。

顾问通过 Spring 框架提供的一个 RegexMethodPointcutAdvisor 类来实现。用顾问的一个属性来指定它所需的 advice-bean。第二个属性则用正则表达式定义了切入点,以确保良好的性能和易读性。

最后配置的是 Bean,它可以通过一个工厂来创建。Bean 的定义看起来比实际要复杂。Bean 是 ProxyFactoryBean 的一个实现,它是 Spring 框架的一部分。这个 Bean 的行为通过以下 3 个属性来定义:

- 属性 proxyInterface 定义了接口类。
- 属性 target 指向本地配置的一个 Bean,这个 Bean 返回一个接口的实现。
- 属性 interceptorNames 是唯一允许定义一个值列表的属性。这个列表包含所有需要在 beanTarget 上执行的顾问。注意,顾问列表的次序是非常重要的。

5.4.4 事务管理

Spring 的重要特色之一是它全面的事务支持。Spring 框架提供了一致的事务管理抽象,这带来了以下好处:

- 为复杂的事务 API 提供了一致的编程模型,如 JTA、JDBC、Hibernate、JPA 和 JDO。
- 支持声明式事务管理。
- 提供比大多数复杂的事务 API(如 JTA)更简单的、更易于使用的编程式事务管理 API。
- 能够非常好地整合 Spring 的各种数据访问抽象。

1. 声明式事务管理

首先重点介绍声明式事务管理(declarative transaction)。声明式事务管理是由 Spring AOP 实现的,大多数 Spring 用户选择声明式事务管理。这是对应用代码影响最小的选择,因而这和非侵入性的轻量级容器的观念是一致的。如果应用中存在大量事务操作,那么声明式事务管理通常是首选方案。它将事务管理与业务逻辑分离,而且在 Spring 中配置也不难。

EJB CMT 和 Spring 声明式事务管理既有相似之处,也有不同之处。它们的基本方法是相似的:都可以为事务管理指定单独的方法;如果需要,可以在事务上下文调用 setRollbackOnly 方法。

两者不同之处在于:

- 与 EJB CMT 绑定在 JTA 上不同,Spring 声明式事务管理可以在任何环境下使用。只需更改配置文件,它就可以和 JDBC、JDO、Hibernate 或其他的事务机制一起工作。
- Spring 的声明式事务管理可以应用到任何类(以及那个类的实例)上,而不是像 EJB 那样只能应用到特殊类。
- Spring 提供了声明式的回滚规则,而 EJB 没有对应的特性,这一点将在下面讨论。回滚可以声明式地控制,而不仅仅是编程式地控制。
- Spring 允许通过 AOP 定制事务行为。例如,如果需要,可以在事务回滚中插入定制的行为,也可以增加任意的通知,就像事务通知一样。使用 EJB CMT,除了使用 setRollbackOnly 方法以外,没有办法影响容器的事务管理。

提示: Spring 不提供高端应用服务器提供的跨越远程调用的事务上下文传播。如果需要这些特性,推荐使用 EJB。然而,不要轻易使用这些特性。通常并不希望事务跨越远程调用。

回滚规则的概念比较重要,它能够在配置文件中声明式地指定什么样的异常(和 Throwable)将导致自动回滚,而无须编写 Java 代码。同时,仍然可以通过调用 TransactionStatus 的 setRollbackOnly 方法编程式地回滚当前事务。通常,可以定义一条规则,声明 MyApplicationException 必须导致事务回滚。这种方式带来了显著的好处,它使业务对象不必依赖于事务。例如,不必在代码中导入 Spring API、事务等。

对 EJB 来说,默认的行为是 EJB 容器在遇到系统异常(通常指运行时异常)时自动回滚当前事务。EJB CMT 遇到应用异常(例如,除了 java.rmi.RemoteException 以外的其他检查型异常)时并不会自动回滚。默认情况下,Spring 处理声明式事务管理的规则遵从 EJB 习惯(即只在遇到检查型异常时自动回滚),但通常应定制这条规则。

Spring 的事务管理是通过 AOP 代理实现的。其中的事务通知由元数据(目前基于 XML 或注解)驱动。代理对象与事务元数据结合产生了一个 AOP 代理,它使用一个 PlatformTransactionManager 实现配合 TransactionInterceptor,在方法调用前后管理事务。从概念上来说,在事务代理上调用方法的工作过程如图 5-10 所示。

类似于 EJB 的容器管理事务(container managed transaction),可以在配置文件中声明对事务的支持,可以细化到单个方法的级别,这通常是利用 TransactionProxyFactoryBean 设置 Spring 事务代理实现的。需要将一个目标对象包装在事务代理中,这个目标对象一般是一个普通 Java 对象的 Bean。当定义 TransactionProxyFactoryBean 时,必须提供对一个相关的 PlatformTransactionManager 的引用和事务属性,在事务属性中应含有上面描述的事务定义。

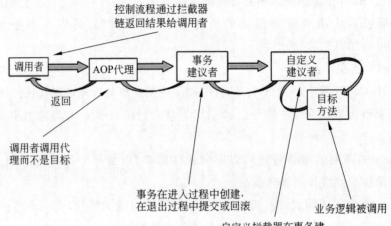

图 5-10　在事务代理上调用方法的工作过程

例如,可以使用以下配置:

```
<bean id="orderService" class="org.springframework.transaction.
    interceptor.TransactionProxyFactoryBean">

    <property name="transactionManager">
        <ref local="myTransactionManager"/>
    </property>

    <property name="target"><ref local="orderTarget"/></property>
    <property name="transactionAttributes">
        <props>
            <prop key="find * ">
                PROPAGATION_REQUIRED,readOnly,-OrderException
            </prop>
            <prop key="save * ">
                PROPAGATION_REQUIRED,-OrderMinimumAmountException
            </prop>
            <prop key="update * ">
                PROPAGATION_REQUIRED,-OrderException
            </prop>
        </props>
    </property>
</bean>
```

通过以上配置声明,Spring 会自动协助处理事务。也就是说,对于 orderTarget 类中的所有以 find、save 和 update 开头的方法,Spring 会自动增加事务管理服务。

这里的 transaction attributes 由 org. springframework. transaction. interceptor. NameMatchTransactionAttributeSource 中的属性格式来设置。这个包括通配符的方法名

称映射是很直观的。注意 save * 的映射的值包括回滚规则。—OrderMinimumAmountException 指定当方法抛出 OrderMinimumAmountException 或它的子类时事务会自动回滚。可以用逗号分隔多个回滚规则。—前缀表示强制回滚，+前缀表示提交（这样，即使抛出非检查型异常时也可以提交事务）。

TransactionProxyFactoryBean 允许用户通过 preInterceptors 和 postInterceptors 属性设置前通知或后通知来提供额外的拦截行为。可以设置任意数量的前通知和后通知，它们的类型可以是 Advisor（可以包含一个切入点）、MethodInterceptor 或被当前 Spring 配置支持的通知类型（例如 ThrowAdvice、AfterReturningtAdvice 或 BeforeAdvice，这些都是 Spring 默认支持的）。这些通知必须支持实例共享模式。如果需要利用高级 AOP 特性来管理事务，那么最好使用通用的 org.springframework.aop.framework.ProxyFactoryBean，而不是使用 TransactionProxyFactoryBean 实用代理创建者。

也可以设置自动代理，只需要配置 AOP 框架，不需要创建单独的代理定义类，就可以生成类的代理。

提示：Spring 2.0 及以后的版本中声明式事务的配置与以前的版本有相当大的不同。主要差异在于不再需要配置 TransactionProxyFactoryBean 了。当然，Spring 2.0 以前的旧版本风格的配置仍然是有效的。

例如：

```
<bean id="transactionInterceptor"
    class="org.springframework.transaction.interceptor.
    TransactionInterceptor">
    <!--事务拦截器 Bean 需要依赖注入一个事务管理器-->
    <property name="transactionManager" ref="transactionManager"/>
    <property name="transactionAttributes">
        <!--下面定义事务传播属性-->
        <props>
            <prop key="check * ">PROPAGATION_REQUIRED,readOnly</prop>
            <prop key=" * ">PROPAGATION_REQUIRED</prop>
        </props>
    </property>
</bean>
<!--定义 BeanNameAutoProxyCreator-->
    <bean class="org.springframework.aop.framework.autoproxy.
        BeanNameAutoProxyCreator">
        <!--指定对匹配哪些名字的 Bean 自动生成业务代理-->
        <property name="beanNames">
            <!--下面是所有需要自动创建事务代理的 Bean-->
            <list>
                <value>newsDAO</value>
            </list>
            <!--此处可增加其他需要自动创建事务代理的 Bean-->
        </property>
        <!--下面定义 BeanNameAutoProxyCreator 所需的事务拦截器-->
        <property name="interceptorNames">
            <list>
```

```
        <!--此处可增加其他新的拦截器-->
        <value>transactionInterceptor</value>
    </list>
  </property>
</bean>
```

2. 编程式事务管理

当只有很少的事务操作时,编程式事务管理(programmatic transaction)通常比较合适。例如,如果一个 Web 应用中只有特定的更新操作有事务要求,可以不使用 Spring 或其他技术设置事务代理。

Spring 提供两种方式的编程式事务管理:

- 使用 TransactionTemplate。
- 直接使用 PlatformTransactionManager 实现。

推荐采用前一种方式(即使用 TransactionTemplate)。

1) 使用 TransactionTemplate

TransactionTemplate 采用与 Spring 中其他的模板(如 JdbcTemplate 和 HibernateTemplate)同样的方法。它使用回调机制,使应用代码中不再有大量的 try-catch-finally 代码块。和其他的模板类一样,TransactionTemplate 类的实例线程是安全的。

必须在事务上下文中执行的应用代码示例如下(注意,使用 Transaction Callback 可以有返回值):

```
Object result=tt.execute(new TransactionCallback() {
    public Object doInTransaction(TransactionStatus status) {
        updateOperation1();
        return resultOfUpdateOperation2();
    }
});
```

如果不需要返回值,更方便的方式是创建一个 TransactionCallbackWithoutResult 的匿名类,例如:

```
tt.execute(new TransactionCallbackWithoutResult() {
    protected void doInTransactionWithoutResult(TransactionStatus status) {
        updateOperation1();
        updateOperation2();
    }
});
```

回调方法内的代码可以通过调用 TransactionStatus 对象的 setRollbackOnly 方法来回滚事务。

使用 TransactionTemplate 的应用类时必须能访问一个 PlatformTransactionManager(在典型情况下,通过依赖注入提供)。这样的类很容易进行单元测试,只需要引入一个 PlatformTransactionManager 的伪类或桩类,它是一个简单的接口。使用 Spring 使单元测试大为简化。

2）使用 PlatformTransactionManager

可以直接使用 org.springframework.transaction.PlatformTransactionManager 的实现来管理事务。只需通过 Bean 引用简单地传入一个 PlatformTransactionManager 实现，然后使用 TransactionDefinition 和 TransactionStatus 对象，就可以启动一个事务，完成提交或回滚操作。

```
DefaultTransactionDefinition def=new DefaultTransactionDefinition();
def.setPropagationBehavior(TransactionDefinition.PROPAGATION_REQUIRED);
TransactionStatus status=txManager.getTransaction(def);
try {
    //execute your business logic here
}
catch (MyException ex) {
    txManager.rollback(status);
    throw ex;
}
txManager.commit(status);
```

5.5 项目案例

5.5.1 学习目标

（1）掌握 Struts-Spring-Hibernate 的基本概念和原理。
（2）掌握 Struts-Spring-Hibernate 的集成和开发流程。

5.5.2 案例描述

本案例通过用户登录功能来讲解 Struts-Spring-Hibernate 的集成原理和开发步骤。

5.5.3 案例要点

在开始 Struts-Spring-Hibernate 的集成之前，首先创建数据表和 Web 工程，然后下载和安装 Struts 框架，最后添加 Spring 和 Hibernate 的支持，通过 Spring 整合 Struts 和 Hibernate。

5.5.4 案例实施

环境版本如下：
- IDE：MyEclipse 2017 CI 10。
- 数据库：MySQL 5.5.60。
- Struts 2.1/Spring 4.1.0/Hibernate 4.1.4。
- JDK 1.8/Tomcat 8.5。

注意：添加三大框架支持功能的顺序依次是 Struts→Spring→Hibernate。

开发步骤如下：

（1）在 MySQL（这里的 MySQL 数据库用户名和密码都是 root）中创建数据库和 usr 表，并插入两行记录，SQL 语句如下：

```
/ *
SQLyog Ultimate v12.09 (64b)
MySQL-5.5.60 : Database-test
**********************************************************************
* /
CREATE DATABASE / *!32312 IF NOT EXISTS * /`test` / *!40100 DEFAULT CHARACTER SET
latin1 * /;
USE `test`;
/ * Table structure for table `usr` * /
DROP TABLE IF EXISTS `usr`;
CREATE TABLE `usr` (
  `id` int(11) NOT NULL AUTO_INCREMENT,
  `username` varchar(255) DEFAULT NULL,
  `password` varchar(255) DEFAULT NULL,
  PRIMARY KEY (`id`)
) ENGINE=InnoDB AUTO_INCREMENT=3 DEFAULT CHARSET=latin1;
/ * Data for the table `usr` * /
insert into `usr`(`id`, `username`, `password`) values
  (1,'Lixin','123456'),(2,'admin','123456');
```

（2）创建 login_ssh_demo Web 工程，如图 5-11 所示。

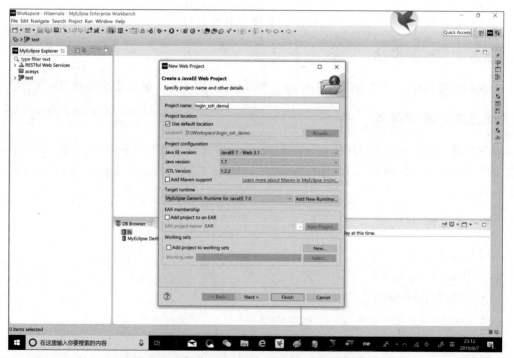

图 5-11　创建 login_ssh_demo Web 工程界面 1

单击 Next 按钮,如图 5-12 所示。

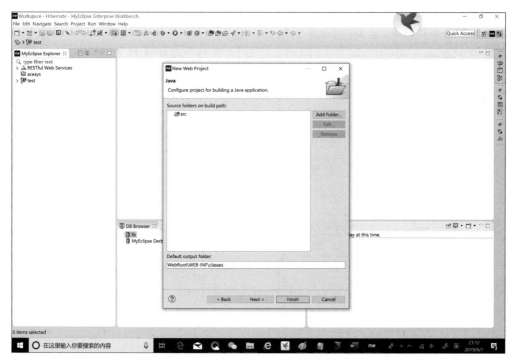

图 5-12　创建 login_ssh_demo Web 工程界面 2

单击 Next 按钮,如图 5-13 所示。

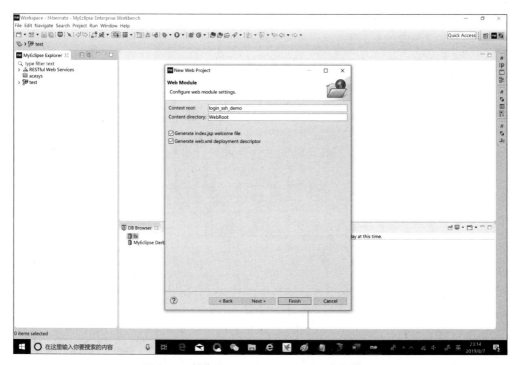

图 5-13　创建 login_ssh_demo Web 工程界面 3

选择 Generate web.xml deployment descriptor 复选框,单击 Finish 按钮,完成 Web 工程的创建。

(3) 单击项目目录,在 src 目录下创建 Java 包。

首先创建 com.ascent.action。右击 src 目录,在快捷菜单中选择 New→Package 命令,如图 5-14 所示,打开 New Java Package 对话框,如图 5-15 所示。

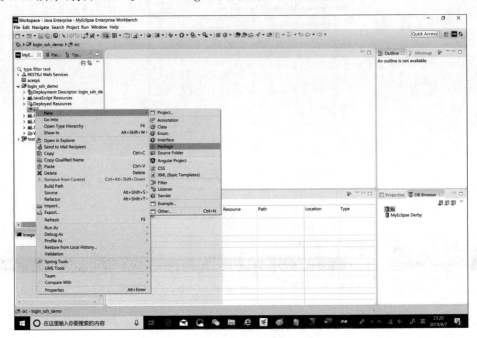

图 5-14　选择 New→Package 命令

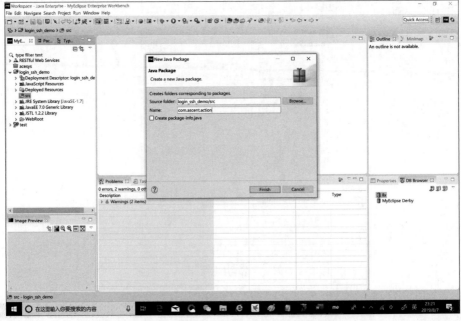

图 5-15　打开 New Java Package 对话框

单击 Finish 按钮,完成 com.ascent.action 的创建。随后按同样的方式创建 com.ascent.dao、com.ascent.po、com.ascent.service 和 com.ascent.util 等 Java 包。

(4) 添加 Struts 开发能力。

右击 login_ssh_demo,在快捷菜单中选择 Configure Facets→Install Apache Struts(2.x) Facet 命令,如图 5-16 所示,打开 Install Apache Struts(2.x) Facet 对话框,如图 5-17 所示。

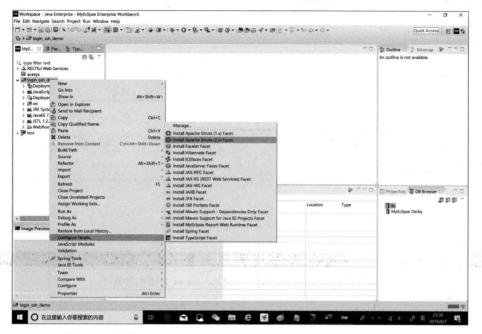

图 5-16　选择 Configure Facets→Install Apache Struts(2.x) Facet 命令

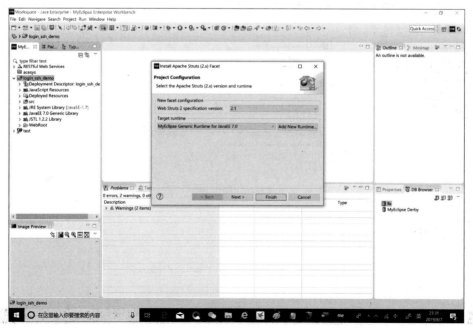

图 5-17　Install Apache Struts(2.x) Facet 对话框界面 1

单击 Next 按钮，如图 5-18 所示。

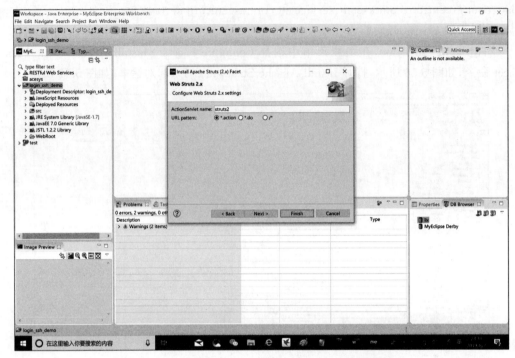

图 5-18　Install Apache Struts(2.x) Facet 对话框界面 2

单击 Next 按钮，如图 5-19 所示。

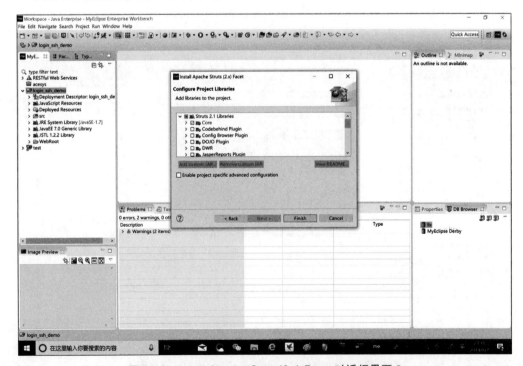

图 5-19　Install Apache Struts(2.x) Facet 对话框界面 3

单击 Finish 按钮。

(5) 添加 Spring 开发能力。

右击 login_ssh_demo, 在快捷菜单中选择 Configure Facets→Install Spring Facet 命令, 如图 5-20 所示, 打开 Install Spring Facet 对话框, 如图 5-21 所示。

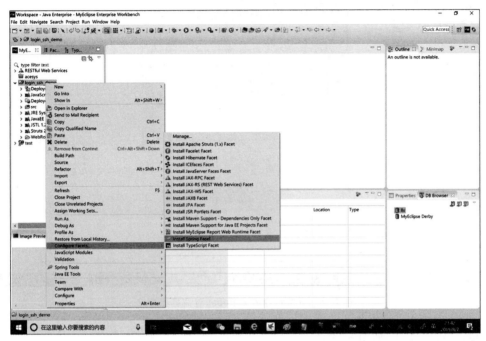

图 5-20　选择 Configure Facets→Install Spring Facet 命令

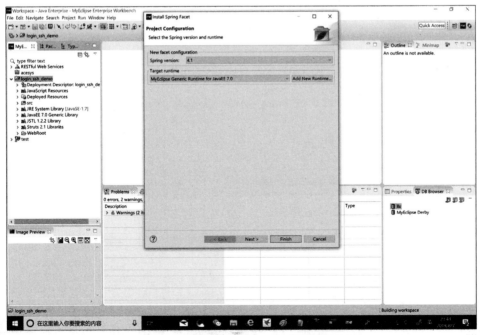

图 5-21　Install Spring Facet 对话框界面 1

单击 Next 按钮，如图 5-22 所示。

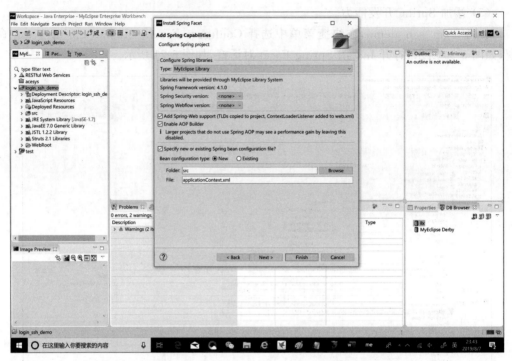

图 5-22　Install Spring Facet 对话框界面 2

单击 Next 按钮，如图 5-23 所示。

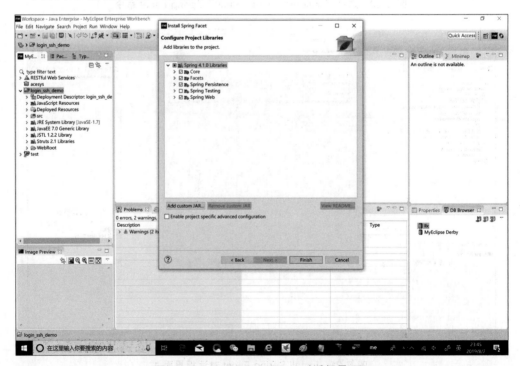

图 5-23　Install Spring Facet 对话框界面 3

选择 Spring Persistence 复选框,单击 Finish 按钮。

接下来需要指定 Spring 为容器。在 src 目录下建立名为 struts.properties 的文件。右击 src 目录,在快捷菜单中选择 New→Other 命令,如图 5-24 所示。

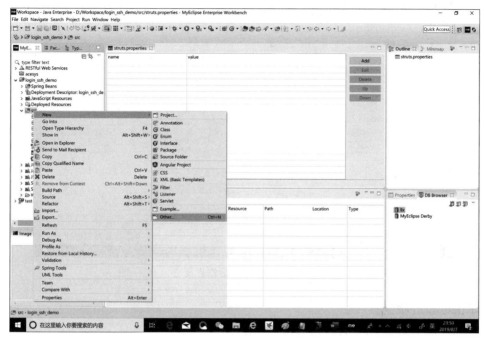

图 5-24　选择 New→Other 命令

在打开的 New 对话框中,选择 General,再选择 File,如图 5-25 所示。

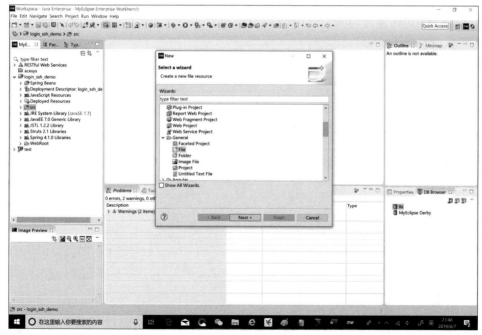

图 5-25　New 对话框界面 1

输入文件名 struts.properties，如图 5-26 所示。

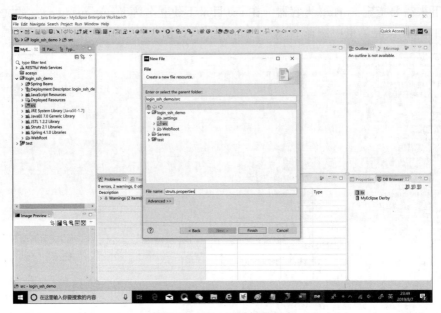

图 5-26　New 对话框界面 2

单击 Finish 按钮。

在 struts.properties 文件中输入以下内容：

```
struts.objectFactory=spring
```

（6）添加 Hibernate 开发能力。

在添加 Hibernate 之前，需要先建立一个数据库连接。在菜单栏中选择 Window→
Show View→Other 命令，如图 5-27 所示。

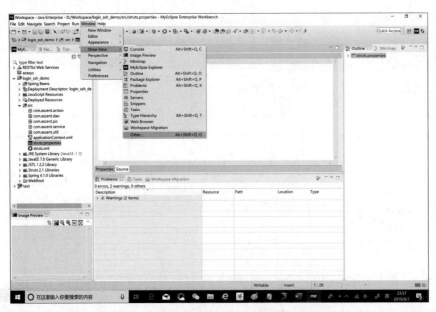

图 5-27　选择 Window→Show View→Other 命令

在打开的 Show View 对话框中，在 Database 下选择 DB Browser，如图 5-28 所示。

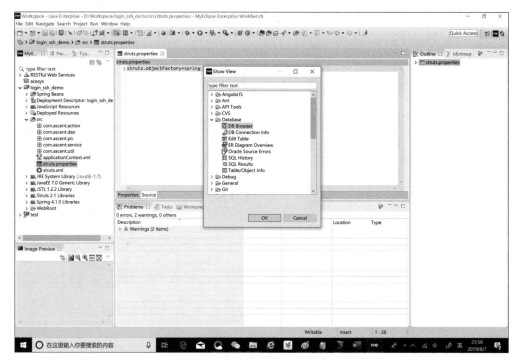

图 5-28　Show View 对话框

这时在 MyEclipse 界面右下角出现 DB Browser 视图，如图 5-29 所示。

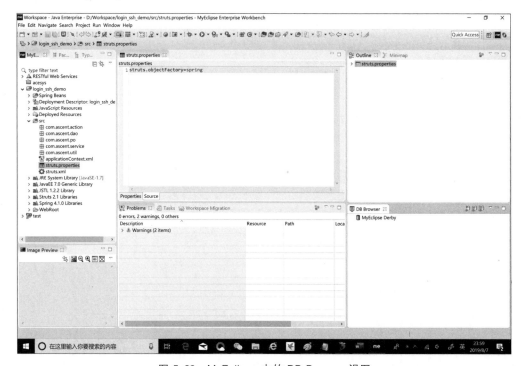

图 5-29　MyEclipse 中的 DB Browser 视图

右击 DB Browser 空白处，在快捷菜单中选择 New 命令，如图 5-30 所示，打开 Database Driver 对话框，如图 5-31 所示。

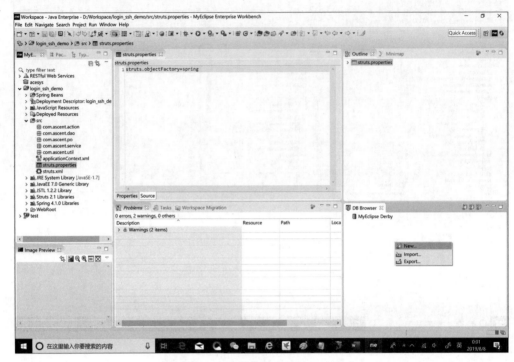

图 5-30　在快捷菜单中选择 New 命令

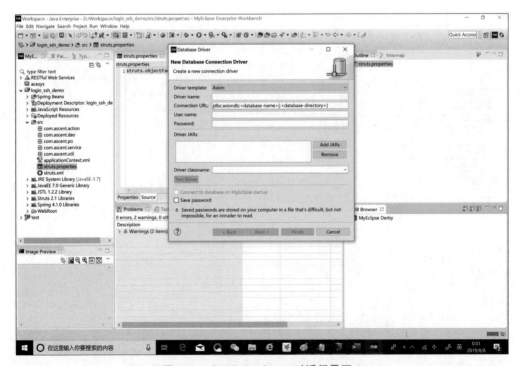

图 5-31　Database Driver 对话框界面 1

在对话框中选择和输入各个信息。在 Driver name 文本框中可以输入自定义名称，这里是 llx。单击 Add Jars 按钮，导入 MySQL 驱动包，这里的数据库用户名和密码都是 root（和自己建立的数据库用户名和密码必须保持一致），单击 Next 按钮，如图 5-32 所示。

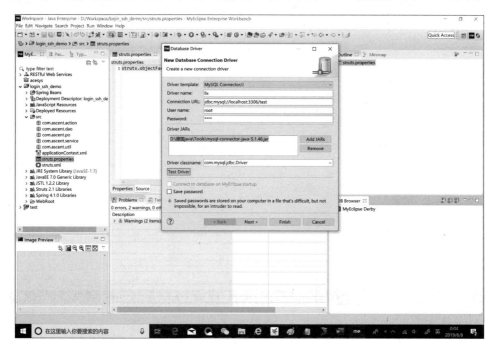

图 5-32 选择和输入各个信息

单击 Next 按钮，如图 5-33 所示。

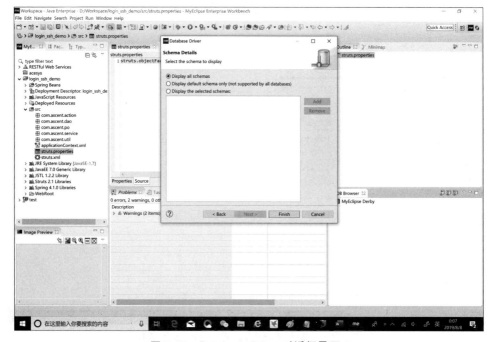

图 5-33 Database Driver 对话框界面 2

单击 Finish 按钮,这时在 DB Browser 中出现了 llx,如图 5-34 所示。

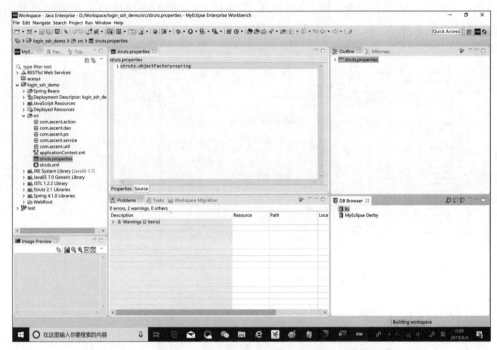

图 5-34　在 DB Browser 中出现了 llx

右击 llx,在快捷菜单中选择 Open Connection 命令,打开 Open Database Connection
对话框,如图 5-35 所示。

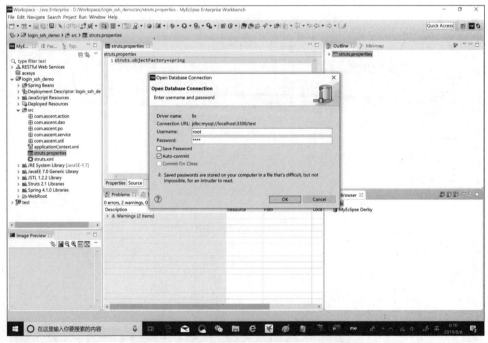

图 5-35　Open Database Connection 对话框

输入密码 root,单击 OK 按钮,然后可以看到 test 数据库下的 usr 表,如图 5-36 所示。

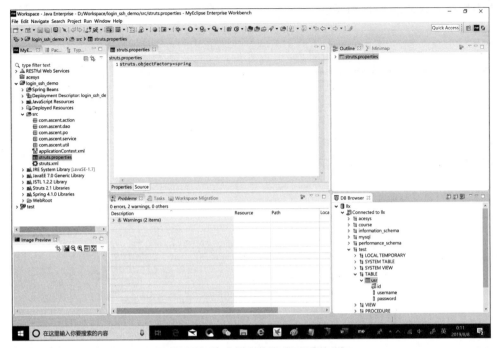

图 5-36　在 test 数据库下出现 usr 表

右击 login_ssh_demo,在快捷菜单中选择 Configure Facets→Install Hibernate Facet 命令,如图 5-37 所示。

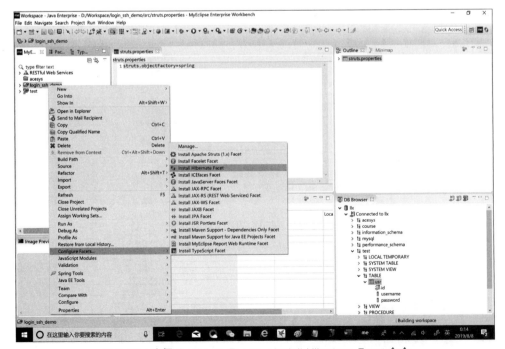

图 5-37　选择 Configure Facets→Install Hibernate Facet 命令

在打开的 Install Hibernate Facet 对话框中，在 Hibernate specification version 下拉列表框中选择 4.1，如图 5-38 所示。

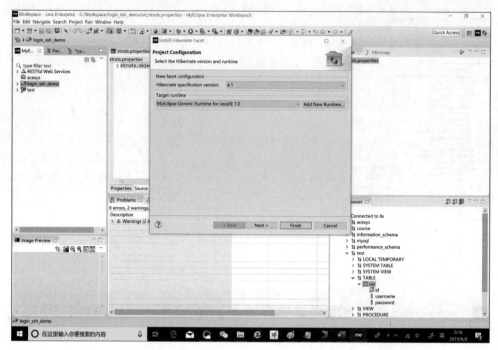

图 5-38　Install Hibernate Facet 对话框界面 1

单击 Next 按钮，如图 5-39 所示。

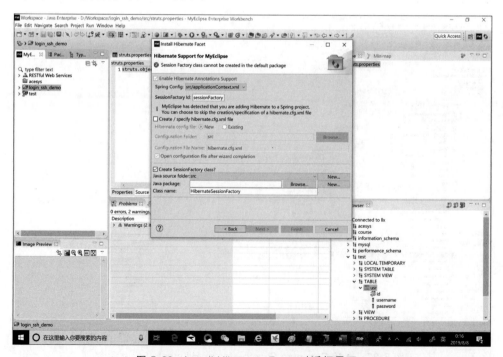

图 5-39　Install Hibernate Facet 对话框界面 2

在 Java package 列表框中选择 com.ascent.util,单击 Next 按钮,如图 5-40 所示。

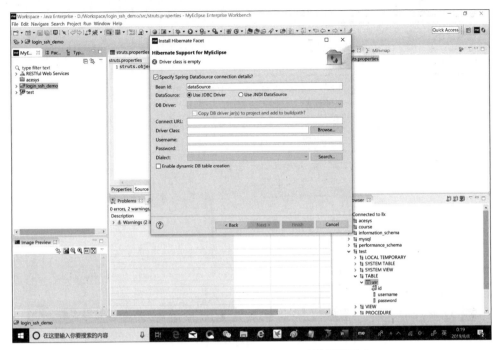

图 5-40　Install Hibernate Facet 对话框界面 3

在 DB Driver 文本框中选择 llx,在 Password 文本框中输入 root,单击 Next 按钮,如图 5-41 所示。

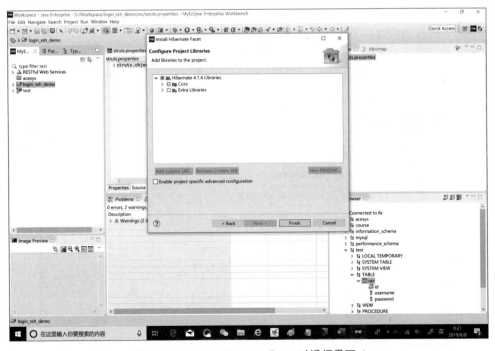

图 5-41　Install Hibernate Facet 对话框界面 4

单击 Finish 按钮。Hibernate Facet 安装完成后的界面如图 5-42 所示。

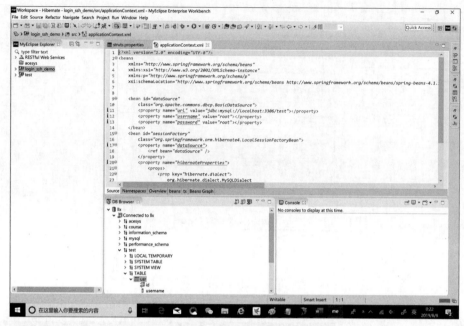

图 5-42　Hibernate Facet 安装完成后的界面

注意：Struts 的 antlr-2.7.2.jar 和 Hibernate 的 antlr-2.7.7.jar 有冲突，必须删除其中一个。

假设 Struts 中的 antlr-2.7.2.jar，在菜单栏中选择 Window→Preferences 命令，打开 Preferences 对话框。在左侧上部的文本框中输入 lib，找到 Project Libraries。在右侧上部的文本框中输入 struts 2，找到 Struts 2.1 Libraries，在其中取消 antlr-2.7.2.jar 复选框中的选中标志，如图 5-43 所示。

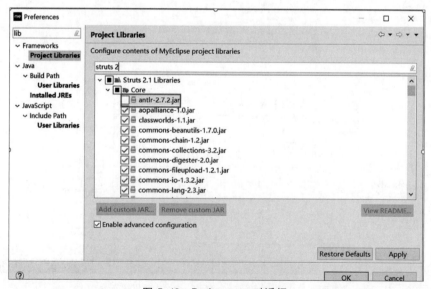

图 5-43　Preferences 对话框

然后打开 applicationContext.xml,可以看到用 Spring 管理 Hibernate 的配置已经完成了,但是还缺少数据库驱动,需要手动添加。

在＜bean id＝"dataSource"＞下新增一个节点,如图 5-44 所示。

```
<property name="driverClassName" value="com.mysql.jdbc.Driver"></property>
```

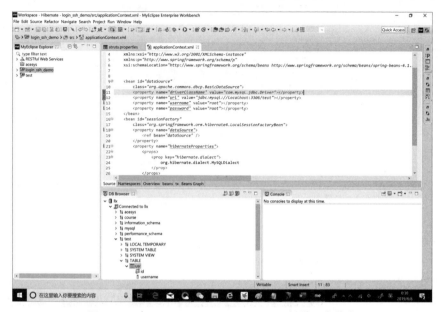

图 5-44   在 <bean id= "dataSource"> 下新增一个节点

(7) 利用 Hibernate 反向工程方法生成 POJO 和映射文件。

选择 DB Browser 中的 usr,右击该表,在快捷菜单中选择 Hibernate Reverse Engineering 命令,如图 5-45 所示。

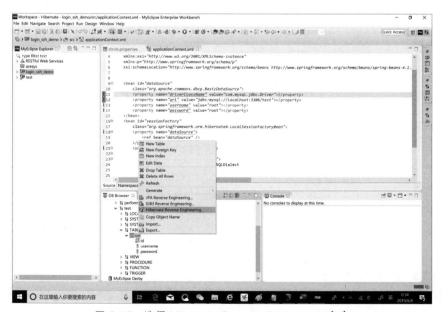

图 5-45   选择 Hibernate Reverse Engineering 命令

在打开的 Hibernate Reverse Engineering 对话框中单击 Next 按钮,在 Java package 文本框右侧单击 Browse 按钮,选择 com.ascent.po,然后选择 Create POJO< >DB Table mapping information 和 Java Data Object(POJO< >DB Table)复选框,如图 5-46 所示。

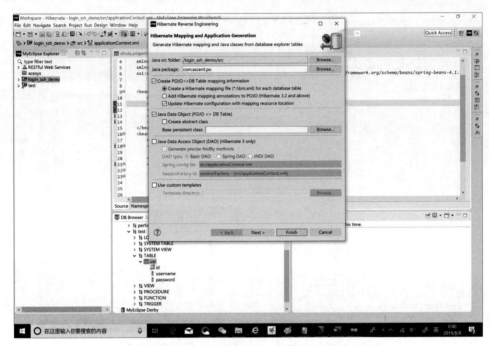

图 5-46　Hibernate Reverse Engineering 对话框界面 1

单击 Next 按钮,在 Id Generator 下拉列表框中选择 native,如图 5-47 所示。

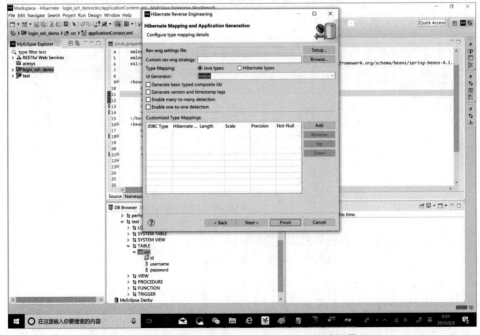

图 5-47　Hibernate Reverse Engineering 对话框界面 2

单击 Finish 按钮，这时在 com.ascent.po 中生成了 Usr.java 和 Usr.hbm.xml，如图 5-48 所示。

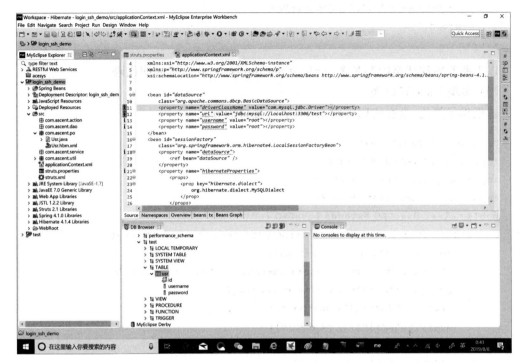

图 5-48　在 com.ascent.po 中生成了 Usr.java 和 Usr.hbm.xml

（8）建立基类 BaseDAO。

使用 BaseDAO 作为基类，其他所有 DAO 都继承自它，这样做的好处是注入 SesseionFactory 只要一次就可以完成了。

```java
package com.ascent.dao;
import org.hibernate.Session;
import org.hibernate.SessionFactory;
public class BaseDAO {
    private SessionFactory sessionFactory;
    public Session getSession(){
        Session session=sessionFactory.openSession();
        return session;
    }
    public SessionFactory getSessionFactory() {
        return sessionFactory;
    }
    public void setSessionFactory(SessionFactory sessionFactory) {
        this.sessionFactory=sessionFactory;
    }
}
```

注册到 Spring 容器中：

```
<bean id="baseDAO" class="com.ascent.dao.BaseDAO">
    <property name="sessionFactory">
        <ref bean="sessionFactory"/>
    </property>
</bean>
```

以下所有的注册指的都是在 applicationContext.xml 中增加的代码。

（9）实现 UserDAO 类。

这里作了简化，没有使用实现 UserDAO 接口的方式。

```
package com.ascent.dao;
import org.hibernate.Query;
import org.hibernate.Session;
import com.ascent.dao.BaseDAO;
public class UserDAO extends BaseDAO {
    public boolean checkUser(String username, String password) {
        Session session=getSession();
        String hql="from Usr where username=? and password=?";
        Query query=session.createQuery(hql);
        query.setString(0, username);
        query.setString(1, password);
            //System.out.println(query.list().size());
        if(query.list().size()>0){
            return true;
        }
        session.close();
        return false;
    }
}
```

注册 UserDAO：

```
<bean id="userDAO" class="com.ascent.dao.UserDAO" parent="baseDAO"/>
```

（10）实现 UserService 类。

这里作了简化，没有使用实现 UserService 接口的方式。

```
package com.ascent.service;
import org.hibernate.Query;
import org.hibernate.Session;
import com.ascent.dao.UserDAO;
public class UserService  {
    private UserDAO userDAO;
    public void setUserDAO(UserDAO userDAO) {
        this.userDAO=userDAO;
    }
    public UserDAO getUserDAO(){
```

```
        return userDAO;
    }
    public boolean login(String username, String password) {
        return userDAO.checkUser(username, password);
    }
}
```

注册 UserService：

```
<bean id="userService" class="com.ascent.service.UserService">
    <property name="userDAO" ref="userDAO"></property>
</bean>
```

（11）创建 Struts 2 的 Login Action 和 JSP 文件。

Login Action 代码如下：

```
package com.ascent.action;
import com.ascent.service.UserService;
import com.opensymphony.xwork2.ActionSupport;
public class LoginAction extends ActionSupport{
    private String username;
    private String password;
    private UserService userService;
    public String execute() throws Exception {
        if(userService.login(username, password)){
            return SUCCESS;
        } else {
            return ERROR;
        }
    }
    public String getUsername() {
        return username;
    }
    public void setUsername(String username) {
        this.username=username;
    }
    public String getPassword() {
        return password;
    }
    public void setPassword(String password) {
        this.password=password;
    }
    public UserService getUserService() {
        return userService;
    }
    public void setUserService(UserService userService) {
        this.userService=userService;
```

```
        }
    }
```

注册 Action 并注入 DAO：

```xml
<bean id="loginAction" class="com.ascent.action.LoginAction">
    <property name="userService" ref="userService"></property>
</bean>
```

struts.xml 如下：

```xml
<?xml version="1.0" encoding="UTF-8" ?>
<!DOCTYPE struts PUBLIC "-//Apache Software Foundation//DTD Struts Configuration
    2.1//EN" "http://struts.apache.org/dtds/struts-2.1.dtd">
<struts>
    <package name="default" extends="struts-default">
        <action name="loginAction" class="loginAction">
            <result name="success">/welcome.jsp</result>
            <result name="error">/error.jsp</result>
        </action>
    </package>
</struts>
```

login.jsp 如下：

```jsp
<%@page language="java" import="java.util.*" pageEncoding="utf-8"%>
<html>
    <head>
        <title>login.jsp</title>
    </head>
    <body>
        <form action="loginAction.action" method="post" >
            User Name <input type="text" name="username"/><br>
            Password <input type="text" name="password"/><br>
            <input type="submit" value="提交"/>
            <input type="reset" value="重置"/>
        </form>
    </body>
</html>
```

welcome.jsp 如下：

```jsp
<%@page language="java" import="java.util.*" pageEncoding="UTF-8"%>
<%
    String path=request.getContextPath();
    String basePath=request.getScheme()+"://"+request.getServerName()+
    ":"+request.getServerPort()+path+"/";
%>
<!DOCTYPE HTML PUBLIC "-//W3C//DTD HTML 4.01 Transitional//EN">
```

```
<html>
    <head>
        <base href="<%=basePath%>">
        <title>My JSP 'welcome.jsp' starting page</title>
        <meta http-equiv="pragma" content="no-cache">
        <meta http-equiv="cache-control" content="no-cache">
        <meta http-equiv="expires" content="0">
        <meta http-equiv="keywords" content="keyword1,keyword2,keyword3">
        <meta http-equiv="description" content="This is my page">
        <!--
        <link rel="stylesheet" type="text/css" href="styles.css">
        -->
    </head>
    <body>
        欢迎您,登录成功!
    </body>
</html>
```

error.jsp 如下:

```
<%@ page language="java" import="java.util.*" pageEncoding="UTF-8"%>
<%
    String path=request.getContextPath();
    String basePath=request.getScheme()+"://"+request.getServerName()+
    ":"+request.getServerPort()+path+"/";
%>
<!DOCTYPE HTML PUBLIC "-//W3C//DTD HTML 4.01 Transitional//EN">
<html>
    <head>
        <base href="<%=basePath%>">
        <title>My JSP 'error.jsp' starting page</title>
        <meta http-equiv="pragma" content="no-cache">
        <meta http-equiv="cache-control" content="no-cache">
        <meta http-equiv="expires" content="0">
        <meta http-equiv="keywords" content="keyword1,keyword2,keyword3">
        <meta http-equiv="description" content="This is my page">
        <!--
        <link rel="stylesheet" type="text/css" href="styles.css">
        -->
    </head>
    <body>
        登录失败!
    </body>
</html>
```

(12) 部署项目,如图 5-49 所示。

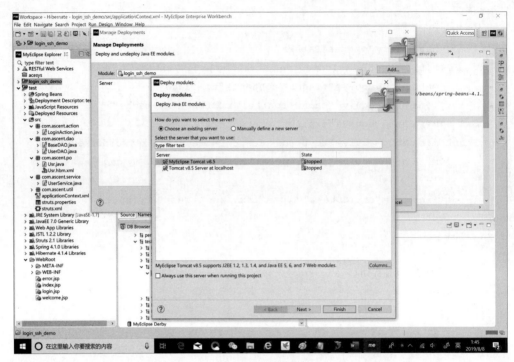

图 5-49 部署项目

部署成功后,在浏览器地址栏中输入 http://localhost:8080/login_ssh_demo/login.jsp。如果输入了正确的用户名和密码(例如 Lixin 和 123456 或者 admin 和 23456),就跳转到登录成功界面;如果输入错误,就跳转到登录失败页面。此时就大功告成了。

最终的 applicationContext.xml 如下:

```xml
<?xml version="1.0" encoding="UTF-8"?>
<beans
    xmlns="http://www.springframework.org/schema/beans"
    xmlns:xsi="http://www.w3.org/2001/XMLSchema-instance"
    xmlns:p="http://www.springframework.org/schema/p"
    xsi:schemaLocation="http://www.springframework.org/schema/beans
    http://www.springframework.org/schema/beans/spring-beans-4.1.xsd
    http://www.springframework.org/schema/tx
    http://www.springframework.org/schema/tx/spring-tx.xsd"
    xmlns:tx="http://www.springframework.org/schema/tx">
    <bean id="dataSource" class="org.apache.commons.dbcp.BasicDataSource">
        <property name="driverClassName" value="com.mysql.jdbc.Driver"></property>
        <property name="url"
            value="jdbc:mysql://localhost:3306/test"></property>
        <property name="username" value="root"></property>
        <property name="password" value="root"></property>
    </bean>
    <bean id="loginAction" class="com.ascent.action.LoginAction">
```

```
        <property name="userService" ref="userService"></property>
    </bean>
    <bean id="userService" class="com.ascent.service.UserService">
        <property name="userDAO" ref="userDAO"></property>
    </bean>
    <bean id="userDAO" class="com.ascent.dao.UserDAO" parent="baseDAO"/>
    <bean id="baseDAO" class="com.ascent.dao.BaseDAO">
        <property name="sessionFactory">
            <ref bean="sessionFactory"/>
        </property>
    </bean>
    <bean id="sessionFactory"
        class="org.springframework.orm.hibernate4.LocalSessionFactoryBean">
        <property name="dataSource">
            <ref bean="dataSource"/>
        </property>
        <property name="hibernateProperties">
            <props>
                <prop key="hibernate.dialect">
                    org.hibernate.dialect.MySQLDialect
                </prop>
            </props>
        </property>
        <property name="mappingResources">
            <list>
                <value>com/ascent/po/Usr.hbm.xml</value></list>
        </property>
    </bean>
    <bean id="transactionManager"
        class="org.springframework.orm.hibernate4.
        HibernateTransactionManager">
        <property name="sessionFactory" ref="sessionFactory"/>
    </bean>
    <tx:annotation-driven transaction-manager="transactionManager"/>
</beans>
```

至此，Struts-Spring-Hibernate 架构已经搭建好了，用户登录模块的实现工作基本完成了。

5.5.5 特别提示

软件实现或编码阶段的目标是：遵循程序开发规范，按照详细设计说明书中数据结构、算法和模块实现等方面的设计，实现目标系统的功能、性能、接口、界面等要求。完成编码阶段后，进入测试环节，以便找出功能和性能方面的缺陷，提高软件系统的质量。

5.5.6 拓展与提高

1. 请参考上面的项目案例,结合架构设计说明书文档,将其他模块的编码工作完成。

2. 上面的项目案例采用的开发工具并不是最新版本,请升级到最新版本并完成相应的编码工作。

1. Web 应用在职责上分为哪几层?

2. 在 Web 应用分层结构中,各层分别会使用哪个框架?

3. 简述 Struts 2 的工作流程。

4. 在 Hibernates 的高层概览(图 5-2)中有哪些对象? 简要描述每个对象。

5. Spring 框架由哪些模块组成? 描述每个模块的功能。

6. 什么是控制反转?

7. AOP 将应用系统分为哪两个部分? 举例说明常见的通用逻辑。

第 **6** 章 软件测试

软件测试是项目开发流程中的一个重要环节,它是质量保证的关键因素。

6.1　软件测试概述

1. 软件测试的意义

软件测试是为了发现错误而执行程序的过程。或者说,软件测试是根据软件开发各个阶段的规格说明书和程序的内部结构而精心设计一批测试用例(即输入数据及其预期结果),并利用这些测试用例去执行程序,以发现程序错误的过程。

无论怎样强调软件测试的重要性和它对软件可靠性的影响都不过分。在开发大型软件系统的漫长过程中,面对着极其错综复杂的问题,人的主观认识不可能完全符合客观现实,与工程密切相关的各类人员之间的通信和配合也不可能完美无缺,因此,在软件生命周期的每个阶段都不可避免地会产生差错。应力求在每个阶段结束之前通过严格的技术审查尽可能早地发现并纠正差错。但是,经验表明,审查并不能发现所有差错,此外,在编码过程中还不可避免地会引入新的错误。如果在软件投入生产性运行之前,没有发现并纠正软件中的大部分差错,则这些差错迟早会在生产过程中暴露出来,那时,不仅改正这些错误的代价更高,而且往往会造成很严重的后果。测试的目的就是在软件投入生产性运行之前尽可能多地发现软件中的错误。目前软件测试仍然是保证软件质量的关键步骤,它是对软件规格说明书、设计和编码的最后复审。在软件生命周期中,有两个阶段要进行软件测试。通常在编写出每个模块之后就对它做必要的测试(称为单元测试),模块的编写者和测试者是同一个人,编码和单元测试属于软件生命周期的同一个阶段。在这个阶段结束之后,对软件系统还应该进行

各种综合测试,这是软件生命周期中的另一个独立的阶段,
通常由专门的测试人员承担这项测试工作。

大量统计资料表明,软件测试的工作量往往占软件开发总工作量的40％以上,在极端情况下,测试关系到人的生命安全的软件所花费的成本可能相当于软件工程其他开发步骤总成本的3~5倍。因此,必须高度重视软件测试工作,绝不要以为写出程序之后软件开发工作就接近完成了,实际上,大约还有同样多的开发工作量需要完成。仅就软件测试这一项工作而言,它的目标是发现软件中的错误;但是,发现错误并不是它的最终目的,从软件工程的整体来看,软件测试的根本目标是开发出高质量的、完全符合用户需要的软件。

2. 软件测试的目的

软件测试的目的如下:

- 发现和确认系统存在问题,而不是验证系统没有问题。
- 确认软件生命周期中的各个阶段的产品是否正确。
- 确认最终交付的产品是否符合用户需求。

也可以这样说,测试的目标是以较少的用例、时间和人力找出软件中潜在的各种错误和缺陷,以确保软件的质量。

测试的准确定义是"为了发现程序中的错误而执行程序的过程"。这和某些人通常想象的"测试是为了表明程序是正确的""成功的测试是没有发现错误的测试"等是完全相反的。正确认识测试的目标是十分重要的,测试目标决定了测试方案的设计。如果为了表明程序是正确的而进行测试,就会设计一些不易暴露错误的测试方案;相反,如果测试是为了发现程序中的错误,就会力求设计出最有可能暴露错误的测试方案。

由于测试的目标是暴露程序中的错误,从心理学角度看,由程序的编写者自己进行测试是不恰当的。因此,在综合测试阶段通常由其他人员组成测试小组来完成测试工作。此外,应该认识到测试不能证明程序是正确的。即使经过了最严格的测试,仍然可能还有没被发现的错误潜藏在程序中。测试只能查找出程序中的错误,不能证明程序中没有错误。

6.2 常用测试技术

1. 静态测试和动态测试

静态测试是指不用执行程序的测试。静态测试主要采取方案评审、代码检查、同行评审、检查单的方法对软件产品进行测试,确认其功能与需求是否一致。

动态测试是通过执行程序找出产品问题的测试。动态测试分为黑盒测试和白盒测试。

1) 黑盒测试

黑盒测试也叫功能测试或数据驱动测试,它是在已知产品所应具有的功能的前提下,通过测试来检测每个功能是否能正常使用。在测试时,把程序看作一个不能打开的黑盒子,在完全不考虑程序内部结构和内部特性的情况下,测试者在程序接口进行测试,只检查程序功能是否能够按照规格说明书的规定正常使用,程序是否能适当地接收输入数据而产生正确的输出信息,并且保持外部信息(如数据库或文件)的完整性。

黑盒测试着眼于程序外部结构,不考虑内部逻辑结构,只针对软件界面和软件功能进

行测试。黑盒测试是穷举输入测试,只有把所有可能的输入都作为测试情况使用,才能查出程序中所有的错误。实际上测试情况往往有无穷多个,人们不仅要测试所有合法的输入,而且还要对那些不合法但是可能的输入进行测试。

黑盒测试有两种基本方法,即通过测试和失败测试。

在进行通过测试时,实际上是确认软件能做什么,而不去考验其能力如何。软件测试人员只使用最简单、最直观的测试案例。

在设计和执行测试案例时,总是先要进行通过测试,在进行破坏性试验之前,看一看软件基本功能是否能够实现。这一点很重要,否则在正常使用软件时就会发现有很多软件缺陷。

在确认软件能够正确运行之后,就可以采取各种手段通过"搞垮"软件来找出缺陷。纯粹为了破坏软件而设计和执行的测试案例被称为失败测试或迫使出错测试。

黑盒测试不仅应用于开发阶段,在产品测试阶段及维护阶段更是必不可少。黑盒测试主要用于软件确认测试。

黑盒测试方法主要有以下几种:

- 等价类划分。
- 边值分析。
- 因果图。
- 错误推测。
- 正交实验设计法。
- 判定表驱动法。

2)白盒测试

白盒测试也称结构测试或逻辑驱动测试,它是在知道产品内部工作过程的前提下,通过测试来检测产品内部动作是否按照规格说明书的规定正常进行,按照程序内部的结构测试程序,检验程序中的每条通路是否都能按预定要求正确工作,而不必考虑它的功能。

使用被测单元内部如何工作的信息,测试人员可以针对程序内部逻辑结构及有关信息来设计和选择测试用例,对程序的逻辑路径进行测试。基于一个应用代码的内部逻辑信息,测试可以覆盖全部代码、分支、路径和条件。

白盒测试的主要目的如下:

- 保证一个模块中的所有独立路径至少被执行一次。
- 对所有的逻辑值均需要测试真、假两个分支。
- 在上下边界及可操作范围内运行所有循环。
- 检查内部数据结构以确保其有效性。

在开发阶段,要保证产品的质量,产品的生产过程应该遵循一定的行业标准。软件产品也是同样,没有标准可依自然谈不上质量的好坏。所有关心软件开发质量的组织机构都要定义或了解软件的质量标准、模型。其好处是保证组织机构实践的均匀性,产品的可维护性、可靠性以及可移植性等。

在测试阶段,与软件产品的开发过程一样,也需要有一定的准则来指导、度量、评价软件测试过程的质量。

白盒测试的实施方案如下。

(1) 定义测试准则。

为控制测试的有效性以及完成程度,必须定义测试准则,以判断何时结束测试。准则必须是客观的、可量化的元素,而不能是经验或感觉。

根据应用的准则和项目相关的约束,项目负责人可以定义使用的度量方法和要达到的覆盖率。

(2) 度量测试的有效性和完整性。

利用每个测试的测试覆盖信息和累计信息计算覆盖比率并用图形方式显示,并根据测试运行情况实时更新,随时显示新的测试的覆盖情况。

对所有测试依据其有效性进行管理,这样可以减少不适用于非回归测试的测试过程。

(3) 优化测试过程。

在测试阶段的第一步执行的测试是功能性测试,其目的是检查所期望的功能是否已经实现。在测试的初期,覆盖率迅速增加。正常的测试工作一般能达到 70% 的覆盖率,但是,此时要再提高覆盖率是十分困难的,因为新的测试往往覆盖了相同的测试路径。在该阶段需要对测试策略做一些改变,从功能性测试转向结构化测试。也就是说,针对没有执行过的路径,构造适当的测试用例来覆盖这些路径。

在测试期间,应及时地调整测试策略,并检查分析关键因素,以提高测试效率。

2. 基于测试的基本过程划分的 5 种测试

测试的基本过程如图 6-1 所示。

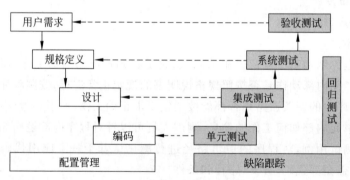

图 6-1 测试的基本过程

根据测试的基本过程,可以将测试分为以下 5 种:

(1) 单元测试。是对最小软件开发单元的测试,重点测试程序的内部结构,主要使用白盒测试方法,由开发人员负责。

(2) 集成测试。将各个模块以增量的方法集成在一起测试,遵守从简单到复杂、从模块到逐步集成的测试原则。集成测试一般由独立测试组织(Independent Test Group,ITG)负责,测试依据是需求规约和设计文档。

(3) 系统测试。是将软件系统与硬件环境、网络环境等集成在一起进行测试。系统测试往往在产品发布后的实际运行环境中进行,与各系统负责人一起对测试结果进行记录并签字确认。

(4) 验收测试。由最终用户参与,确认是否满足需求。

（5）回归测试。这种测试的目的是在每次维护后保证新的软件模块能够按照预期工作，同时保证新的模块不会破坏旧的模块，旧的模块依旧能够正常工作。

在测试过程中，工具的使用是必要的。接下来介绍两个常用测试工具，即 JUnit 和 JMeter。

6.3 JUnit

JUnit 是基于面向对象技术构建的 Java 单元测试框架。JUnit 是开源项目，可按需要进行扩展。

6.3.1 安装 JUnit

首先获取 JUnit 的软件包，可以从 http://www.junit.org 下载最新的软件包。

然后将软件包在适当的目录下解包。这样，在安装目录下就会出现名为 junit.jar 的文件，将这个 jar 文件加入 CLASSPATH 系统变量中。

6.3.2 JUnit 测试流程

（1）扩展 TestCase 类。对每个测试目标类，都要定义一个测试用例类。

（2）针对测试目标类编写 testXXX 方法。

以 ChangeHtmlCode 为测试目标类，创建 ChangeHtmlCodeTest.java 测试类，代码如下：

```
package com.ascent.util;
import junit.framework.*;
public class ChangeHtmlCodeTest extends TestCase {
    private ChangeHtmlCode cs1;
    public ChangeHtmlCodeTest(){
        super();
    }
    protected void setUp() {
        cs1=new ChangeHtmlCode();
    }
    public void testYYReplace(){
        String str="Welcome to BeiJing.";
        str=cs1.YYReplace(str,"e","8");
        String str1="W8lcom8 to B8iJing.";
        Assert.assertEquals(str, str1);
    }
    public void testHTMLEncode(){
        String str="<测试>";
        str=cs1.HTMLEncode(str);
        String str1="&lt;测试 &gt;";
        Assert.assertEquals(str, str1);
    }
}
```

如果需要在一个或若干个类中执行多个测试,这些类就称为测试的上下文(context)。在 JUnit 中被称为 Fixture。在编写测试代码时,需要花费很多时间配置和初始化相关测试的 Fixture。将配置 Fixture 的代码放入测试类的构造方法中并不可取,因为要求执行多个测试,不允许某个测试的结果意外地影响其他测试的结果。通常,若干个测试会使用相同的 Fixture,而每个测试再根据需要进行一定的修改。

为此,JUnit 提供了两个方法,定义在 TestCase 类中:

```
protected void setUp() throws java.lang.Exception
protected void tearDown() throws java.lang.Exception
```

覆盖 setUp 方法,初始化所有测试的 Fixture,如建立数据库连接,在 testXXX 方法中对每个测试略有不同的地方进行配置。

覆盖 tearDown 方法,释放在 setUp 方法中分配的永久性资源,如数据库连接。

当 JUnit 执行测试时,它在执行每个 testXXX 方法前都调用 setUp 方法,而在执行每个 testXXX 方法后都调用 tearDown 方法,由此保证了测试不会相互影响。

例如,执行 ChangeHtmlCodeTest.java 测试类,如图 6-2 所示。

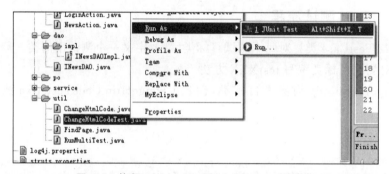

图 6-2　执行 ChangeHtmlCodeTest.java 测试类

执行结果如图 6-3 所示。

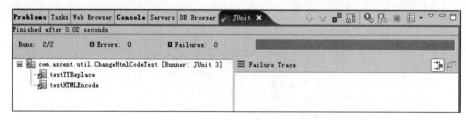

图 6-3　执行 ChangeHtmlCodeTest.java 测试类后的结果

(3) 扩展 TestSuite 类,重载 suite 方法,实现自定义的测试过程。

一旦创建了一些测试实例,下一步就是要让它们能一起运行。必须定义一个 TestSuite 类。在 JUnit 中,这就要求在 TestCase 类中定义一个静态的 suite 方法。suite 方法就像 main 方法一样,JUnit 用它来执行测试。在 suite 方法中,将测试实例加到一个 TestSuite 类的对象中,并返回这个 TestSuite 类的对象。一个 TestSuite 类的对象可以运行一组测试。

TestSuite 类和 TestCase 类都实现了 Test 接口,而 Test 接口定义了运行测试所需的方法。这样就可以用 TestCase 类和 TestSuite 类的组合创建一个新的 TestSuite 类。代码如下:

```
import junit.framework.Test;
import junit.framework.TestCase;
import junit.framework.TestSuite;
public class RunMultiTest extends TestCase {
    public static Test suite() {
        TestSuite suite=new TestSuite("Test for acesys");
        //$JUnit-BEGIN$
        //添加 ChangeHtmlCodeTest 测试类
        suite.addTestSuite(ChangeHtmlCodeTest.class);
        //这里还可以添加其他测试类
        //$Junit-END$
        return suite;
    }
}
```

(4) 运行 TestRunner 进行测试。

有了 TestSuite,就可以运行这些测试了。运行 TestSuite 测试的同时就执行了添加的所有测试类的测试。

运行 RunMultiTest,如图 6-4 所示。

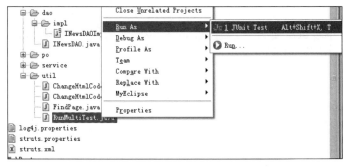

图 6-4　运行 RunMultiTest

运行结果如图 6-5 所示。

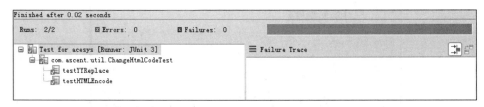

图 6-5　运行结果

6.3.3　Eclipse 与 JUnit

Eclipse 集成了 JUnit,可以非常方便地编写和运行 TestCase,具体步骤如下。

选择要测试的类,这里以项目中的 ChangeHtmlCode.java 为例,右击该类,在快捷菜单中选择 New→Other 命令,如图 6-6 所示,出现如图 6-7 所示的 New 对话框。

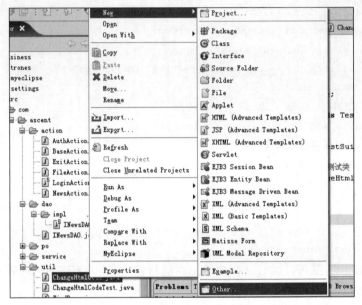

图 6-6　选择 New→Other 命令

图 6-7　New 对话框

选择 JUnit Test Case，单击 Next 按钮，出现如图 6-8 所示的对话框。

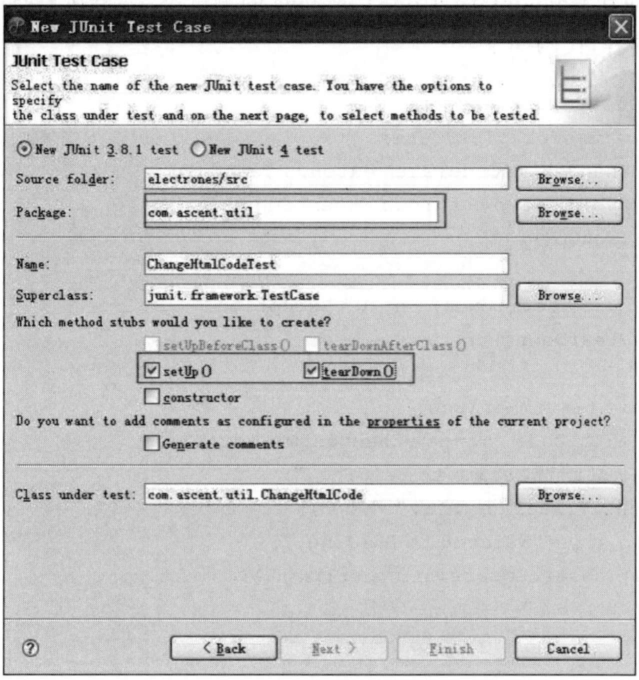

图 6-8 New Junit Test Case 对话框界面 1

选择创建位置，选择 setUp()和 tearDown()复选框，单击 Next 按钮，出现如图 6-9 所示的对话框。

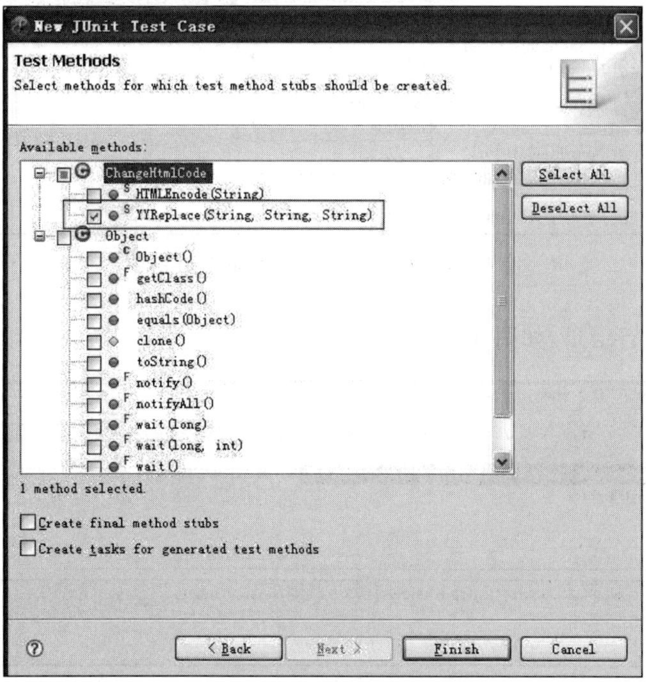

图 6-9 New Junit Test Case 对话框界面 2

选择被测试的方法，这里选择 YYReplace(String,String,String)，单击 Finish 按钮。Eclipse 生成一个叫作 ChangeHtmlCodeTest.java 的测试类，需要在 testYYReplace 方法中输入具体的测试内容，代码如下：

```java
import junit.framework.Assert;
import junit.framework.TestCase;
public class ChangeHtmlCodeTest1 extends TestCase {
    protected void setUp() throws Exception {
        super.setUp();
    }
    protected void tearDown() throws Exception {
        super.tearDown();
    }
    public void testYYReplace() {
        ChangeHtmlCode chc=new ChangeHtmlCode();
        String str="Welcome to BeiJing.";
        str=chc.YYReplace(str,"e","8");
        String str1="W8lcom8 to B8iJing.";
        Assert.assertEquals(str, str1);
    }
}
```

然后准备运行测试类，选择 ChangeHtmlCodeTest.java，右击该项，在快捷菜单中选择 Run As→JUnit Test 命令，如图 6-10 所示。

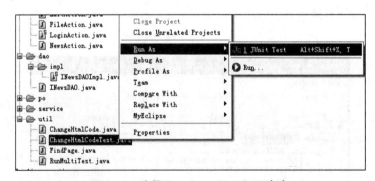

图 6-10　选择 Run As→JUnit Test 命令

JUnit 显示运行结果，如图 6-11 所示。

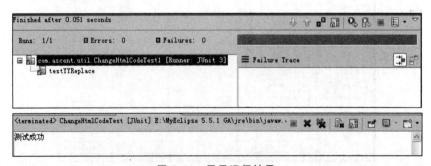

图 6-11　显示运行结果

6.4　JMeter

本节介绍使用 JMeter 工具进行压力测试的方法。

6.4.1　JMeter 简介

对于互联网应用,可扩展性(scalability)是一个重要的性能指标。JMeter 是 Apache 组织的开放源代码项目,是功能和性能测试工具,完全用 Java 实现。可以到 http://jmeter.apache.org/index.html 下载源代码并查看相关文档。

JMeter 可以用于测试静态或者动态资源的性能(文件、Servlet、Perl 脚本、Java 对象、数据库和查询、FTP 服务器或其他资源)。JMeter 用于模拟在服务器、网络或者其他对象上附加的高负载,以测试它们提供服务的受压能力,或者分析它们提供的服务在不同负载条件下的总体性能情况。可以用 JMeter 提供的图形化界面分析性能指标,或在高负载情况下测试服务器、脚本、对象的行为。

6.4.2　JMeter 测试流程

1. 安装并启动 JMeter

首先下载 JMeter 的发行(release)版本,然后将下载的.zip 文件解压缩到指定文件夹中(后面将使用%JMeter%来表示这个文件夹)。接下来,使用%JMeter%/bin 文件夹下面的批处理文件 jmeter.bat 来启动 JMeter 的可视化界面,下面的工作都将在这个可视化界面上进行操作。图 6-12 是 JMeter 的可视化界面。

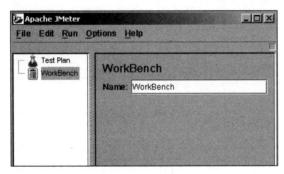

图 6-12　JMeter 可视化界面

2. 建立测试计划

测试计划(test plan)描述了执行测试过程中 JMeter 的执行过程和步骤。一个完整的测试计划包括一个或者多个线程组(thread group)、逻辑控制(logic controller)、实例产生控制器(sample generating controller)、侦听器(listener)、定时器(timer)、比较(assertion)和配置元素(config element)。打开 JMeter 时,它自动建立一个默认的测试计划,一个 JMeter 应用的实例只能建立或者打开一个测试计划。

3. 增加负载信息设置

现在,开始填充测试计划的内容,这个测试计划向一个 JSP 文件发出请求。下面介绍详细的操作步骤。

在这一步,将向测试计划中增加相关负载的设置。需要模拟 5 个请求者,每个请求者在测试过程中连续请求两次,步骤如下。

(1) 选择可视化界面左侧树状结构中的 Test Plan 节点,右击该节点,在快捷菜单中选择 Add→Threads(Users)→Thread Group 命令,界面右侧将会出现设置信息框。

(2) Thread Group 有 3 个和负载信息相关的参数:

* Number of Threads:发送请求的用户数目。
* Ramp-Up Period:每个用户发送请求的间隔,单位是秒。例如,发送请求的用户数目是 5,而本参数是 10s,那么相邻请求之间的间隔就是 10s/5,也就是 2s。
* Loop Count:请求发生的重复次数。如果选择文本框后面的 Forever 复选框(默认),那么请求将一直继续;如果不选择 Forever 复选框,而在文本框中输入数字,那么请求将重复指定的次数;如果输入 0,那么请求将执行一次。

根据项目中的设计,将 Number of Threads 设置为 5,Ramp-Up Period 设置为 0(也就是同时并发请求),不选择 Forever 复选框,在 Loop Count 文本框中输入 2,如图 6-13 所示。

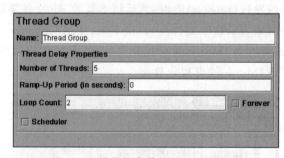

图 6-13 设置好参数的 Thread Group

4. 增加默认 HTTP 请求属性

实际的测试工作往往是针对同一个服务器上的 Web 应用展开的,所以 JMeter 提供了默认 HTTP 请求属性设置,在默认 HTTP 请求属性中设置被测试服务器的相关属性,以后的 HTTP 请求属性设置中就可以忽略这些相同参数的设置,减少输入设置参数的时间。可以通过下面的步骤来设置默认 HTTP 请求属性。

(1) 选择可视化界面左侧树状结构中的 Test Plan 节点,右击该节点,在快捷菜单中选择 Add→Config Element→HTTP Request Defaults 命令,界面右侧将会出现设置信息框。

(2) 默认 HTTP 请求属性的主要参数如下:

* Protocol:发送测试请求时使用的协议。
* Server Name or IP:被测试服务器的名字或者 IP 地址。
* Path:默认的起始位置。例如,将 Path 设置为/bookstoressh,那么所有的 HTTP 请求的 URL 中都将增加/bookstoressh 路径。

- Port Number：服务器提供服务的端口号。

本测试计划将针对本机的 Web 服务器上的 Web 应用进行测试，所以 Protocol 应该是 http。IP 地址使用 localhost。假定不设置这个 Web 应用发布的 Context 路径，所以这里的 Path 项为空。因为使用 Tomcat 服务器，所以 Port Number 是 8080。完成的设置如图 6-14 所示。

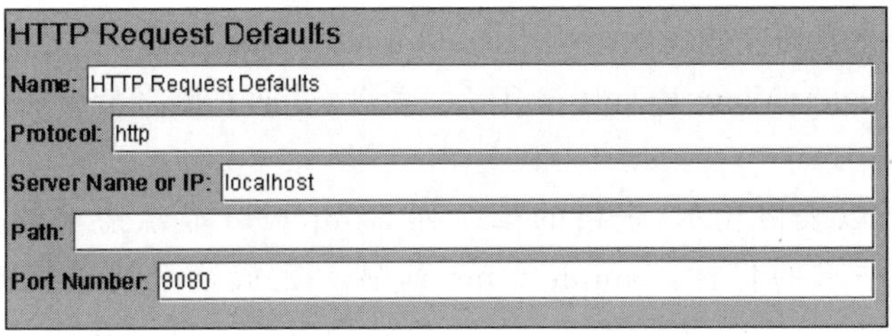

图 6-14　测试计划中使用的默认 HTTP 请求参数

5. 添加 HTTP 请求

现在需要增加 HTTP 请求，这也是测试内容的主体部分。可以通过下面的步骤来添加 HTTP 请求。

（1）选择可视化界面左侧树状结构中的 Thread Group 节点，右击该节点，在快捷菜单中选择 Add→Sampler→HTTP Request 命令，界面右侧将会出现设置信息框。

（2）这里的参数和上面介绍的默认 HTTP 请求属性差不多，增加的属性中有发送 HTTP 时方法的选择，可以选择 get 或者 post。

现在添加一个 HTTP 请求，它用来访问 http://localhost:8080/electrones/index.jsp。因为前面已经设置了默认 HTTP 请求属性，所以这里和默认 HTTP 请求属性相同的属性无须重复设置。设置完成后如图 6-15 所示。

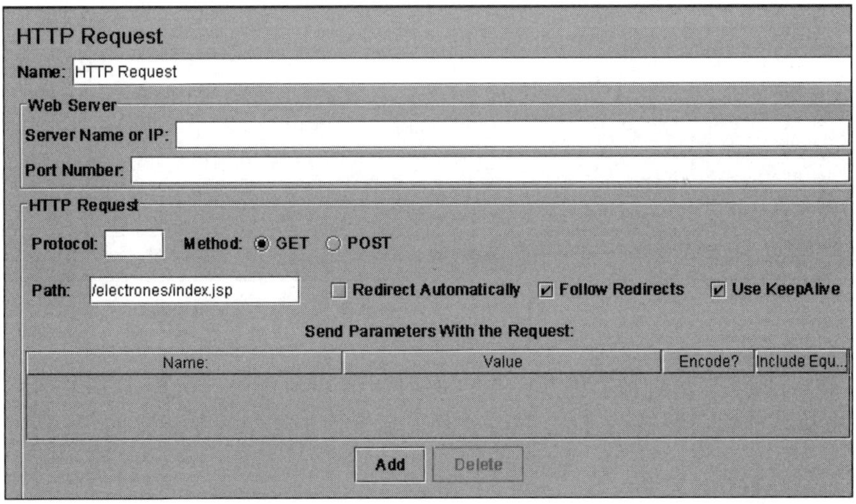

图 6-15　设置好的 HTTP 请求

6. 添加 Listener

添加 Listener 是为了记录测试信息并可以使用 JMeter 提供的可视化界面查看测试结果，其中有多种结果显示方式可供选择，可以根据自己习惯的分析方式选择不同的结果显示方式，这里使用表格的形式来查看和分析测试结果。可以通过下面的步骤添加 Listener。

（1）选择可视化界面左侧树状结构中的 Thread Group 节点，右击该节点，在快捷菜单中选择 Add→Listener→View Result in Table 命令，界面右侧将会出现设置信息和结果显示框。

（2）测试结果以表格显示，表格的第一列 SampleNo 显示请求执行的顺序和编号，URL 列显示发送请求的目标，Sample‐ms 列显示完成这个请求耗费的时间，最后的 Success? 列显示该请求是否成功执行。在结果的最下面还可以看到一些统计信息，其中最重要的是 Average，也就是响应的平均时间。

7. 开始执行测试计划

现在就可以通过选择菜单 Run→Start 命令开始执行测试计划了。图 6-16 是执行该测试计划的结果。

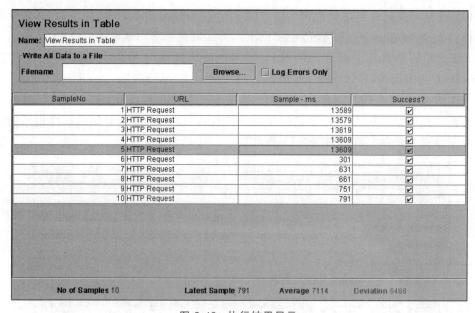

图 6-16　执行结果显示

可以看到，前 5 次执行请求的几个很大的时间值均来自第一次的 JSP 请求，这是由于 JSP 文件在执行前都需要被编译成.class 文件。后 5 次的结果才是正常的。

6.4.3　JMeter 总结

JMeter 用于进行功能或者性能测试。利用 JMeter 可以可视化地制订测试计划，包括规定使用什么样的负载，测试哪些内容，传入哪些参数等。同时，它提供了多种图形化的测试结果显示方式，使用户能够简单地开始测试工作和分析测试结果。

6.5 项目案例

6.5.1 学习目标

（1）理解软件测试的意义和目的。

（2）理解测试用例的编写和常用测试技术。

6.5.2 案例描述

本案例介绍软件测试的基本步骤和测试说明书的格式。

6.5.3 案例要点

编写测试说明书的基本步骤是：首先了解项目背景，然后确定测试计划，接下来设计测试用例，最后完成测试内容，并填写测试结果。

6.5.4 案例实施[①]

测试说明书

1 引言

1.1 编写目的

本文档依据用户需求确定测试计划，设计测试用例，以供对软件进行系统级测试。预期的读者有需求提供者、项目负责人、分析/设计/开发/测试人员等。

1.2 背景

说明：

- 测试所从属的开发项目为 eGov 电子政务系统。
- 该开发项目已经完成编码和部分单元测试，接下来由软件测试工程师进行功能测试。

1.3 定义

无

1.4 参考资料

无

2 计划

2.1 软件说明

被测软件的功能、输入和输出等指标请参考《eGov 电子政务系统需求规格说明书》。

---

① 本节内容按照测试说明书的格式要求，标题和图表均独立编号。

2.2 测试重点

本测试的重点是功能测试,包括模块功能测试、接口正确性测试、数据存取测试等。非功能测试(质量目标等)不在本文档范围内。

2.3 测试内容

本测试的参与者为软件测试工程师,测试内容包括系统管理和内容管理。

2.3.1 进度安排

测试的总周期为 20 个工作日,包括熟悉环境、人员培训、准备输入数据、各项测试过程等环节。

2.3.2 条件

本测试的环境如下:

- 操作系统:Windows Server 2003 以上。
- 应用服务器:Tomcat 5.5 以上。
- 数据库:MySQL 5.0 以上。
- 客户端:IE 6.0 以上。

2.3.3 测试资料

本测试所需的资料如下:

(1) 有关本项任务的文件。

(2) 被测试程序及其所在的介质。

(3) 测试的输入和输出举例。

(4) 有关控制本测试的方法、过程的图表。

2.3.4 测试培训

关于被测试软件的使用的培训计划见相关文档。

3 测试设计说明

根据需求分析文档,设计测试用例,填写预期结果。在测试时,填写实际结果。

测试用例名称	系统管理	被测子系统名	用户登录管理
序号	测试用例描述		
01	测试目的		
	输入数据	用户名 密码	
	预期结果	用户名和密码都正确,在首页登录框位置显示用户信息 用户名和密码有一个错误,在首页登录框位置提示错误信息	
	测试结果描述	结果相符	
	测试人员	×××	
	备注		

测试用例名称	系统管理	被测子系统名		栏目权限设置
序号	测试用例描述			
02	测试目的			
	输入数据	查找人员 向栏目中添加人员 从栏目中删除人员		
	预期结果	显示当前栏目的权限分配给哪些人		
	测试结果描述	结果相符		
	测试人员	×××		
	备注			

测试用例名称	内容管理	被测子系统名		新闻修改
序号	测试用例描述			
03	测试目的			
	输入数据	输入标题 输入内容 保存		
	预期结果	返回当前用户发布新闻的页面,修改后的新闻添加到待审新闻页面		
	测试结果描述	结果相符		
	测试人员	×××		
	备注			

测试用例名称	内容管理	被测子系统名		新闻审核
序号	测试用例描述			
04	测试目的			
	输入数据	输入审核意见 是否通过 保存		
	预期结果	返回待审新闻页面,已审核的新闻不再显示		
	测试结果描述	结果相符		
	测试人员	×××		
	备注			

测试用例名称	内容管理	被测子系统名		新闻发布
序号	测试用例描述			
05	测试目的	检查功能是否与需求相符		
	输入数据	新闻审核通过		
	预期结果	返回新闻管理页面,通过审核的新闻添加到新闻页面		
	测试结果描述	结果相符		
	测试人员	×××		
	备注			

......

6.5.5 特别提示

软件测试是根据软件开发各个阶段的规格说明书和程序的内部结构精心设计一批测试用例(即输入数据及预期结果),并利用这些测试用例执行程序,以发现程序错误的过程。

软件测试的工作量往往占软件开发总工作量的 40% 以上。必须高度重视软件测试工作。

6.5.6 拓展与提高

请参考本案例,结合软件需求规格说明书,完成其他模块的测试工作。

1. 什么是软件测试?
2. 测试的目的是什么?
3. 什么是静态测试?
4. 什么是黑盒测试?
5. 什么是白盒测试?
6. 根据测试的基本过程可以将测试分为哪 5 类? 请给出具体描述。

当软件开发基本完成并经过各级测试验证了质量之后,就进入软件部署环节了。

7.1 软件部署概述

1. 软件部署简介

软件虽然开发完成了,但在交付到用户手中之前还有不少工作要做,因为用户最终希望得到的是一套正常运转的软件系统。软件部署环节就是负责将软件项目本身,包括代码、配置文件、用户手册、帮助文档等进行收集、打包、安装、配置、发布。

在信息产业高速发展的今天,软件部署工作越来越重要。随着业务需求日益变得复杂,企业迫切需要完整的分布式解决方案,以管理复杂的异构环境,实现不同硬件设备、软件系统、网络环境及数据库系统之间的完整集成。据Standish Group 的统计,在软件缺陷所造成的损失中,相当大的部分是由于部署失败,可见软件部署工作的重要意义。软件部署存在着风险,这是由于以下原因造成的:应用软件越来越复杂,包括许多构件、版本和变种;应用发展很快,相继的两个版本的间隔很短;环境具有不确定性;构件的来源多样化;等等。

2. 软件部署背景知识

在软件部署过程中,需要了解一些常见的应用系统物理架构技术。接下来介绍相关背景知识。

1) 多层分布式应用架构

20 世纪 90 年代后期出现了分布式对象技术,应用程序可以分布在不同的系统平台上,通过分布式技术实现异构平台间对象的相互通信。将企业已有系统集成于分布式系统上,可以极大地提高企业应用系统的扩展性。20 世纪 90 年代末出现的多层分布式应用为企业进一步简化应用系统的开发指明了方向。

在传统的客户/服务器结构中,应用程序逻辑通常分布在客户端和服务器端,客户端发出数据资源访问请求,服务器端将结果返回客户端。客户/服务器结构的缺陷是:当客户端数目激增时,服务器端的性能将会因为无法进行负载平衡而大大下降。而一旦应用的需求发生变化,客户端和服务器端的应用程序都需要修改,这样就给应用的维护和升级带来了极大的不便,而且大量数据的传输也增加了网络的负载。为了解决客户/服务器结构存在的问题,企业开始向多层分布式应用架构转变。

在多层分布式应用中,客户端和服务器端之间可以加入一层或多层应用服务程序,这种程序称为应用服务器或 Web 服务器。开发人员可以将企业应用的商业逻辑放在中间层服务器上,而不是放在客户端,从而将应用的业务逻辑与用户界面隔离开,在保证客户端功能的前提下,为用户提供一个瘦(thin)界面。这意味着,如果需要修改应用程序代码,则可以只在一处(中间层服务器上)修改,而不用修改成千上万的客户端应用程序。从而使开发人员可以专注于应用系统核心业务逻辑的分析、设计和开发,这样就简化了企业系统的开发、更新和升级工作,极大地增强了企业应用的伸缩性和灵活性。多层分布式应用架构如图 7-1 所示。

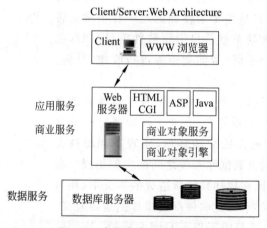

图 7-1　多层分布式应用架构

2) 负载均衡系统

在分布式架构中,经常使用负载均衡系统,它是高可用网络基础架构的一个关键组成部分。有了负载均衡系统,就可以同时部署多台服务器,然后通过负载均衡系统将用户的请求分发到不同的服务器,以便提高应用、数据库或其他服务的性能以及可靠性。负载均衡不是新事物,这种思想在多核 CPU 时代就有了,只不过在分布式系统中,负载均衡是无处不在的,这是分布式系统的天然特性决定的。分布式就是利用大量计算机节点完成单个计算机无法完成的计算、存储服务,既然有大量计算机节点,那么均衡的调度就非常重要了。负载均衡系统分为硬件和软件两种。硬件负载均衡系统效率高,但是价格贵,例如 F5 等。软件负载均衡系统价格较低或者免费,效率较硬件负载均衡系统低,不过对于流量一般或者不是特别大的应用来讲也足够使用,例如 LVS、NGINX。大多数应用系统都是硬件、软件负载均衡系统并用。负载均衡系统架构如图 7-2 所示。

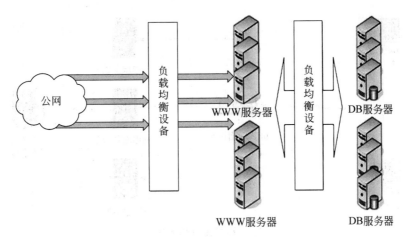

图 7-2　负载均衡系统架构

3）服务器集群

服务器集群（server cluster）就是指将很多服务器集中起来，一起向客户端提供同一种服务，在客户端看来就像是只有一台服务器。集群可以利用多台计算机进行并行计算，从而获得很高的计算速度，也可以用多台计算机作为备份，从而使得在任何一个机器出现故障时，整个系统仍然能正常运行。一旦在一台服务器上安装并运行了集群服务，该服务器即可加入集群。集群化操作可以减少单点故障数量，并且实现了集群化资源的高可用性。

服务器集群的优势如下：

（1）集群系统可解决服务器硬件故障带来的问题。当某一台服务器出现任何故障（如硬盘、内存、CPU、主板、I/O 板以及电源故障）时，运行在这台服务器上的应用就会切换到其他的服务器上。

（2）集群系统可解决软件系统问题。在计算机系统中，用户所使用的是应用程序和数据，而应用系统运行在操作系统上，操作系统又运行在服务器上。这样，只要应用系统、操作系统、服务器中的任何一个出现故障，系统实际上就停止了向客户端提供服务。而集群系统的最大优势在于对故障服务器的监控是基于应用的，也就是说，只要服务器的应用停止运行，其他的相关服务器就会接管这个应用，而不必理会应用停止运行的原因是什么。

（3）集群系统可以解决人为失误造成的应用系统停止工作的情况。例如，管理员对某台服务器操作不当，导致该服务器停机，此时运行在这台服务器上的应用系统也就停止了运行。由于集群是基于应用对服务器进行监控的，因此其他的相关服务器就会接管这个应用。

服务器集群系统架构如图 7-3 所示。

4）数据库集群系统

由于应用系统前端采用了负载均衡的服务器集群结构，提高了服务的有效性和扩展性，因此数据库必须也是高可靠的，才能保证整个服务体系的质量。如何构建一个高可靠的、可以提供大规模并发处理的数据库体系？可以采用数据库集群系统方案：

（1）考虑到数据库读操作和写操作的区别，可以对数据库进行优化，提供专用的读数据库和写数据库，在应用程序中实现读操作和写操作分别访问不同的数据库。

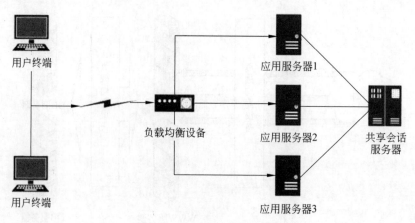

图 7-3　服务器集群系统架构

（2）使用数据库复制机制实现快速将主库（写数据库）的数据库复制到从库（读数据库）。一个主库对应多个从库，主库数据实时同步到从库。

（3）写数据库服务器有多台，每台都可以供多个应用共同使用，这样可以解决写数据库的性能瓶颈问题和单点故障问题。

（4）读数据库服务器有多台，通过负载均衡设备实现负载均衡，从而达到读数据库的高性能、高可靠性和高可扩展性。

数据库集群系统架构如图 7-4 所示。

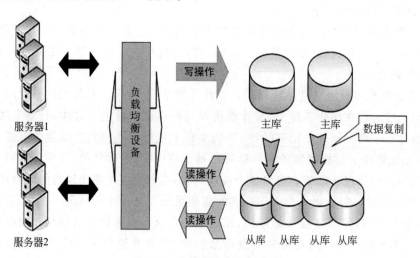

图 7-4　数据库集群系统架构

5）分布式存储系统

分布式应用系统部署中的存储需求有下面两个特点：

（1）存储量很大，经常会达到单台服务器无法提供的规模，因此需要专业的大规模存储系统。

（2）负载均衡集群中的每个节点都有可能访问任何一个数据对象，每个节点对数据的处理也能被其他节点共享，因此这些节点要操作的数据从逻辑上看只能是一个整体，不是各自独立的数据资源。

　　因此,高性能的分布式存储系统对于大型应用来说是非常重要的一环。分布式存储系统是将数据分散存储在多台独立的设备上的存储系统。传统的网络存储系统采用集中的存储服务器存放所有数据,存储服务器成为系统性能的瓶颈,也是可靠性和安全性的焦点,不能满足大规模存储应用的需要。分布式网络存储系统采用可扩展的系统结构,利用多台存储服务器分担存储负荷,利用位置服务器定位存储信息,这样不但提高了系统的可靠性、可用性和存取效率,还易于扩展。分布式存储系统架构如图 7-5 所示。

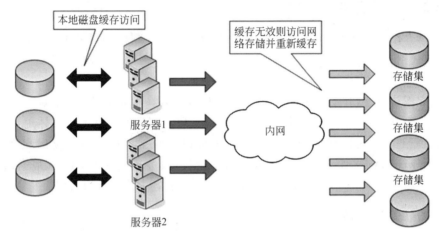

图 7-5　分布式存储系统架构

3. 软件部署步骤

软件部署的验证和实施过程一般包括如下步骤:

（1）开发试验性系统（构建网络和硬件基础结构,安装和配置相关的软件）。

（2）根据测试计划/设计执行安装测试、功能测试、性能测试和负载测试。

（3）测试通过后,开始规划原型系统。

（4）完成原型系统的网络构建、软硬件的安装和配置。

（5）完成数据备份或做好可以恢复的准备。

（6）将数据从现有应用程序迁移到当前解决方案。

（7）根据培训规划培训参与软件部署的管理员和用户。

（8）完成所有的部署任务。

在上述过程中,保证系统和用户数据不丢失是非常重要的。数据比系统更为重要。

试验性部署测试和原型部署测试的目的是在测试条件下确定部署是否既能满足系统要求又可实现业务目标。理想情况下,功能性测试可以模拟各种部署方案以完成测试用例的执行,并且定义相应的质量标准来衡量其与需求的符合程度。负载测试衡量在峰值负载下的测量性能,通常使用一系列模拟环境和负载发生器来衡量数据吞吐量和性能。对于没有明确定义、缺乏原始数据积累的全新系统,功能性测试和负载测试更为重要。

7.2 项目案例

7.2.1 学习目标

（1）了解软件部署的概念和原理。

（2）掌握系统的部署和使用及用户手册的编写要求。

7.2.2 案例描述

本案例介绍 eGov 电子政务系统的部署、使用及用户手册的编写格式。

7.2.3 案例要点

在完成系统设计、开发和测试后，要将不同构件部署在不同服务器上。eGov 电子政务系统就是一个三层分布式应用，需要将不同构件部署在不同服务器上。具体地说，中间件服务器选择 Tomcat（根据需要和可能，将来可以扩展到 WebLogic 应用服务器），在 Tomcat 的 webapps 文件夹中部署业务逻辑；数据库服务器选择 MySQL（根据需要和可能，将来可以扩展到 Oracle 数据库），在 MySQL 中创建数据库和存取数据。

7.2.4 案例实施[①]

用 户 手 册

1 引言

1.1 编写目的

本手册的预期读者为最终用户和软件实施及维护人员。

1.2 背景

eGov 电子政务系统是基于互联网的应用软件，在研究中心的网上能了解到已公开发布的不同栏目（如新闻、通知等）的内容，各部门可以发表栏目内容（如新闻、通知等），有关负责人对需要发布的内容进行审批。其中，有的栏目（如新闻）必须经过审批才能发布，有的栏目（如通知）则不需要审批就能发布。系统管理人员对用户及其权限进行管理。

1.3 定义

无

1.4 参考资料

参考《eGov 软件需求规格说明书》和相关设计文档。

[①] 本节内容按照用户手册的格式要求，标题和图表均独立编号。

2 用途

2.1 功能

eGov 电子政务系统按功能可以分成 3 部分：一是一般用户浏览的内容管理模块；二是系统管理；三是内容和审核管理。这 3 部分各自又由具体的小模块组成(见图 1)。

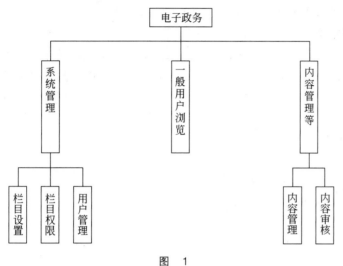

图 1

2.2 性能

数据库性能指标：能够处理数据并发访问，访问回馈时间短。

2.2.1 精度

无。

2.2.2 时间特性

运行模块组合将占用各种资源的时间要满足性能要求，特别是响应速度要低于 5s。

3 运行环境

3.1 硬件

本软件要求的硬件的最低配置如下：

- CPU：3.0GHz。
- 内存：2GB。
- 硬盘：40GB。

3.2 支持软件

本软件需要的支持软件如下：

- 操作系统：Windows Server 2003 以上。
- Web 服务器：Tomcat 5.5 以上。

- 数据库：MySQL 5.0 以上。
- 客户端：IE 6.0 以上。
- 集成开发环境：MyEclipse 5.5 以上。

注意：这些软件的版本很重要，版本太高或太低都可能带来部署和运行问题（已经发现项目在 Tomcat 5.0 下不能正常运行的情况，MySQL 4.0 也会带来一些问题）。请读者特别留意，支持软件的版本需要和上面的版本保持一致。

3.3 数据结构

支持本软件的运行所需要的数据库为 MySQL。MySQL 是一个多用户、多线程的 SQL 数据库，是一个客户/服务器结构的应用，它由一个服务器守护程序 mysqld 和很多不同的客户程序及库组成。MySQL 是目前市场上运行最快的 SQL 数据库之一，它提供了其他数据库少有的编程工具，而且 MySQL 对于商业和个人用户是免费的。这里使用相对稳定的 5.0.45 版本。

MySQL 的功能特点如下：

- 可以同时处理几乎不限数量的用户。
- 处理多达 5000 万条以上的记录。
- 命令执行速度快。
- 具有简单、有效的用户系统。

4 使用过程

4.1 创建数据库和项目初始化

1. 创建数据库

由于 MySQL 5.0 以上版本不支持在"安装目录/data/数据库"文件夹中直接复制，所以需要自己建立数据库并导入数据。具体步骤如下：

（1）选择"开始"→"程序"→MySQL→MySQL Server 5.0→MySQL Command Line Client 命令，如图 2 所示。

图　2

（2）MySQL 客户端命令行界面要求输入数据库密码。输入正确的密码，按 Enter 键进入 MySQL，如图 3 所示。

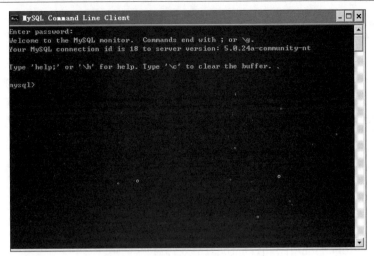

图 3

（3）创建 my 数据库，然后使用 use 命令打开 my 数据库，如图 4 所示。

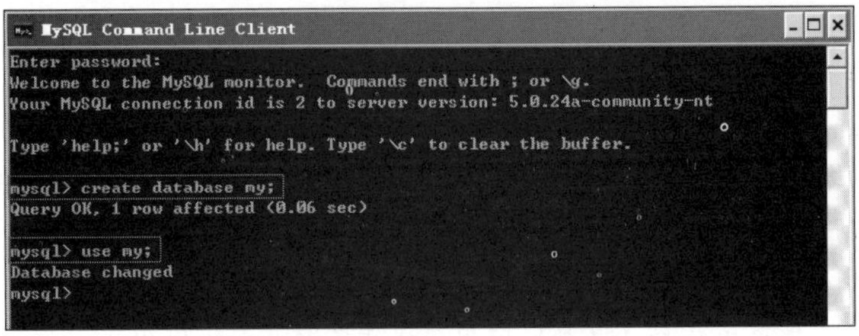

图 4

（4）执行导入命令"source e:/electrones.sql;"，其中 e:/electrones.sql 是 SQL 脚本，可以把它放在任意目录下，本例放在 E 盘下。按 Enter 键执行导入命令，如图 5 所示。

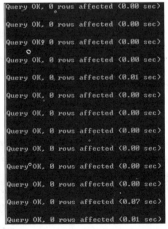

图 5

成功导入数据后，数据库建立成功。

2. 项目初始化

项目初始化的步骤如下：

（1）将 electrones.rar 解压后得到的 electrones 文件夹复制到 tomcat\webapps 下。找到 tomcat\webapps\electrones\WEB-INF\applicationContext.xml 文件，打开该文件，修改下面代码中的 username 和 password 的值为自己创建的数据库的用户名、密码。

```
<bean id="dataSource"
    class="org.apache.commons.dbcp.BasicDataSource">
    <property name="driverClassName"
        value="com.mysql.jdbc.Driver">
    </property>
    <property name="url"
        value="jdbc:mysql://localhost:3306/my">
    </property>
    <property name="username" value="root"></property>
    <property name="password" value="root"></property>
</bean>
```

修改完成后，项目就可以启动了。

注意：在修改过程中不要破坏 XML 文件格式，否则项目无法正常启动。

（2）启动 Tomcat，输入 http://localhost:8080/electrones，项目正确启动并运行了。

（3）管理员用户名为 admin，密码为 123。登录网站试运行。

用户还可以作为普通人员登录网站试运行。

常见的用户实际名字以及登录时的用户名和密码如表 1 所示。

表　1

实际名字	用 户 名	密　　码	实际名字	用 户 名	密　　码
测试 1	q1	1	测试 5	q5	1
测试 2	q2	1	测试 6	q6	1
测试 3	q3	1	测试 7	q7	1
测试 4	q4	1	测试 8	q8	1

具体信息可查询数据库中的 usr 表。

4.2　使用说明

以管理员身份登录。登录后的页面如图 6 所示。

图　6

单击"权限管理"链接,进入权限管理页面,如图 7 所示。

图　7

选择一个栏目进行栏目的权限分配,此处单击"头版头条权限设置"链接,头版头条
栏目的权限设置页面如图 8 所示。

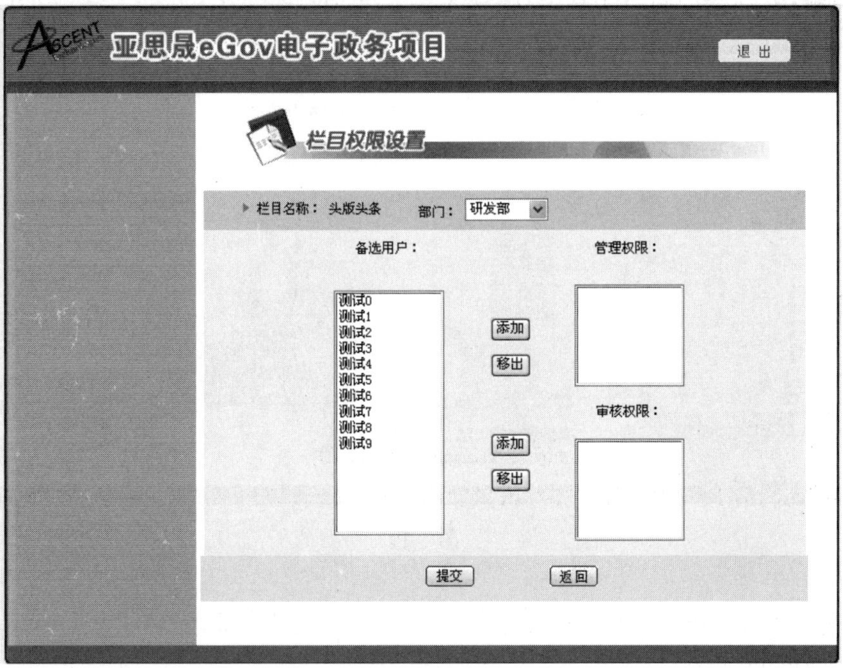

图　8

在"备选用户"列表框中选择要分配权限的用户,单击"添加"按钮,为其分配权限。单击"提交"按钮,保存为用户分配的权限。一个用户在同一栏目下只可以有一种权限,但可以为一个用户分配多个栏目权限。在"部门"下拉列表框中选择部门,在"备选用户"列表框中显示该部门的所有用户。

注意:如果为一个部门分配好了权限,一定要先保存当前已分配好的权限,再为另一个部门分配权限。

用拥有管理权限的账户进行登录。登录后的界面如图 9 所示。

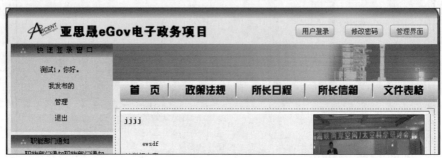

图　9

单击"管理"链接,进入内容管理页面,显示该用户所拥有的权限,如图 10 所示。

图　10

该用户拥有头版头条栏目的管理权限。单击"头版头条管理"链接进行头版头条新闻编辑,如图 11 所示。

输入新闻标题和新闻正文,单击"提交"按钮,新闻变为待审状态,等待他人审核。审核通过后,新闻将发布到前台。提交新闻后,返回内容管理页面。

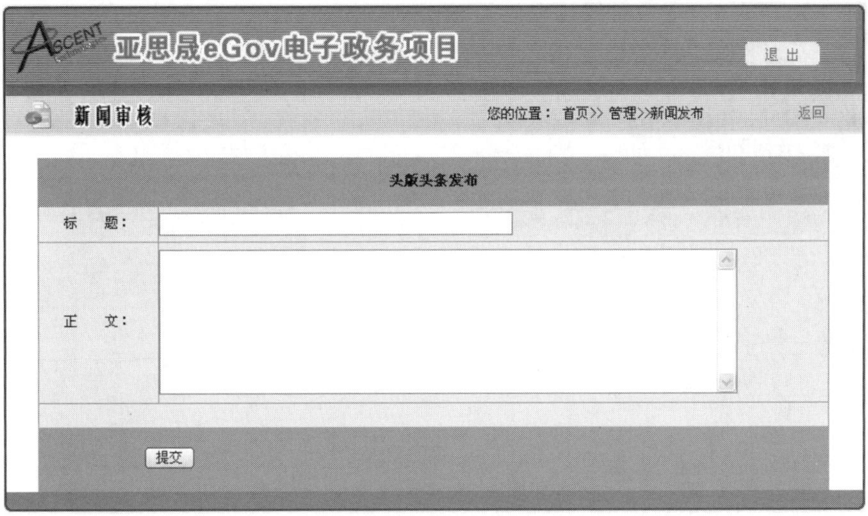

图 11

注意：新闻有两种，一种为头版头条，另一种为综合新闻。此处发布的是头版头条。如果发布的是综合新闻，那么在新闻发布页面中会多出一个选项："是否跨栏目"。如果选择"是"单选按钮，那么该综合新闻通过第一次审核后会显示在首页的综合新闻栏目中，同时进入二审待审状态；当第二次审核通过后，该综合新闻跨栏目显示在头版头条栏目中。

单击首页中的"我发布的"链接，显示当前登录用户所发布的所有新闻，如图 12所示。

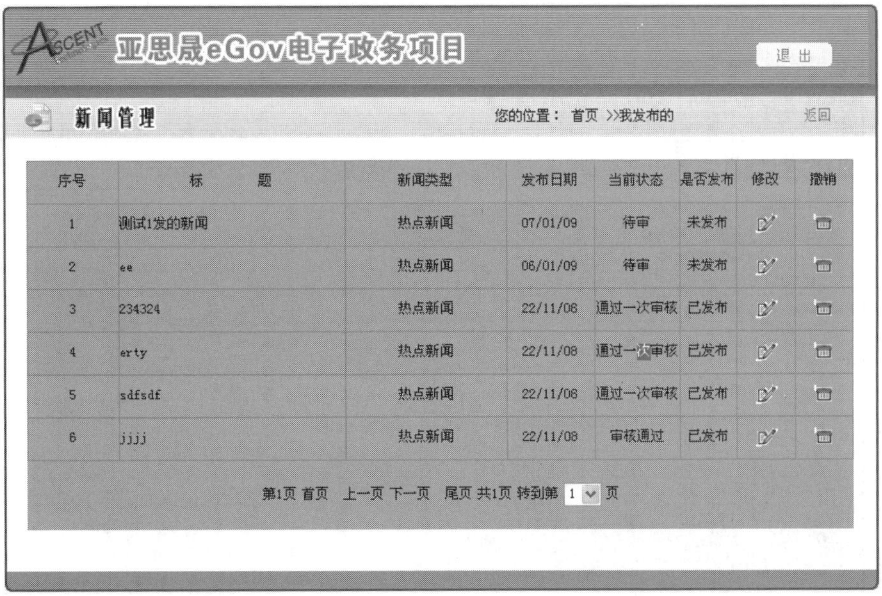

图 12

单击“修改”图标，进入新闻修改页面，如图 13 所示。

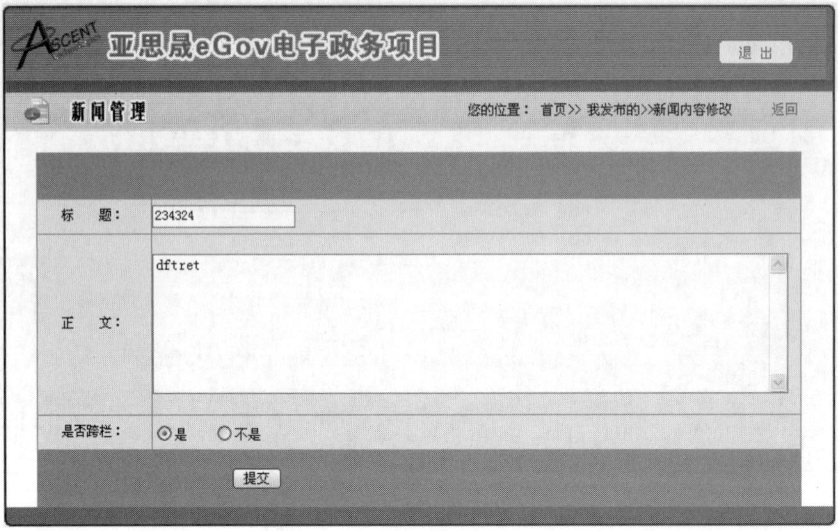

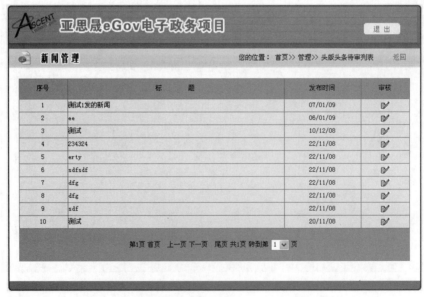

图 13

修改完毕后，单击“提交”按钮，返回当前用户发布的新闻列表页面。

注意：无论修改的新闻原来是什么状态，修改成功后，都会变为待审状态，重新提交审核，已发布的新闻也会被撤销。

如果不想让通过审核的新闻显示在前台，可以单击，此时新闻将从前台被撤回，不再显示；再单击“撤销”图标，则恢复发布状态。

用拥有管理权限的账户登录，单击首页中的“管理”链接，显示该用户所拥有的权限。选择一个栏目的审核权限，进入新闻待审列表页面，如图 14 所示。

序号	标 题	发布时间	审核
1	测试1发的新闻	07/01/09	
2	ee	06/01/09	
3	测试	10/12/08	
4	234324	22/11/08	
5	erty	22/11/08	
6	sdfsdf	22/11/08	
7	dfg	22/11/08	
8	dfg	22/11/08	
9	sdf	22/11/08	
10	测试	20/11/08	

图 14

此页面显示的为所有待审的头版头条新闻,单击"审核"图标进入头版头条内容审核页面,如图 15 所示。

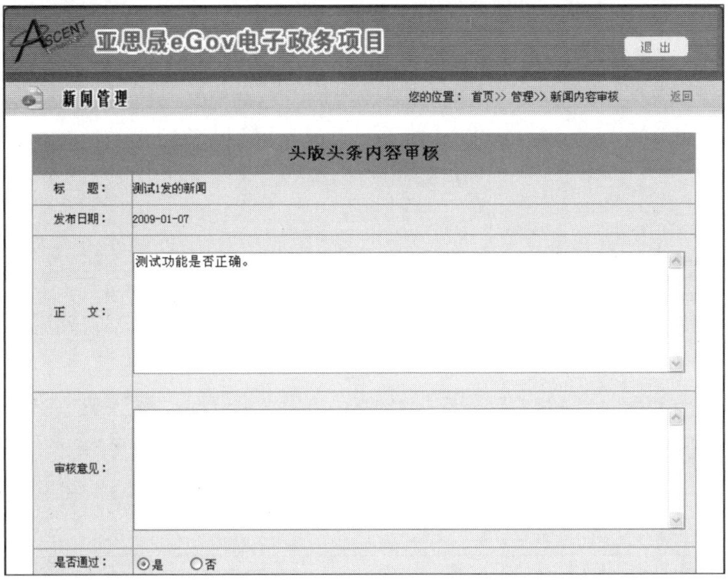

图 15

填写审核意见,选择该新闻是否通过本次审核,最后单击"提交"按钮。如果在"是否通过"处选择"是"单选按钮,那么该新闻将发布到前台,所有人都可以看到;如果选择"否"单选按钮,表示该新闻被驳回,在发布者的"我发布的"页面可以看到该新闻已经被驳回。发布者对新闻进行修改后,可以再次提交审核。

当新闻通过审核后,就会显示在首页的新闻栏目中,用户无须登录就可以浏览新闻,如图 16 所示。

图 16

首页右侧中部是头版头条新闻,下面是综合新闻列表。单击新闻的名称可以查看新闻的具体内容。例如,单击 Ajax,显示如图 17 所示的新闻内容。

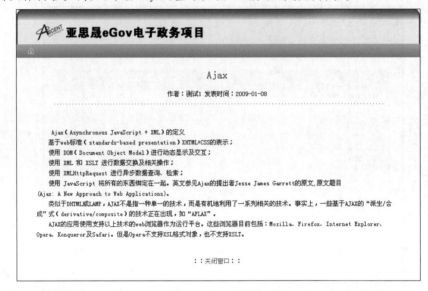

图　17

单击综合新闻栏目右下角的">>更多内容"链接,可以显示更多的新闻集合,如图 18 所示。

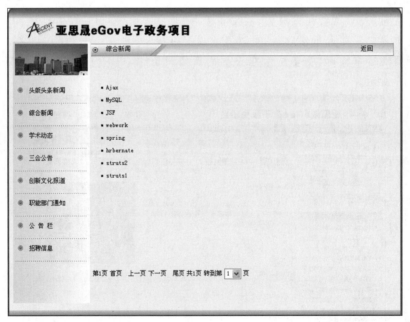

图　18

在此单击新闻标题,也可以查看新闻的具体内容。

7.2.5 特别提示

在部署完成之后,就可以运行和使用 eGov 电子政务系统了。当然,在此之前还需要交付有助于最终用户学习、使用和维护产品的必要文档,用户手册就是这样一个重要文档。

7.2.6 拓展与提高

请参考本案例,结合 WebLogic 服务器和 Oracle 数据库,完成系统的部署工作。

1. 什么是软件部署?
2. 简要说明多层分布式应用架构。
3. 服务器集群的优势是什么?
4. 数据库集群系统方案的内容是什么?
5. 软件部署的验证和实施过程一般包括哪些步骤?

第 8 章 软件配置和变更管理

8.1 软件配置管理概述

软件配置管理在软件过程管理中占有特殊的地位,大中型 IT 企业也都十分重视软件配置管理。为此,企业内部设置专职的软件配置管理员,各项目组内部设置兼职的软件配置管理员,引进软件配置管理工具,进行软件配置管理的日常工作。本章首先论述软件配置管理的概念、内容与方法,然后介绍 IT 企业的常用软件配置管理工具。在开发过程中,将软件的文档、程序、数据进行分割与综合,以利于软件的定义、标识、跟踪、管理,使其最终形成受控的软件版本产品,这一管理过程称为软件配置管理。软件配置管理的目的就是为了在整个软件生存周期内建立和维护软件产品的完整性。

软件配置管理作为软件开发活动中的一项重要工作,其工作范围主要包括以下 4 个方面:

(1) 标识软件工作产品(又称标识配置项)。

(2) 进行配置控制。

(3) 记录配置状态。

(4) 执行配置审计。

配置控制是软件配置管理的核心,它主要包括存取控制、版本控制、变更控制和产品发布控制等各个方面。

8.2 软件配置管理工具——CVS

接下来介绍优秀的软件配置管理工具——CVS (Concurrent Versions System,并发版本系统)的使用。

CVS 是主流的开放源码、网络透明的配置管理系统。CVS 对于从个人开发到大型、分布的团队开发都是十分有用的。

它的客户/服务器(client/server)存取方法使得开发者

可以从任何互联网的接入点存取最新的代码。它的无限制的版本管理检出(check out)模式避免了通常的排他检出模式引发的人工冲突。它的客户端工具可以在绝大多数平台上使用。

1. 代码集中的配置

个人开发者希望一个版本控制系统能够安全地运行在本地的一台计算机上。然而,开发团队需要一台集中的服务器,所有的成员可以将服务器作为仓库(repository)来访问开发团队的代码。在一个办公室中,只要将仓库连到本地网络上的一台服务器上就行了。对于开放源码项目,也没有问题,因为拥有互联网。CVS 内建了客户/服务器存取方法,所以任何一个可以连到互联网上的开发者都可以存取放在同一台 CVS 服务器上的文件。

2. 保存修改记录

一个版本控制系统保持了对一系列文件所作改变的历史记录。对于一个开发者来说,这就意味着在对一个程序进行开发的整个期间能够跟踪对其所做的所有改动的痕迹。

3. 调整代码

在传统的版本控制系统中,一个开发者检出一个文件,修改(update)它,然后将其检入(check on)。检出文件的开发者拥有对这个文件修改的排他权,此时其他开发者都不能检出这个文件,而且只有检出那个文件的开发者可以登记他所做的修改。

关于 CVS 的配置和使用,会在 8.5 节详细讲解。

8.3 软件变更管理概述

今天的软件开发团队面临着巨大的挑战。市场要求以更快的速度来开发高质量的软件应用,软件需求随着开发环境和结构的日趋多样而变得更加复杂,再加上分布式开发、高性能要求、多平台、更短的发布周期,这些都加重了软件开发所承受的压力。由于软件开发不同于传统意义上的工程技术,市场变化及技术上的高速更新都注定了软件变更是非常频繁的,并且是不可避免的,可以说变更是软件开发的基石。一方面,在软件开发环境下的内部活动以新特性、新功能增强及缺陷修复等方式不停地发生变更;另一方面,外部因素,例如新操作环境、新工具的集成、工程技术和市场条件的改善等,以另一种力量驱动着变更。

既然变更是不可避免的,那么如何管理、追踪和控制变更就显得极为重要了。尽管有多种方式可以帮助开发团队提高变更处理能力,但其中最重要的一点是整个开发团队的协作性,因为以一种可重复和可预测的方式进行高质量软件的开发需要一组开发人员相互协作。随着系统变得越来越大和越来越复杂,尽管个人生产率依然十分重要,但是项目成败更多地取决于作为一个整体的开发团队的生产率。

对于在竞争激烈的市场下想占有一席之地的开发团队而言,拒绝变更无疑是行不通的。只有积极面对变更,采取有效的工具、方法和流程来管理、追踪和控制变更,才是保证开发团队成功的关键。另外,由于各种原因,开发团队原来采用的工具、方法和流程也会随着开发团队的成长和不停变化的需求而逐步演化,因此对软件开发团队来说,另一个关键的成功因素是其扩展能力。

8.4 统一变更管理

8.4.1 统一变更管理简介

在大量软件工程实践经验基础上,Rational 软件公司提出了第三代配置管理解决方案——统一变更管理(Unified Change Management,UCM)。UCM 是用于管理软件开发过程(包括从需求到版本发布)中所有变更的最佳实践流程。通过 Rational ClearCase 和 ClearQuest 两个工具的支持,UCM 已成为 Rational 统一过程(Rational Unified Process,RUP)的关键组成部分。根据软件开发团队的具体需要,可以使用相应的过程模型来加速软件开发进度,提高软件质量并优化开发过程。

使用 UCM 可以获得以下好处:

* 基于活动的配置管理过程。开发活动可以自动地与其变更集(封装了所有用于实现该活动的项目工件)相关联,这样就避免了管理人员手动跟踪所有文件变更的麻烦。
* 预定义的工作流程。可以直接采用预定义的 UCM 工作流程,快速提升开发组织的软件配置管理水平。
* 项目的跟踪和组织。项目管理人员可以实时掌握项目的最新动态,合理分配资源,调度开发活动。
* 协作自动化。通过将许多耗时较多的任务用自动化方式处理,UCM 使得开发人员能够将更多的注意力集中在更高层次的开发活动上。
* 轻松管理基线。UCM 将开发活动嵌入各个基线,这样测试人员就能够确切地知道他们将测试什么,开发人员也能够确切地知道其他开发人员做了什么。
* 支持跨功能开发组。UCM 已成为 Rational Suite 产品中的核心部分,从而可以将从需求到测试各个阶段的工件(artifact,例如需求文档、设计模型、应用源代码、测试用例及 XML 内容等)在 UCM 框架下进行统一集成,简化了贯穿整个软件开发周期的变更过程。
* 基于同一代码构件可以进行多项目开发,简化了多项目开发管理,增强了代码共享,节省了开发资源。

8.4.2 统一变更管理原理

1. 活动和工件管理

随着软件系统和开发团队在规模和复杂性上的不断增长,对开发团队来说,如何围绕周期性的版本发布来合理地组织开发活动,以及高效地管理用于实现这些活动的工件变得日益重要。活动(activity)可以是在现有产品中修复一个缺陷或者添加一个增强功能。工件可以是在开发生命周期中涉及的任何东西,例如需求文档、源代码、设计模型或者测试脚本等。实际上,软件开发过程就是软件开发团队执行活动并生产工件的过程。UCM 集成了由 Rational ClearQuest 提供的变更请求活动管理和 Rational ClearCase 提供的工件管理功能。

1）活动管理

UCM 中的活动管理是由 Rational ClearQuest 提供的，Rational ClearQuest 是一个高度灵活和可扩展的缺陷及变更跟踪系统，它可以捕获和跟踪所有类型的变更请求（例如产品缺陷、增强请求、文档变动等）。在 UCM 中这些变更均以活动出现。

Rational ClearQuest 为活动的跟踪和管理提供了可定制的工作流，这使得开发团队可以更容易地实现以下目标：

- 将活动分配给某个具体的开发人员。
- 标识与活动相关的优先级、当前状态和其他信息（如负责人、估计工期、影响程度等）。
- 自动产生查询、报告和图表。

根据开发团队或开发过程的需求，可以灵活地调整 Rational ClearQuest 工作流引擎。如果开发团队需要快速部署，那么也可以不进行定制，直接使用 Rational ClearQuest 预定义的变更过程、表单和相关规则，如图 8-1 所示；当开发团队需要在预定义的过程基础上进行定制时，可以使用 Rational ClearQuest 对变更过程的各个方面——包括缺陷和变更请求的状态转移生命周期、数据库字段、用户界面（表单）布局、报告、图表和查询等进行定制。

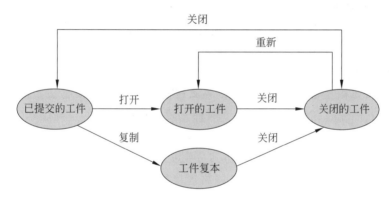

图 8-1　Rational ClearQuest 提供的用于缺陷和变更管理跟踪工作流的过程框架

贯穿整个开发过程用于管理和跟踪缺陷及其他变更的一个高效工作流对于满足当今高质量标准及紧迫的产品工期的需要是非常重要的。UCM 提升了变更的抽象层次，以便开发人员可以从活动的角度来观察变更，然后可以利用 Rational ClearQuest 工作流引擎将活动与相关的开发工件连接在一起。

2）工件管理

Rational ClearCase 提供了软件工件管理（Software Artifact Management，SAM）框架，开发团队可以使用这一框架来管理贯穿项目生命周期的所有工件。UCM 将 Rational ClearCase 基础框架与 Rational ClearQuest 中的活动管理结合在一起，从而提供了对工件和活动的集成管理。Rational ClearCase 提供了以下功能：

- 安全的工件存储和版本化。
- 并行开发基础框架，具有无限分支能力和强大的合并功能。
- 自动代码共享。
- 用于选择正确工件版本的工作空间管理。

- 完全的可延展性(从小型本地项目工作组到大型全球分布式开发团队)。

另外,Rational ClearCase 提供了灵活的软件配置管理(Software Configuration Management,SCM)的基础框架,通过使用灵活的元数据,如标签、分支、属性、触发器(trigger)和超链接(hyperlink)等,开发团队可以定制他们自己的 SCM 过程。

由此可见,不同开发团队和项目可以通过 Rational ClearCase 使用不同的策略,开发团队可以从这种灵活性中受益。而 UCM 是基于一个经过验证的、成功的开发过程而设计的,因此希望快速启动高效 SCM 的开发团队也可以直接使用这一过程来自动实现项目策略。

2. UCM 的 6 个过程领域

UCM 在以下 6 个具体领域提供了定义的过程:

- 开发人员在共享及公共代码工件上的隔离和协作。
- 将一起开发、集成和发布的相关工件组按构件进行组织。
- 在项目里程碑创建构件基线并根据所建立的质量标准来提升基线。
- 将变更组织为变更集(change set)。
- 将活动管理和工件管理集成在一起。
- 按项目来组织软件开发并支持多项目之间的代码共享。

下面介绍这 6 个过程领域中的核心概念。

1) 开发人员的隔离和协作

开发人员需要相互隔离的工作环境以隔离彼此的工作,避免其他成员的变更影响其工作的稳定性。Rational ClearCase 提供了两种方式来访问工件的正确版本,并在私有工作空间中在这些工件上进行工作。这两种方式是静态视图和独特的基于 MVFS 的动态视图,它们可以根据本地和网络两种使用方式分别实施。

静态视图为开发人员提供了在断开网络连接的情况下进行工作的灵活性,另外,开发人员也可以很容易地将他们的工作与开发主线同步。动态视图则通过一个独特的虚拟文件系统——多版本文件系统(Multi-Version File System,MVFS)来实现,它使得开发人员可以透明地访问正确工件的正确版本,而无须将这些工件版本复制到本地硬盘驱动器上。另外,由于动态视图可以实时进行自动更新,因此,紧密工作在同一分支上的开发团队无须手动更新/复制文件,即可立即看到其他人员所做的变动。不管使用何种方式,开发人员都可以并行工作在多个发布版本上。例如,一个开发人员工作在发布版本 2 上,同时他也可以修复发布版本 1 中的一个缺陷,而不用担心自己的两个活动涉及的代码互相干扰或受其他开发人员的干扰。

隔离不稳定的变更对于将错误最小化是非常关键的,但是将所有变更集成到一个所有开发团队成员均可访问的公共工作区域却是团队开发环境下的一个基本要求。现在,基于构件的软件开发方法论的广泛应用以及代码变更频率和幅度的增加,都要求开发团队能经常和较早地将各个开发人员的工作进行集成,以便尽早解决可能出现的问题。

使用 Rational ClearCase,开发团队可以实现多种项目策略来同时进行工作的隔离和协作。Rational ClearCase 通过强大的分支和合并功能可以支持大规模的并行开发。

在 Rational ClearCase 中可以根据不同用途来建立分支,如开发人员分支、新特性分支、缺陷修复分支、新需求分支等,从而使开发团队可以根据需要建立符合自身情况的分支模型,灵活实现软件配置管理流程。但对于希望能快速利用成熟的软件开发流程的开发团队而言,UCM 则提供了一个直接可用的分支模型。实际上,在 UCM 中,对分支在更高层次上进行了抽象,从而形成了一个新概念——流(stream)。流表示一个私有或共享的工作空间,它定义了项目版本的一致配置,并在 UCM 项目中的隔离和有效协作之间提供了一种平衡策略。熟悉 Rational ClearCase 的读者可以将流理解为开发人员分支,UCM 中既有为每个开发人员配置的私有开发流,同时也有为负责集成所有交付工作的集成人员配置的公共集成流,如图 8-2 所示。由于 UCM 紧密结合了活动管理,因此其他分支,如特性分支、缺陷修复分支等,将作为活动出现并附加到相应的工作流中。

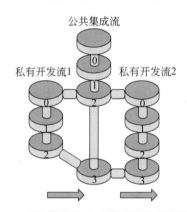

图 8-2 UCM 提供了公共集成流和私有开发流

私有开发流为开发人员提供了相互隔离的工作空间,该空间在最开始由满足一定质量标准的公共工件进行初始化。开发人员使用这些私有工作空间进行工件的变更、构建和测试。当开发人员对变更感到满意时,就可以将这些变更交付(deliver)到公共集成流上。为了使开发人员与其他人员的进度同步,开发人员也可以用来自项目公共集成流上最新的稳定基线对他们的私有工作流进行变基(rebase)。使用 UCM,开发人员可以选择什么时候进行交付和变基。

实际上,项目公共集成流充当了所有开发人员的所有变更的协调点。为了更好地协调所有开发人员的变更集成,UCM 引入了基线的概念作为对项目进度的度量。基线是一次构建(build)或配置的抽象表示,它实际上是构件的一个版本,而构件是相关工件的集合。项目开发团队在开发过程中不断地创建和提升基线。不同开发人员交付变更给集成流,他们交付的变更将被逐一收集到项目基线中。随着基线的构建、测试和批准,各个变更可以被逐步提升到不同的基线级别。

基线提升级别具有两方面的功能。第一,它使项目经理或项目管理人员可以建立软件质量标准。由于当基线达到某种预定义的质量标准时就可以被标以某种基线级别,因此项目经理可以设置项目策略,标识出开发人员在哪一个基线级别(如"通过测试的")可以执行变基操作。第二,基线提升级别就具体的开发人员应该如何与其所开发的工件进行交互提供了指导。例如,根据某条基线通过某些冒烟测试(smoke test)的时间可以帮助测试人员确定什么时候开始测试。

2）构件基线

第二个 UCM 过程领域是将工件组织为构件。在第二代配置管理系统中,大多以文件版本形式来管理所有的文件。当一个复杂项目中包含成千个文件、上万个版本时,整个项目的开发控制将变得相当复杂,因此,对众多的文件进行合理分类,以呈现系统的设计要素,可以大大简化项目开发控制。

UCM 通过将多个工件组织为构件［在 UCM 中构件指一个 VOB(Version Object Base,版本对象库)的根目录或 VOB 的某个第一层子目录］,从而扩展了软件工件管理的版本控制能力,并且 UCM 还提供了用于自动化构件管理的工具和过程,即,用基线对构件(而不是构件中众多的版本)进行标识,然后用这一基线作为新的开发起点并更新开发人员的工作空间。

构件基线是在 Rational ClearCase 标签(label)的基础上结合活动管理所做的扩展,即开发人员可以知道一个 UCM 构件基线中包含了哪些开发活动。例如,一条基线可能包含了 3 个开发活动,如 BUG 101 的修复、用户登录界面汉化及新增打印特性的支持。

对于包含多个构件的复杂系统,UCM 提供了基于多个构件的组合基线,即多个构件之间可以建立依赖关系。一旦底层构件的基线发生变化,例如生成了一条新基线,其上层构件相应地也自动建立一条基线,该基线自动包含底层构件基线。例如,一个较为复杂的 MIS 系统包含"数据库访问""业务逻辑处理"和"前端图形界面"3 个构件,其中"前端图形界面"构件依赖于"业务逻辑处理"构件,而"业务逻辑处理"构件依赖于"数据库访问"构件。这样,当"数据库访问"构件发生了变化并新建了一条新基线(如 DB_BASELINE_Dec24)后,在"业务逻辑处理"构件和"前端图形界面"构件中就会自动建立一条新基线(如 BUSINESS_BASELINE_Dec24 和 GUI_BASELINE_Dec24)。这样,上层构件的最新基线可以自动跟踪底层构件的最新基线。

构件管理的自动化对于高效、正确地开发可能包含数千个源代码工件(还有其他相关的工件,如 Web 内容、设计模型、需求说明和测试脚本等)的复杂软件系统而言意义重大。

3）构件基线提升

项目开发团队的成员工作在一个 UCM 项目(project)中,项目经理通过配置软件构件使项目成为由构件构成的体系结构。大多数组织将 UCM 管理的构件设计为可以反映软件体系结构的方式,如图 8-3 所示,即将所有相关工件按体系结构组织为有意义的子系统,进而放入不同的构件中。

系统

用户界面

管理

图 8-3 用 UCM 构件直接对软件体系结构建模

如前面所述,开发人员在交付变更到公共集成流时可以周期性地更新他们的私有开发流中的构件,然后开发团队可以根据开发过程的当前阶段和质量级别对构件进行评级。项目策略确定了在开发人员变基之前构件基线必须达到的质量级别以及其他开发团队成员（如测试人员）应该如何与构件基线交互。稍后会对项目及项目策略做更多的描述。UCM提供了 5 种预定义的基线级别，包括被拒绝（rejected）、初始（initial）、通过构建（built）通过测试（tested）和已发布（released）。另外，UCM 允许开发团队用他们自己的命名规范和提升策略对这些预定义基线级别进行定制。

4）变更集

第 4 个 UCM 过程领域是将独立的工件变更组织为可作为整体进行交付、跟踪和管理的变更集中。当开发人员工作在一个活动（例如缺陷修复）上时，他们通常很少只修改一个文件，因此用变更集可以表示用以完成某个具体活动的工件的所有变更。例如，为修改一个编号为 36 的缺陷变动了 30 个目录/文件的 100 个版本，则缺陷 36 的变更集为相关的 100 个文件/目录版本。开发人员同时工作在多个变更请求上的需要使得这一过程更加复杂。例如，一个开发人员在进行一个新发布版本的开发，这时，由于当前发布版本的一个错误，他不得不中断当前的开发工作，转而去修复这一缺陷，这样该开发人员必须在同一工件上进行两种不同的变更：一种是在未来发布版本中的增强功能变更；另一种是在前一发布版本中修复缺陷的变更。

通过将同一个开发活动相关的所有变更收集到一个变更集中，UCM 简化了管理多个工件变更或者多个工件版本的过程。UCM 围绕具体的开发活动进行工作组织，同时UCM 还确保已完成的活动包含所有必要工件上发生的所有变更。

5）活动和工件管理

第 5 个 UCM 过程领域是通过使用一个可将活动及其相关工件集链接起来的自动化工作流将活动管理和工件管理集成起来，如图 8-4 所示。这使开发团队能以极大的灵活性为不同类型活动的管理指定不同的工作流。UCM 提供了最常用的活动类型的预定义工作流，包括缺陷修复和增强请求。

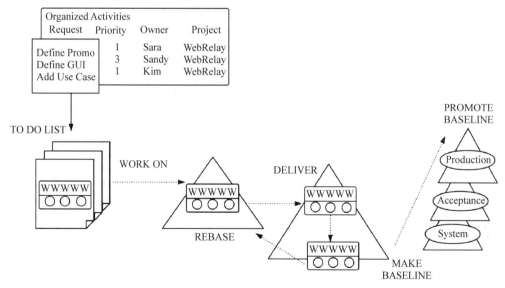

图 8-4 UCM 工作流概览

开发团队还可以使用 ClearQuest Designer 模块对这些预定义过程进行定制，项目经理或者项目管理人员可以用它来创建所有需要的活动类型，包括缺陷修复、增强功能请求、文档变动及 Web 网站变动等。项目经理也可以使用 ClearQuest Designer 的图形用户界面定义字段、表单及每个记录类型的状态转移。

为了方便开发人员标识活动和项目代码库中工件间的关系，UCM 自动将活动和其相关的变更集链接起来，如图 8-5 所示。当在一个 UCM 项目中工作时，开发人员所交付的是活动（而不是文件形式的工件）。与之类似，当开发人员变更时，他们根据新构件基线提供的活动（而不是文件形式的工件）来重审将要在他们的私有开发流中接收的变更内容。这样，开发人员不仅可以看到所有相关工件完整的版本历史，而且可以看到实现每个变更的所有活动。这给了开发团队一个项目是如何从一个阶段演进到下一个阶段的全面视图。当需要标识出一个工件版本的变更是如何影响另一个版本时，这一优点所带来的价值非常高。

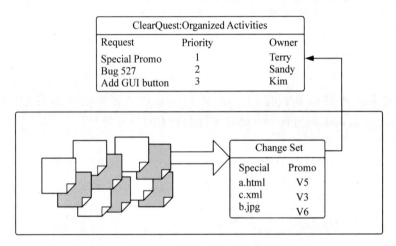

图 8-5　UCM 将活动和相关的工件链接起来

使用 UCM 一致、可重复的用于活动管理的过程，通过活动管理和工件管理的集成可以帮助开发团队减少错误，开发人员还可以避免许多通常需要手工作业的单调工作，从而更高效地完成开发任务。

6）项目和项目策略

UCM 中的项目可以和实际软件开发中的各种项目对应，每个 UCM 项目包含一个公共集成流和若干私有开发流，项目可由一组构件构成。这里需要强调的是一个构件可以被多个项目共享，进而项目 A 中的开发人员可以对一个构件进行修改，创建新的构件基线，而项目 B 的开发人员可以参照同一构件及该构件在项目 A 中生成的基线，但不能对该构件进行任何改动。因而 UCM 项目在代码级提供了软件共享及重用的良好基础。

UCM 在项目上的另一个突出特点是不同项目中的开发流之间可以进行跨项目的工作交付，即一个项目可以将一条构件基线中包含的工件交付给另一个项目，也可以将一个开发流上的活动变更集交付给另一个项目。

可以看出，项目从一个更高层次上支持了传统意义上基于分支的并行开发，这对于软件开发组织从面向项目到面向产品的转变，合理利用软件开发人力资源，改善软件产品体系结构,从而支持更为复杂的软件开发具有重大意义。

为了实现在同一代码构件上进行多项目开发,UCM 增加了多种项目策略来提供支持,用户可以根据需要灵活定义项目策略。例如,对于基线级别,可以定义只有基线级别提升到 Tested(已通过测试)才能作为其他开发工作流的推荐基线。另外,对于多项目间的代码交付和共享,还可以定义是否允许接受其他项目的变更等。除了项目一级的策略以外,UCM 在工作流一级也有类似的访问策略,如某个工作流是否允许接受来自本项目或其他项目的工作流上的变更,是否允许向本项目或其他项目的工作流交付变更,等等。

3. 贯穿生命周期的工件

到现在为止的讨论主要集中在源代码及其相关文件上,如对象文件和头文件等。但是使用 UCM 时贯穿生命周期的变更也可以由非开发人员进行管理,这样就实现了统一变更管理的全部好处。这些非开发人员包括分析人员、设计人员及测试人员,如图 8-6 所示。相应的工件包括这些非开发人员在相关领域产生的工件,例如,分析人员建立的需求文档和用例,设计人员建立的设计模型和用例,以及测试人员建立的测试脚本、测试数据和测试结果。

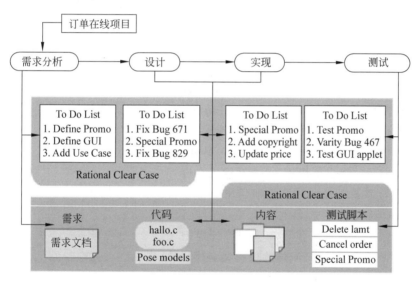

图 8-6 开发团队成员在生命周期的不同阶段产生不同的工件

为了高效地通信和协作工作,开发团队成员需要有效地共享这些工件。Rational Suite 包含一个集成平台,通过这一公共平台可以访问贯穿多个领域的所有类型的开发工件。作为 Rational Suite 的一部分,UCM 提供了一个用于管理贯穿软件开发生命周期的信息共享的过程层。现在每个 Rational Suite 产品套件中均包含这两个产品,这样每个 Rational Suite 产品都包含了对 UCM 过程的支持。非软件开发人员(如分析人员、设计人员及测试人员)可以应用 UCM 原理像控制代码变更一样来控制他们生产的工件(如需求文档、用例、设计模型、测试脚本及测试数据)。Rational ClearQuest 工作流引擎强化了活动管理。另外,一致的工作流使得所有的团队成员都可以容易地标识优先级,而 Rational ClearQuest 提供的工作列表(to do list)特性可以使每个人均可从他们的桌面透明访问待进行的工作(活动)列表,从而标识出他们下一步需要进行的工作。同样,构件基线是新工作(分析、设计、开发及测试)的基础,并指导团队成员在适当的时候更新他们的工作空间。

1) 来自分析的工件

分析人员扮演着定义项目范围的重要角色,分析人员需要确定解决方案及系统边界。在分析期间,这些专业人员创建了多种不同的工件来解释其建议的解决方案,这些工件包括需求文档、用例及可视化模型。开发团队应该在整个开发过程中不断使用这些工件来管理项目变更。

成功的项目依赖于正确的需求管理。高效的需求管理包括减少开发的进度风险和系统的不稳定性以及跟踪需求变更。项目管理、风险评估及相关评估标准的产生都依赖于需求管理和需求的可追溯性,即开发团队以一种规范过程接受变更并审查需求变更的历史。

Rational Requisite Pro 是 Rational Suite 开发团队统一平台(Team Unifying Platform)中用于需求管理的工具。软件开发团队可以使用 Rational Requisite Pro 来创建、管理和跟踪分析工件,例如需求属性、需求说明和管理计划、用例模型、术语表及涉众(stakeholder)请求。

UCM 项目以与管理代码相似的方式管理需求。此外,UCM 还将这些需求工件包含在构件基线中。这样,分析人员不仅知道哪些活动构成了一条构件基线中的工件,还知道哪些需求指导着这些工件的开发。

2) 来自设计的工件

设计人员对系统基础结构进行建模并使用用例和设计模型进一步细化系统定义。通过设计工件对系统进行抽象,可以减小整个系统的复杂性。

在实际开发过程中经常会出现这样一种情况:开发团队不能继续使用一些设计模型,因为正式的编码工作已经开始。这是一个错误,因为这些设计模型的作用是帮助规划整个工作,另外,设计模型对于协助新的组成员快速上手、度量正在进行中的变更请求的影响以及评估整个项目风险都非常有价值。由 Rational Rose 提供的双向工程功能可以帮助开发团队保持当前编码进度和这些设计模型之间的同步,如图 8-7 所示,而 UCM 确保模型与代码是最新的。

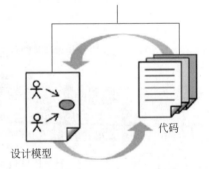

在 UCM 项目中,构件基线包含模型工件和代码工件。Rational Rose Model Integrator 和 Rational ClearCase 比较/合并特性的紧密集成,使得开发团队

图 8-7 并行开发过程中设计模型和代码之间的交互

可以方便地在设计模型的同时进行编码。这时 UCM 中的变更集可以扩展到模型元素,这样变更集便包含了代码工件上的变更以及模型工件上的变更。Rational Rose 支持 UCM 交付和变基操作(参见前面的"活动和工件管理"),使得多个设计人员可以在 Rational Rose 模型上同时工作,如同开发人员并行工作在代码上一样。

3) 来自测试的工件

传统的开发方法将测试工作放到开发的末期,在编码工作之后进行。成功的构件开发团队都体会到单元测试(unit test)对于项目成功是非常重要的,进行单元测试的目的就是不将构件的质量保证放到集成阶段,而是预先对单元、子系统和系统进行测试。

所有这些并发测试产生了大量的测试工件,包括测试需求、测试脚本、测试数据和大量的测试结果。Rational Suite TestStudio 及 Rational QualityArchitect 为开发团队提供了持续地生产高质量软件工件所需的集成框架。借助于 UCM,开发团队可以并发地管理他们的测试工件和相关的开发工件。

今天,大多数开发团队都意识到将这些测试工件和构件基线集成到一起的好处。在UCM 项目中,可以在一条构件基线中包含所有的代码工件以及相关的测试需求、测试程序和测试数据。

这样,前面描述的变更集就可以扩展到测试用例、测试脚本和测试数据。集成的活动和工件管理将活动的整个范围——从对代码变更的测试校验活动到由其活动描述的 UCM变更集链接起来。

4)分析、设计、编码和测试工件

Rational Suite 和 UCM 提供的优点是无价的。构件基线在一条基线中包括了所有的项目工件——从需求文档到测试包,这对于任何需要进行维护和升级任务的开发团队都是一个大优点。借助于 UCM 基线级别,使用 Rational Suite 跨功能的多个组可以更容易地实现以下目标:

- 标识所需的活动。
- 确定什么时候变更。
- 标识需要测试的活动。
- 评估开发中的工件。

另外,UCM 基线级别可以帮助开发团队识别什么时候开始跨功能的活动。例如,在编码结束后,经过一系列单元测试和冒烟测试,一条基线达到了可以进行集成测试的质量级别,这时就可以提升该构件基线,从而启动集成测试活动。在 UCM 中,质量监控是依靠Rational ClearQuest 提供的快速报告功能来进一步加强的。通过这些报告功能,项目组成员可以生成清晰而简明的项目状态数据,以便快速探测问题、评估风险并快速提出解决方案。另外,项目管理人员可以将工作围绕高优先级的活动展开,并且确保所有的发布版本都满足预定义的质量级别。

8.5 项目案例

8.5.1 学习目标

(1)了解软件配置管理的含义和原理。
(2)掌握软件配置管理工具 CVS 的使用方法。

8.5.2 案例描述

本案例介绍 CVS 服务器的安装和配置以及 CVS Eclipse 客户端的配置和使用方法。

8.5.3 案例要点

CVS 是主流的开放源码、网络透明的配置管理系统。CVS 的客户/服务器存取方法使得开发者可以从任何互联网的接入点存取最新的代码。

8.5.4　案例实施

1. CVS 服务器的安装和配置

CVS 无须安装,只要将其从下载的压缩包中解压即可。在配置 CVS 时要注意,它非常依赖于用户使用的平台和 CVS 代码仓库的存储位置。

首先要正确安装并配置好 CVS 服务器,通常 Linux 服务器自带 CVS 服务器。首先介绍在 Linux 下配置 CVS 的步骤。

假设用户使用的 Linux 服务器是 Red Hat 9.0 版本的。

首先以 root 用户身份登录,确定服务器上是否安装了 CVS,命令如下:

```
rpm -qa | grep cvs
```

如果系统安装了 CVS,那么就会出现类似于 cvs-1.11.2-10 的提示;否则,需要到 http://www.cvshome.org 下载 CVS 压缩包。

1) 创建 CVS 资源库

CVS 资源库是 CVS 服务器保存各种软件资源的地方,项目中使用的软件资源都存放在 CVS 资源库中。首先设置 CVS 资源库的位置,这里是/cvs/repository。命令如下:

```
mkdir /cvs
cd /cvs
mkdir /repository
```

在 CVS 资源库下为项目源码创建一个目录,这里将其命名为 project,命令如下:

```
cd /cvs/repository
mkdir /project
```

2) 初始化 CVS 服务器

在创建了 CVS 资源库后,要进行 CVS 服务器的初始化。在此过程中,CVS 服务器会创建其需要的文件系统。初始化命令如下:

```
cvs -d /cvs/repository/ init
```

查看/cvs/repository/CVSROOT 目录下的文件,命令如下:

```
ls -a /cvs/repository/CVSROOT/
```

命令执行结果如下:

```
                commitinfo     config,v       .#editinfo    .#loginfo   notify      rcsinfo,v    verifymsg
                .#commitinfo   cvswrappers    editinfo,v    loginfo,v   .#notify    taginfo      .#verifymsg
checkoutlist    commitinfo,v   .#cvswrappers  modules       notify,v    .#taginfo   verifymsg,v
.#checkoutlist  config         cvswrappers,v  history       .#modules   rcsinfo     taginfo,v
checkoutlist,v  .#config       editinfo       loginfo       modules,v   .#rcsinfo   val-tags
```

3) CVS 服务器权限设定

完成 CVS 资源库初始化以后,下一步是建立用户组和用户,并为其设定权限。在实际开发中,用户组分为管理员小组和用户小组,管理员小组负责维护 CVS 服务器。

首先创建 CVS 管理员小组 cvsmanager,命令如下:

```
groupadd cvsmanager
```

然后创建 CVS 管理员账号,命令如下:

```
adduser -g cvsmanager cvsadm -p cvsadmabc
```

输入默认的 CVS 管理员账号密码:

```
passwd cvsadm
```

系统提示更换密码。如果设置的密码过于简单,系统会给出相应的提示,并要求重新设置密码。

接着创建 CVS 用户小组,命令如下:

```
groupadd cvsuser
```

然后创建用户账号,命令如下:

```
adduser -g cvsuser cvsusera
passwd cvsusera
adduser -g cvsuser cvsuserb
passwd cvsuserb
```

CVS 管理员小组的成员是 CVS 服务器的管理员,拥有对配置文件夹/cvs/repository/CVSROOT 下所有文件和目录的读写权限;CVS 用户小组对该文件夹拥有读的权限。下面对文件夹/cvs/repository/CVSROOT 的访问权限进行设定:

```
chmod 777 /cvs/repository/
chgrp -R cvsmanager /cvs/repository/CVSROOT
chmod -R 075 /cvs/repository/CVSROOT
```

为 CVS 用户小组追加对/cvs/repository/CVSROOT/history 文件的写权限,命令如下:

```
chmod 077 /cvs/repository/CVSROOT/history
```

修改/cvs/repository/project 目录的权限,命令如下:

```
chgrp -R cvsuser /cvs/repository/project
chmod 770 /cvs/repository/project
```

然后,设置 CVS 口令服务器。此时仍然要以 root 身份进行操作。因为使用的是 xinetd 系统,所以需要修改/etc/xinetd.conf 文件。打开该文件的命令如下:

```
vi /etc/xinetd.conf
```

需要将以下内容写入打开的 xinetd.conf 文件中:

```
service cvspserver
{
        port                    =2401
```

```
    socket_type              =stream
    wait                     =no
    user                     =root
    server                   =CVS 的可执行路径
    server_args              =-f --allow-root=CVS 资源库目录 pserver
    log_on_failure           +=USERID
    bind                     =本机的 IP 地址
}
```

其中：

- CVS 的可执行路径可以使用命令 whereis cvs 查看。例如：

```
[root@localhost root]# whereis cvs
cvs: /usr/bin/cvs  /usr/share/cvs  /usr/share/man/man1/cvs. 1. gz/usr/share/
man/man5/cvs.5.gz
```

- CVS 资源库目录就是建立 CVS 资源库的位置，这里是/cvs/repository。
- 本机的 IP 地址可以用 ifconfig 查看，这里是 192.168.2.124。

完整的 xinetd.conf 文件的内容如下：

```
#
# Simple configuration file for xinetd
#
# Some defaults, and include /etc/xinetd.d/

defaults
{
        instances            = 60
        log_type             = SYSLOG authpriv
        log_on_success       = HOST PID
        log_on_failure       = HOST
        cps                  = 25 30
}
service cvspserver
{
        prot                 = 2401
        socket_type          = stream
        wait                 = no
        user                 = root
        server               = /usr/bin/cvs
        server_args          = -f --allow-root=/cvs/repository pserver
        log_on_failure       += USERID
        bind                 = 192.168.2.124
}
includedir /etc/xinetd.d
~
```

接下来修改/etc/services 文件。打开该文件的命令如下：

```
vi /etc/services
```

在其中添加如下内容：

```
cvspserver          2401/tcp
```

有可能这一行在该文件中已经存在，此时就不需要写入这一行了，就可以启动 ineted/xinetd 超级服务器，查看 CVS 服务器的运行情况了。

重启 xinetd,使修改生效:

`/etc/rc.d/init.d/xinetd restart`

至此,CVS 服务器就配置好了。再确认一下 CVS 服务器是否已经开始运行了:

`netstat -lnp |grep 2401`

如果出现类似下面的提示就成功了:

`tcp  0   0 192.168.0.200:2401   0.0.0.0:*    LISTEN   32366/xinetd`

在 Windows 中也有简单易用的 CVS 服务器,这里推荐 CVSNT。可以下载 CVSNT 2.0.51a,安装并启动 CVSNT,如图 8-8 所示。然后切换到 Repositories 选项卡,添加一个 CVS 资源库,命名为/cvs-java,如图 8-9 所示。CVSNT 会提示是否初始化这个 Repository,选择"是"。接下来,在 Advanced 选项卡中选择 Pretend to be a Unix CVS version 复选框,如图 8-10 所示。

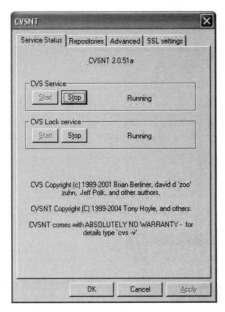

图 8-8　启动 CVSNT

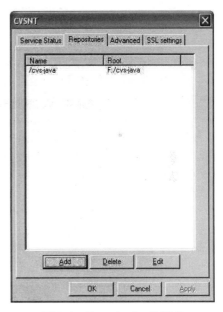

图 8-9　Repositories 选项卡

最后,在 Windows 账户中为每一个开发人员设置用户名和口令。

2. CVS Eclipse 客户端的配置和使用

上面已经完成了 CVS 服务器的安装和配置。著名的开源 IDE Eclipse 本身就内置了对 CVS 客户端的支持,只需进行简单配置,即可使用 CVS。首先启动 Eclipse,可以使用原有的工程,或者新建一个工程,然后选择菜单 Window→Show View→Other 命令,如图 8-11 所示,打开 Show View 对话框,如图 8-12 所示。

选择 CVS Repositories,单击 OK 按钮,会出现如图 8-13 所示的 CVS 资源库的配置界面。

在 CVS Repositories 选项卡的空白处右击,弹出如图 8-14 所示的快捷菜单。

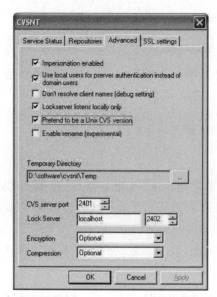

图 8-10 Advanced 选项卡

图 8-11 选择 Window→Show View→Other 命令

图 8-12 Show View 对话框

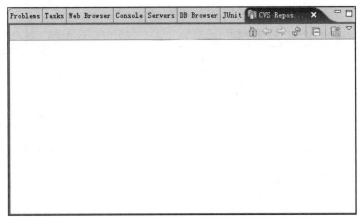

图 8-13 CVS 资源库的配置界面

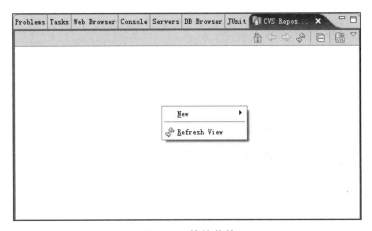

图 8-14 快捷菜单

在快捷菜单中选择 New→Repository Location 命令,如图 8-15 所示,弹出 Add CVS Repository 对话框,如图 8-16 所示。

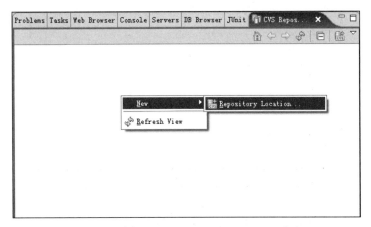

图 8-15 选择 New→Repository Location 命令

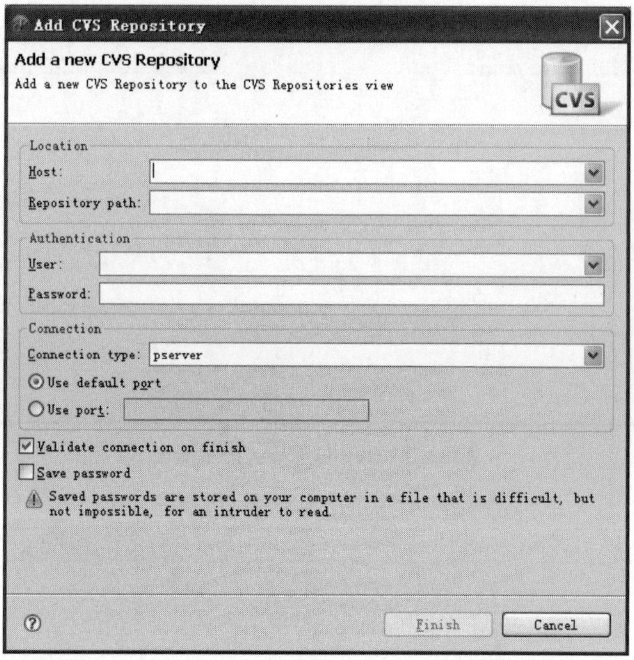

图 8-16　Add CVS Repository 对话框

要想和 CVS 服务器端连接,必须配置如下属性(见图 8-17):

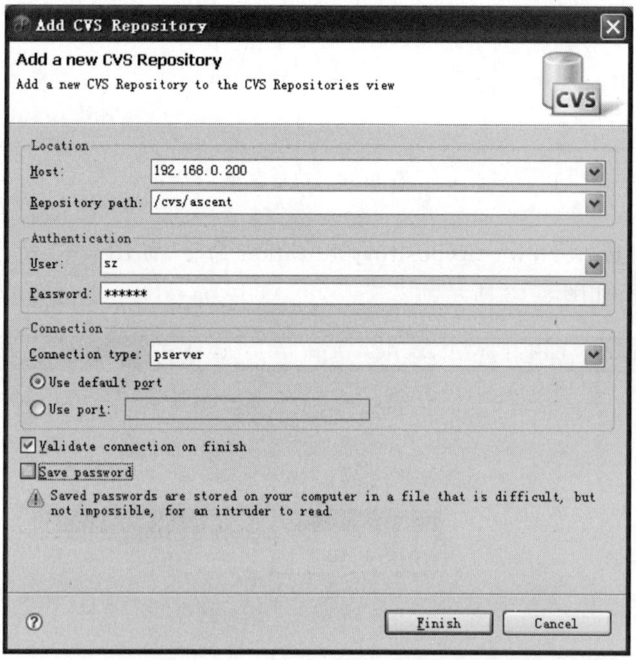

图 8-17　配置 CVS 客户端与服务器端连接的属性

- Host。CVS 服务器所在主机的 IP 地址或计算机名。
- Repository path。资源文件放置的路径,即 CVSROOT 目录在 CVS 服务器上的路径,用于存放上传文件。

- User。系统管理员添加的 CVS 小组的用户。
- Password。登录密码。
- Connection type。用于指定 CVS 客户端与服务器端的连接类型。
- Use default port/Use port。选择或设置 CVS 客户端与服务器端连接的端口。

连接之后的结果如图 8-18 所示。

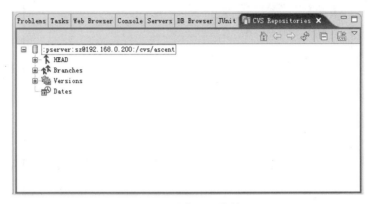

图 8-18 连接之后的结果

如果连接成功,那么就可以上传和下载项目了。在一个小组使用 CVS 服务器之前必须先上传根项目,也就是要让 CVS 服务器上先有项目,然后各个组员检出项目。下面给出一个上传和下载项目的例子。

右击要上传的项目,这里是 electrones,然后在快捷菜单中选择 Team→Share Project 命令,打开 Share Project 对话框,如图 8-19 所示。

图 8-19 选择 Team→Share Project 命令

在该对话框中选择 CVS 服务器。有两个选项,分别是建立一个新的数据仓库和选择已经存在的数据仓库。因为前面已经创建数据仓库了,所以这里选择 Use existing repository location 单选按钮,即默认选项,如图 8-20 所示。

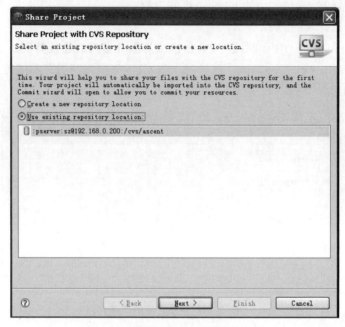

图 8-20　选择已经存在的数据仓库

单击 Next 按钮,进入下一步,如图 8-21 所示。在此出现 3 个选项,分别是使用项目名称作为模块名称、使用指定的模块名称以及使用数据仓库中已有的模块。这里选择第 1 项：Use project name as module name。

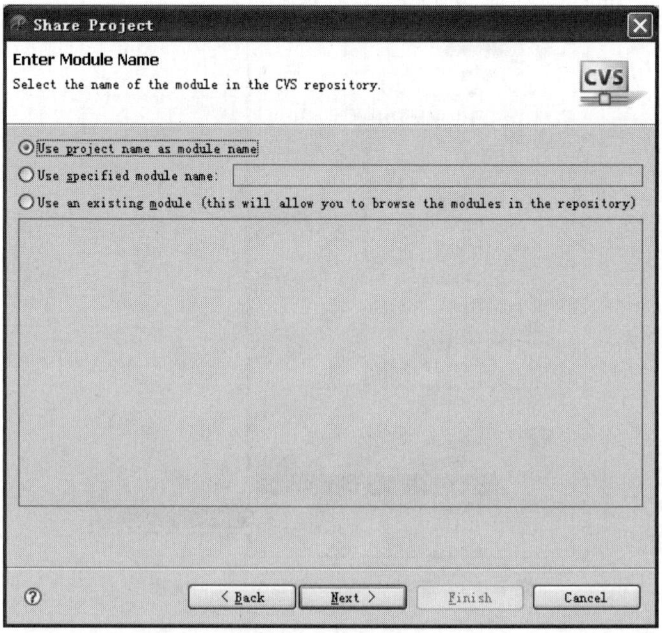

图 8-21　选择模块名称

单击 Next 按钮,进入下一步,如图 8-22 所示。

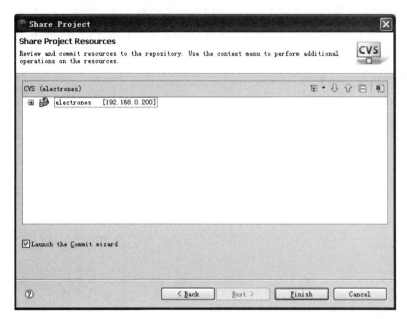

图 8-22　确认信息

在此要确认显示的信息和上传项目一致,然后单击 Finish 按钮,进入下一步,如图 8-23所示。

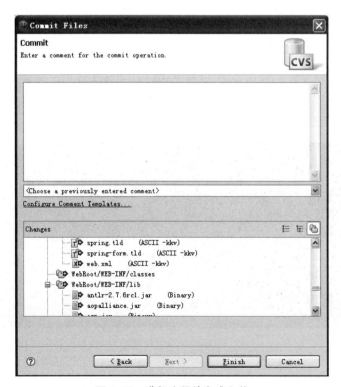

图 8-23　进行注释并完成上传

为上传的文件添加必要的注释,然后单击 Finish 按钮开始上传文件。

这时可以在本地项目中看到 Eclipse 中所有的文件和文件夹图标上都出现了表示数据库的图形,这说明 CVS 客户端已经和 CVS 服务器端同步了,如图 8-24 所示。

再看一下位于本地的 CVS 客户端中的版本,如图 8-25 所示。

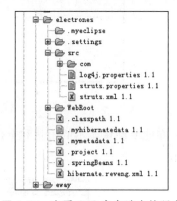

图 8-24　CVS 客户端和 CVS 服务器端同步　　　　图 8-25　查看 CVS 客户端中的版本

文件的版本号都是 1.1,这表示 CVS 服务器已经正确接收了上传的根项目。这时 CVS 服务器管理员应在服务器端设置这个已经上传的项目的组权限,然后其他人就可以下载项目并进行开发了。设置组权限的命令如图 8-26 所示。

图 8-26　设置组权限

将 electrones 项目加入 cvsuser 组,供组成员使用,并且给 cvsuser 组追加该项目的使用权限,如图 8-27 所示。

图 8-27 为 cvsuser 组追加项目的使用权限

现在属于 cvsuser 组的所有成员都可以在 CVS 服务器上检出项目,进行项目团队开发了。还有一些细节需要补充说明,以 cvsuser 组成员 b 为例,他要检出这个项目做自己的工作,首先他要创建一个本地的 CVS 客户端,然后就可以检出项目了。

如图 8-28 所示,在项目上右击,在快捷菜单中有 Check Out 和 Check Out As 两个命令,第一个是直接下载,第二个可以自定义项目名称。这里选择 Check Out 命令下载项目,如图 8-29 所示。

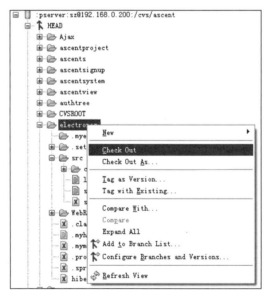

图 8-28 用户开始 Check Out 项目

下载完成后的项目如图 8-30 所示。

本地项目中的文件和文件夹图标上都出现了数据库图形,证明下载成功。

8.5.5 特别提示

在 CVS 中,一个开发者检出一个文件,修改它,然后将其检入。检出文件的开发者拥有对这个文件修改的排他权,此时其他开发者都不能检出和修改这个文件。

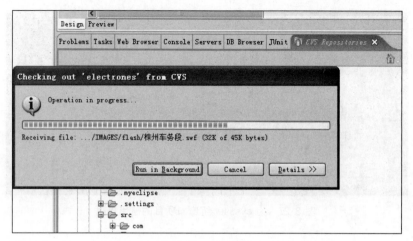

图 8-29　下载项目

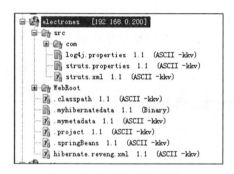

图 8-30　下载完成后的项目

8.5.6　拓展与提高

在使用 CVS 的过程中,一个常见的难点是多用户代码更新的冲突问题。如何解决这个问题?

1. 什么是软件配置管理?
2. 配置管理工作主要包括哪 4 个方面?
3. 什么是统一变更管理?
4. 使用统一变更管理可以获得哪些好处?
5. 统一变更管理有哪 6 个过程领域?

为了确保软件质量和提高产品竞争力,软件企业需要规范软件开发过程和实施软件过程管理,在企业内部强化软件工程和软件管理意识。软件过程管理可以为快速开发高质量软件、有效地维护软件运行等各类活动提供指导性框架、实施方法和最佳实践。

软件过程管理的主要框架是 SW_CMM 及 CMMI。CMM 是由美国卡内基梅隆大学的软件工程研究所(Software Engineering Institute,SEI)研究制定的,在全世界得到广泛使用。SEI 同时建立了主任评估师评估制度,CMM 的评估方法为 CBA-IPI。

CMMI 是 SEI 于 2000 年发布的 CMM 的新版本。CMMI 不但包括软件开发方面的过程改进内容,还包括系统集成、软硬件采购等方面的过程改进内容。CMMI 纠正了 CMM 的一些缺点,更加适用于企业的过程改进实施。CMMI 使用 SCAMPI 评估方法。需要注意的是,SEI 没有废除 CMM 模型,只是停止使用 CMM 评估方法 CBA-IPI。现在进行 CMM 评估时需要使用 SCAMPI 方法。CMMI 模型最终取代 CMM 模型的趋势不可避免。

9.1 CMM

9.1.1 CMM 基本概念

CMM(Capability Maturity Model)是指能力成熟度模型,是对于软件组织在定义、实施、度量、控制和改善其软件过程的实践中各个发展阶段的描述。CMM 的核心是把软件开发视为一个过程,并根据这一原则对软件开发和维护进行过程监控和研究,以使其更加科学化、标准化,使企业能够更好地实现商业目标。

CMM 是一种用于评价企业的软件承包能力并帮助其改善软件质量的方法,侧重于软件开发过程的管理及工程能力的提高与评估。其所依据的想法是：只要集中精力持续努力地建立有效的软件工程过程的基础结构，不断进行管理的实践和过程的改进，就可以克服软件生产中的困难。CMM 是目前国际上最流行、最实用的一种软件生产过程标准，已经得到了众多国家及国际软件产业界的认可，成为当今企业从事规模软件生产不可缺少的一项内容。

CMM 为软件企业的过程能力提供了一个阶梯式的改进框架，它基于过去所有软件工程过程改进的成果，吸取了以往软件工程的经验教训，提供了一个基于过程改进的框架。它指明了一个软件企业在软件开发方面需要管理哪些主要工作，这些工作之间的关系如何，以及以怎样的先后次序逐步做好这些工作，使软件企业走向成熟。

9.1.2　实施 CMM 的必要性

软件开发的风险之所以大，是由于软件过程能力低，其中最关键的问题在于软件开发组织不能很好地管理其软件过程，从而使一些好的开发方法和技术起不到预期的作用。而且项目的成功也是通过工作组的努力，所以仅仅依赖个人能力不能为全组织的生产和质量的长期提高打下基础，必须在建立有效的软件管理的基础设施方面，坚持不懈地努力，才能不断改进，持续地成功。

软件质量是一个模糊的、难以量化的概念。人们常常说：某某软件好用，某某软件不好用；某某软件功能全、结构合理，某某软件功能单一、操作困难。这些模糊的描述不能算是软件质量评价，更不能算是软件质量的定量评价。产品质量，包括软件质量，是人们的实践产物的属性和行为，是可以认识和科学地描述的，同时可以通过一些方法和人类活动来改进质量。

实施 CMM 是改进软件质量的有效方法，可以控制软件生产过程，提高软件生产者的组织性和个人能力。软件工程和很多研究领域及实际问题有关，主要是以下两个领域：需求工程（requirements engineering），研究如何应用已被证明的原理、技术和工具，帮助系统分析人员理解问题或描述产品的外在行为；软件复用（software reuse），研究如何利用工程知识或方法，由一个已存在的系统建造一个新系统，这种技术可以改进软件产品质量和生产率。此外，软件工程还与软件检查、软件计量、软件可靠性、软件可维修性、软件工具评估和选择等有关。

9.1.3　CMM 的基本内容

因为软件生产中的问题是由管理软件过程的方法引起的，所以新软件技术的运用不会自动提高生产率和利润率。CMM 有助于组织建立一个有规律的、成熟的软件过程。改进的过程会生产出质量更好的软件，缩短开发周期，节省开发成本。

软件过程包括各种活动、技术和用来生产软件的工具，因此，它实际上包括了软件生产的技术方面和管理方面。CMM 策略力图改进软件过程的管理，而在技术上的改进是其必然的结果。

CMM 定义了 5 个成熟度级别（maturity level）。除第 1 级外，SW-CMM 的每一级都是按照完全相同的结构构成的。每一级包含了实现这一级目标的若干关键过程域（Key Process Area，KPA），每个 KPA 进一步包含若干关键实践（Key Practice，KP）。无论哪个 KPA，它们的实施活动都统一按 5 个公共属性（common feature）进行组织，即每一个 KPA

都包含 5 类 KP。某个过程域中的所有关键实践应该达到的总体要求都有相应的具体目标（goal）。CMM 模型如图 9-1 所示。

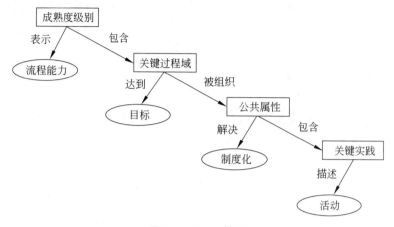

图 9-1 CMM 模型

CMM 由 5 个成熟度级别、18 个关键过程域、316 条关键实践和 52 个具体目标组成。

1. 成熟度等级

CMM 明确地定义了 5 个成熟度级别，一个组织可以按照一系列小的改良性步骤向更高的成熟度级别前进。

1）初始级（Initial）

处于这个最低级的组织基本上没有健全的软件工程管理制度，每件事情都以特殊的方法来做。如果一个特定的工程碰巧由一个有能力的管理员和一个优秀的软件开发组来做，则这个工程可能是成功的。然而通常的情况是，由于缺乏健全的总体管理和详细计划，时间和费用经常超出预计。结果是大多数的行动只是应付危机，而非事先计划好的任务。处于成熟度级别 1 的组织由于软件过程完全取决于当前的人员配备，所以具有不可预测性，人员变化了，过程也跟着变化。要精确地预测产品的开发时间和费用等重要的项目是不可能的。

2）可重复级（Repeatable）

在第 2 级，有些基本的软件项目的管理行为、设计和管理技术来自相似产品中的经验，故称为可重复级。在这一级采取了一定措施，这些措施是实现一个完备过程不可缺少的第一步。典型的措施包括仔细地跟踪进度和费用。不像在第 1 级那样，在危机状态下才会行动，在这一级管理人员在问题出现时便可发现，并立即采取修正行动，以防止它们变成危机。对这一级来说，关键的一点是，如果没有这些措施，要在问题变成危机之前发现它们是不可能的。在一个项目中采取的措施也可以用来为未来的项目拟定实现的期限和费用计划。

3）已定义级（Defined）

在第 3 级，软件组织为软件生产的过程编制了完整的文档。对软件过程的管理方面和技术方面都明确地做了定义，并按照需要不断地改进过程，而且采用评审的办法来保证软件的质量。在这一级，可以引用 CASE 环境来进一步提高质量和产生率。而在第 1 级的软件生产过程中,高级技术只会使危机四伏的过程更混乱。

4）已管理级（Managed）

处于第4级的软件组织对每个项目都设定了质量和生产目标。这两个量将被不断地测量,当偏离目标太多时,就采取行动来修正。利用统计质量控制,管理部门能区分出随机偏离和有深刻含义的质量或生产目标的偏离（统计质量控制措施的一个简单例子是每千行代码的错误率,相应的目标就是随时间的推移减少这个量）。

5）优化级（Optimizing）

第5级软件组织的目标是连续地改进软件过程。这样的软件组织使用统计质量和过程控制技术作为指导,从各个方面获得的知识将被运用在以后的项目中,从而使软件过程融入了正反馈循环,使软件生产率和质量得到稳步改进。

可以看出,CMM为软件的过程能力提供了一个阶梯式的改进框架,它基于以往软件工程的经验教训,提供了一个基于过程改进的框架图。CMM的思想来源于已有多年历史的项目管理和质量管理,自产生以来几经修订,成为软件业具有广泛影响的模型,并对以后的项目管理成熟度模型的建立产生了重要的影响。尽管已有个人或团体提出了各种各样的成熟度模型,但还没有一个像CMM那样在业界确立了权威标准的地位。其中只有美国项目管理协会（Project Management Institute,PMI）于2003年发布的OPM3以其立体的模型及广泛的涵盖范围有望成为项目管理界的标准。

2. 关键过程域

所谓关键过程域（KPA）,是指互相关联的若干个软件实践活动和相关设施的集合。每一个成熟度级别都由若干个关键过程域构成。关键过程域指明组织改善软件过程能力应关注的区域,并指出为了达到某个成熟度级别所要着手解决的问题。要达到一个成熟度级别,必须实现该级别上的全部关键过程域。每个关键过程域包含了一系列相关活动,当这些活动全部完成时,就能够达到一组评价过程能力的成熟度目标。要实现一个关键过程域,就必须实现该关键过程域的所有目标。

下面列出CMM的成熟度级别2~4（用CMM 2~CMM 5表示）的关键过程域。

CMM 2（可重复级）：
- 需求管理（Requirement Management）。
- 软件项目计划（Software Project Planning）。
- 软件项目跟踪和监督（Software Project Tracking and Oversight）。
- 软件子合同管理（Software Subcontract Management）。
- 软件质量保证（Software Quanlity Assurance）。
- 软件配置管理（Software Configuration Management）。

CMM 3（已定义级）：
- 组织过程焦点（Organization Process Focus）。
- 组织过程定义（Organization Process Definition）。
- 培训大纲（Training Program）。
- 集成软件管理（Integrated Software Management）。

- 软件产品工程(Software Product Engineering)。
- 组间协调(Intergroup Coordination)。
- 同行评审(Peer Review)。

CMM 4(已管理级):

- 定量管理过程(Quantitative Process Management)。
- 软件质量管理(Software Quality Management)。

CMM 5(优化级)。

- 缺陷预防(Defect Prevention)。
- 技术改革管理(Technology Change Management)。
- 过程更改管理(Process Change Management)。

3. 关键实践和共同特性

所谓关键实践(KP),是指对相应 KPA 的实施起关键作用的政策、资源、活动、测量和验证。KP 只描述"做什么",不描述"怎么做"。目前,CMM 共有 316 个关键实践,它们分布在 CMM 2~CMM 5 的各个过程域(Process Area,PA)中。

关键实践是指在基础设施或能力中对过程域的实施和规范化起重大作用的部分。每个过程域都有若干个关键实践,实施这些关键实践就实现了过程域的目标。关键实践用 5 个公共属性加以组织:执行约定、执行能力、执行活动、测量和分析、验证性实施(也称为政策、资源、活动、测量、验证)。也就是说,关键实践分布在 5 个公共属性中,每个公共属性中的每一项操作程序均是一个关键实践。

(1) 执行约定(Commitment to Perform,CO)。企业为了保证过程建立和继续有效必须采取行动。执行约定一般包括建立组织方针和获得高级管理者的支持。

(2) 执行能力(Ability to Perform,AB)。组织和实施软件过程的先决条件。执行能力一般包括提供资源、分派职责和人员培训。

(3) 执行活动(ACtivities performed,AC)。实施过程域所必需的角色和规程。执行活动一般包括制订计划和规程、执行、跟踪与监督,并在必要时采取纠正措施。

(4) 测量和分析(measurement and analysis,ME)。对过程进行测量和对测量结果进行分析。测量和分析一般是为确定执行活动的状态和有效性而进行的。

(5) 验证性实施(Verifying Implementation,VI)。是为保证按照已建立的过程执行活动的必要步骤,一般包括高级管理者、项目经理和软件质量保证部门对过程活动和产品的评审及审计。

4. 目标

目标概括某个过程域中所有关键实践应该达到的总体要求,可以用来确定一个软件组织或一个项目是否已有效地实现过程域。目标表明每个过程域的范围、边界和意图。目标用于检验关键实践的实施情况,确定关键实践的替代方法是否满足过程域的意图等。如果一个成熟度等级的所有目标都已实现,则表明这个软件组织已经达到了这个成熟度等级,可以进行下一个成熟度等级的软件过程改善。

9.2 CMMI

9.2.1 CMMI 基本概念

CMMI(Capability Maturity Model Integration,能力成熟度模型集成)将各种能力成熟度模型整合到同一架构中,由此建立包括软件工程、系统工程和软件采购等在内的各模型的集成,以满足除软件开发以外的软件系统工程和软件采购工作中的迫切需求。

CMMI 被看作把各种 CMM 集成到一个系列的模型中。CMMI 的基础源模型包括 Software CMM 2.0(草稿 C)、EIA/IS-731.1 系统工程能力模型及 IPD-CMM 0.98a。 CMMI 也描述了 5 个不同的成熟度等级。

(1)初始级。代表了以结果不可预测为特征的过程成熟度。这一级软件组织的过程包括一些特别的方法、符号、工作和反应管理,项目成功与否主要取决于团队的技能。

(2)已管理级。代表了以可重复项目执行为特征的过程成熟度。这一级软件组织使用基本纪律进行需求管理、项目计划、项目监督和控制、供应商协议管理、产品和过程质量保证、配置管理及度量和分析。对于这一级而言,主要的过程焦点在于项目级的活动和实践。

(3)严格定义级。代表了以软件组织内改进项目执行为特征的过程成熟度。强调第 2 级的关键过程域的前后一致和项目级的纪律,以建立组织级的活动和实践。这一级在上一级的基础上附加的过程域如下:

- 需求开发:多利益相关者的需求发展。
- 技术方案:展开的设计和质量工程。
- 产品集成:持续集成、接口控制、变更控制。
- 验证:保证产品正确建立的评估技术。
- 确认:保证产品符合要求的评估技术。
- 风险管理:检测、优先级、相关问题和意外的解决方案。
- 组织级培训:建立机制,培养更多熟练人员。
- 组织级过程焦点:为项目过程定义建立组织级框架。
- 决策分析和方案:系统的、可选的评估。
- 组织级过程定义:把过程看作组织的持久发展资产。
- 集成项目管理:在项目内统一管理各个组和利益相关者。

(4)定量管理级。代表了以改进组织性能为特征的过程成熟度。第 3 级项目的历史结果可重复使用,在业务表现的竞争维度(成本、质量、时间)方面的结果是可预测的。这一级在上一级的基础上附加的过程域如下:

- 组织级过程执行:为过程执行设定规范和基准。
- 定量的项目管理:以统计质量控制方法为基础实施项目。

(5)优化级。代表了以可快速进行重新配置的组织性能和定量的、持续的过程改进为特征的过程成熟度。这一级在上一级的基础上附加的过程域如下:

- 因果分析和解决方案:主动避免错误和强化最佳实践。
- 组织级改革和实施:建立一个能够有机地适应和改进的学习组织。

CMMI 有 25 个关键过程域、485 条关键实践和 105 个目标。

CMMI 有以下两种评估方式：

- 自我评估：用于本企业内部员工评价公司自身的软件能力。
- 主任评估：用于本企业领导层评价公司自身的软件能力，并向外宣布自己企业的软件能力。

CMMI 有以下两种评估类型：

- 软件组织关于具体的软件过程能力的评估。
- 软件组织整体软件能力的评估（软件能力成熟度级别评估）。

9.2.2 从 CMM 到 CMMI 的映射

CMM 到 CMMI 的映射是一个复杂的体系，它涉及 KPA 的重构和 KP 的再组织。图 9-2 从总体上描述了 CMM 到 CMMI 的各等级间映射关系。

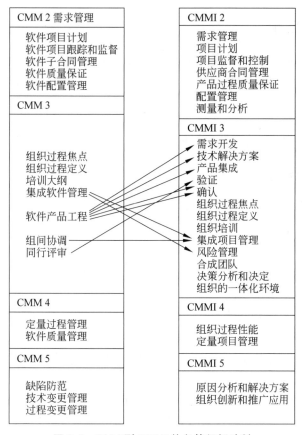

图 9-2 CMM 到 CMMI 的各等级间映射

如图 9-2 所示，在 CMMI 2 中增加了测量和分析 KPA，将各测量和分析 KP 归结为一个正式的关键过程域；而在 CMM 中测量和分析 KP 是散落在各级别中的。因此，在 CMMI 中更加强调了量化管理，管理的透明度和软件开发的透明度得到了提升。

在 CMMI 3 中增加了需求开发、技术解决方案、产品集成、验证、确认、风险管理、决策分析和决定等 KPA。CMM 3 中的软件产品工程 KPA 在 CMMI 3 中被需求开发、技术解决方案、产品集成、验证、确认 KPA 所取代;CMM 3 中的同行评审 KPA 在 CMMI 3 中被融入到验证 KPA 中,CMM 3 中的集成软件管理 KPA 所阐述的风险管理在 CMMI 3 中形成了一个独立风险管理 KPA。同时 CMM 3 中的集成软件管理和组间协调 KPA 在 CMMI 3 中合并成集成项目管理 KPA;CMMI 3 中的合成团队、决策分析和决定、组织的一体化环境 KPA 是全新的,其过程内容在 CMM 3 中没有提及。

CMMI 4 中没有新的过程域,只是将 CMM 4 中的定量过程管理、软件质量管理 KPA 重新构建为组织过程性能和定量项目管理 KPA。

CMM 5 中的技术变更管理和过程变更管理 KPA 在 CMMI 5 中合并为组织创新和推广应用 KPA,CMM 5 中的缺陷防范 KPA 在 CMMI 5 中重新构建为原因分析和解决方案 KPA。

9.3 项目案例

9.3.1 学习目标

(1) 了解 CMM 和 CMMI 的基本概念及实施 CMM 和 CMMI 的必要性。
(2) 掌握从 CMM 到 CMMI 的各等级间映射和如何完成 CMM 到 CMMI 的升级。

9.3.2 案例描述

本案例介绍 CMM 到 CMMI 的升级。

9.3.3 案例要点

首先做好升级前的准备工作,然后执行迭代的活动,将 CMM 升级到 CMMI。

9.3.4 案例实施

1. 升级前的准备工作

升级前要完成以下准备工作:
(1) 回顾 CMMI 模型和其他的 CMMI 信息,确定如何使 CMMI 最好地满足组织需要。
(2) 拟订升级策略。
(3) 在升级过程中确保以前用于 CMM 改进的投资得到保留和运用。
(4) 将升级事项通告客户。
(5) 将对现有过程域和新增过程域的改进费用编入预算,并提供有关改进需要的培训。
(6) 确定组织升级计划的风险表并管理这些风险,关键要识别 CMM 和 CMMI 之间的差异以及这些差异如何得到支持。

2. 升级方法

一旦做好了升级前的准备工作,弄清了升级可带来的利益和成本,就可执行下列活动进行升级,这些活动是迭代的。
(1) 选择适合软件组织的最好的 CMMI 模型。CMMI 覆盖各种知识体,包括项目管理、软件工程、系统工程、集成产品、过程开发供应商来源。应按照软件组织的商业目标选择模型。

（2）选择最适合软件组织的表示法。CMMI 有阶段式表示法和连续式表示法。由于 CMM 采用的是阶段式表示法，因此许多软件组织都采取 CMMI 阶段式表示法；若软件组织对连续式表示法较熟悉，也可以采取连续式表示法。

（3）将选择的 CMMI 模型与 CMM 对比，确定需要变更的范畴。具体的对比见 9.2.2 节。变更的主要活动是对 CMMI 中重组的 KPA 及新增的 KPA 进行更新。

（4）确定升级会带来的影响。

（5）从 CMM 向 CMMI 升级应该得到高级管理层的认可。

（6）变更软件组织目前的过程改进计划以支持 CMMI 升级。过程改进计划要反映出工作的优先级、软件组织所需增加的新部门。将该计划送交评审，得到关键股东（key stakeholder）的许诺和认可。该计划要说明升级可能带来的管理风险和进度风险以及所需的培训、工具和服务支持。传达这个计划并持续更新。

（7）确保对工程过程组、技术工作组及其他相关的员工进行 CMMI 的培训。

（8）获取 SCAMPI（Standard CMMI Appraisal Method for Process Improvement，标准 CMMI 过程改进评估方法）的支持。

（9）修改每个项目已定义的过程，使其与项目改进计划一致。

（10）给每个项目制定升级进度表。不同的项目升级进度表可能不同，如果有的升级工作已经完成，则该工作可以抛弃。

（11）执行 SCAMPI 的评估，确认是否所有的目标过程域和目标都得到支持。

9.3.5 特别提示

CMMI 虽然是建立在 CMM 基础之上的，两者大部分相似，但还是有很大差异的。从总体上讲，CMMI 更加清晰地说明了各过程域和类属实践（generic practice）如何应用实施，并指出如何将工作产品纳入相应级别的配置和数据管理基线、风险管理策略、验证策略等。CMMI 包含更多的工程活动，如需求开发、产品集成、验证等过程域；过程内容的定义更加清晰，较少强调文档化规程。

9.3.6 拓展与提高

参考 CMMI 的原理考察自己所在的软件组织，思考以下几点：在软件开发方面需要管理哪些主要工作，这些工作之间的关系，以及以怎样的先后次序一步一步地做好这些工作，以使软件组织走向成熟。

习　题

1. 为什么需要软件过程管理？
2. 什么是 CMM？
3. 什么是 CMMI？
4. CMM 的 5 个成熟度级别是什么？
5. CMMI 的 5 个成熟度级别是什么？

第 10 章 项目管理

对于 IT 企业,项目管理(project management)极为重要。项目管理常常是决定产品或企业能否成功最重要的指标之一。在介绍项目管理原理和实践之前,首先介绍项目管理的基本概念。

10.1 项目管理基本概念

10.1.1 项目

1. 项目的定义

美国《项目管理知识体系指南》(*A Guide to the Project Management Body of Knowledge*,简称 PMBOK Guide)第 3 版指出:项目是为提供某项独特产品、服务或成果而做的临时性努力。

《中国项目管理知识体系》(Chinese Project Management Body of Knowledge,C-PMBOK)第 2 版指出:项目是一个特殊的将被完成的有限任务,它是在一定时间内,满足一系列特定目标的多项相关工作的总称。

此定义实际包含 3 层含义:

(1) 项目是一项有待完成的任务,有特定的环境与要求,即,项目是指一个过程,而不是指过程终结后所形成的成果。

(2) 在一定的组织机构内,利用有限资源(人力、物力、财力等)在规定的时间内完成任务。任何项目的实施都会受到一定条件的约束,这些条件是来自多方面的,如环境、资源、理念等。这些条件成为项目管理者必须努力促使其实现的项目管理的具体目标。

(3) 任务要满足一定性能、质量、数量、技术指标等要求。项目要能够实现,能够交付给用户,必须达到事先规定的目标要求。

2. 项目的特性

项目作为一类特殊的活动(任务)所表现出来的主要特性如下：

(1)项目的一次性。项目是一次性的任务,一次性是项目区别于其他任务(运作)的基本特性。

(2)项目目标的明确性。人类有组织的活动都有其目标。项目作为一类特别设立的活动,也有其明确的目标。这些目标是具体的、可检查的,实现目标的措施也是明确的、可操作的。

(3)项目目标的多要素性。尽管项目的任务是明确的,但项目的具体目标,如性能、时间、成本等,则是多方面的。这些具体目标既可能是协调的,或者说是相辅相成的;也可能是不协调的,或者说是互相制约、相互矛盾。这就要求对项目实施全系统、全生命周期管理,应力图把多种目标协调起来,实现项目的系统优化而不是局部优化。

(4)项目的整体性。项目是为实现目标而开展的任务的集合,它不是一项项孤立的活动,而是一系列活动的有机组合,从而形成一个特定的、完整的过程。项目通常由若干相对独立的子项目或工作组成,这些子项目或工作又可以包含若干具有相互关系的工作单元——子系统。各子项目和各子系统相互制约、相互依存,构成了一个特定的系统。

(5)项目的不确定性。项目总是或多或少地具有某种新的、前所未有的内容,因此,项目从筹划到结束包含若干不确定因素。项目目标虽然明确,但实现项目目标的途径并不完全清楚,项目完成后的确切状态也不一定能完全确定。

(6)项目资源的有限性。任何一个组织的资源都是有限的,因此,对于某一具体项目而言,其投资总额、项目各阶段的资金、资源需求、各工作环节的完成时间及重要事件的里程碑等既要通过计划严格确定下来,又要在执行中不断地协调、统筹。

(7)项目的临时性。项目一般要由一支临时组建的团队实施和管理。由于项目只在一定时间内存在,参与项目实施和管理的人员是一种临时性的组合,人员和材料设备等之间的组合也是临时性的。项目的临时性对项目的科学管理提出了更高的要求。

(8)项目的开放性。由于项目是由一系列活动或任务组成的,因此,应将项目理解为一种系统,将项目活动视为一种系统工程活动。绝大多数项目都是开放系统,项目的实施要跨越若干部门的界限。这就要求项目经理协调好项目组内、外的各种关系,团结与项目有关的项目组内、外人员同心协力,为实现项目目标努力工作。

10.1.2 项目管理的定义和特点

1. 项目管理的定义

美国《项目管理知识体系指南》第 3 版指出：项目管理就是把各种知识、技能、手段和技术应用于项目活动之中,以达到项目的要求。项目管理是通过应用和综合诸如启动、规划、实施、监控和收尾等项目管理过程来进行的。

《中国项目管理知识体系》第 2 版指出：项目管理就是以项目为对象的系统管理方法,通过一个临时性的、专门的柔性组织,对项目进行高效率的计划、组织、指导和控制,以实现项目全过程的动态管理和项目目标的综合协调与优化。实现项目全过程的动态管理是指：在项目的生命周期内,不断进行资源的配置和协调,不断作出科学决策,从而使项目执行的全过程处于最佳的运行状态,产生最佳的效果。项目目标的综合协调与优化是指项目管理应综合协调好时间、费用及功能等约束性目标,在相对短的时期内成功地实现特定的成果性目标。

2. 项目管理的特点

与传统的部门管理相比,项目管理最大的特点是其注重综合性管理,并且有严格的期限。项目管理必须通过不完全确定的过程,在确定的期限内生产出不完全确定的产品。日程安排和进度控制常对项目管理产生很大的压力。

具体来讲,项目管理的特点表现在以下几个方面。

(1) 项目管理的对象是项目或被当作项目来处理的作业。

(2) 项目管理的全过程都贯穿着统筹、系统、和谐和以人为本的思想。

(3) 项目管理的组织具有特殊性。

(4) 项目管理的体制是基于团队管理的目标负责制。

(5) 项目管理的方式是目标管理。

(6) 项目管理的要点是创造和保持一种使项目顺利进行的环境。

(7) 项目管理的方法、工具和手段具有先进性、开放性。

10.1.3 项目管理专业知识领域

管理项目所需的许多知识、工具和技术都是项目管理独有的,例如工作分解结构、关键路径分析和实现价值管理。然而,仅仅理解和应用上述知识、工具和技术还不足以有效地管理项目。有效的项目管理要求项目管理团队理解和利用至少以下 5 个专业知识领域的知识与技能:

- 项目管理知识体系(PMBOK)。
- 应用领域知识、标准和法规。
- 理解项目环境。
- 通用管理知识与技能。
- 人际关系技能。

图 10-1 给出了上述 5 个专业知识领域之间的关系。它们虽然表面上分别自成一体,但是一般都有重叠之处,任何一个专业知识领域都不能独立。有效的项目团队可在项目的所有方面综合运用相关的专业知识,没有必要使项目团队每一个成员都成为所有这 5 个专业知识领域的专家。

任何一个人都具备项目所需要的所有知识和技能事实上也是不可能的。然而,项目管理团队具备本指南的全部知识,熟悉项目管理知识体系与其他 4 个管理知识领域的知识,对于有效地管理项目是十分重要的。

1) 项目管理知识体系

项目管理知识体系说明了项目管理领域独特而又与其他管理学科重叠的知识。早期的项目管理主要关注的是成本、进度(时间),后来又扩展到质量。最近十几年,项目管理逐渐发展成为一个涵盖 9 大知识体系、5 个具体阶段(10.2.2 节会具体介绍)的单独的学科分支。

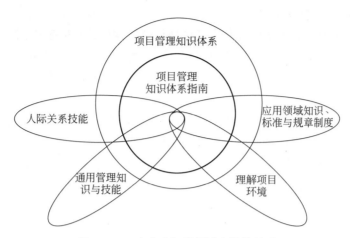

图 10-1　5 个专业知识领域之间的关系

2）应用领域知识、标准与规章制度

应用领域是具有明显的(但并非所有项目所具备或所必须具备的)共同因素的项目类型。应用领域一般按以下方式定义：

（1）职能部门和辅助学科，例如法律、生产/库存管理、营销、物流和人事管理。

（2）技术因素，例如软件开发或工程(有时是一种具体的工程，例如给水、排水工程或土建工程)。

（3）管理专门化，例如政府合同、社区开发或新产品开发。

（4）工业集团，例如汽车、化工、农业或金融服务。

每一个应用领域一般都有一套公认的、经常以规章制度形式颁布的标准和做法。

国际标准化组织(ISO)把标准和规章制度做了如下区分(ISO/IEC Guide 2：1996)：

（1）标准是一个"在经常和反复的使用中构成了活动或其结果的规则、原则或特征，并由共识确立或者公认机构批准的文件，其目的是在既定的环境中实现最佳程度的秩序"。标准的例子有计算机磁盘的尺寸和液压流体的热稳定性。

（2）规章制度是一个"政府机构施加的要求，这些要求可能会决定产品、过程或服务遵守政府强制要求的特征，包括适用的行政管理条文"。建筑法规就是规章制度的一个例子。

3）理解项目环境

几乎所有的项目都是在某种社会、经济和环境的条件下进行规划与付诸实施的，因此都会产生意料之中的和意料之外的积极和消极影响。项目团队应当将项目置于其所处的文化、社会、国际、政治和自然环境及其关系中加以考虑。

（1）文化与社会环境。项目团队需要理解项目与人们之间如何互相影响。要做到这一点，要求理解项目影响或对其有利害关系的人群的经济、人口、教育、道德、种族、宗教及其他特征。

（2）国际与政治环境。某些团队成员需要熟悉相应的国际、国家(地区)和当地的法律和习惯以及可能影响本项目的政治气候。

（3）自然环境。如果项目影响到自然环境，某些团队成员应当具备有关能够影响本项目或受本项目影响的当地生态系统与地理的知识。

4）通用管理知识与技能

通用管理包括对经营中企业的日常运作进行规划、组织、人员配备、实施与控制。通用管理还涉及一些辅助学科，例如财务管理与会计、采购、销售与市场营销、合同与商业法、制造、物流与供应链、战略规划、实施规划、组织结构、组织行为、人事管理、福利、健康与安全、信息技术。

通用管理知识是项目管理技能的基础，对于项目经理而言是十分重要的。在任何具体的项目上都可能要求使用许多通用项目管理领域的技能。

5）人际关系技能

人际关系技能包括：

（1）有效的沟通交流。

（2）对组织施加影响。

（3）领导。构建远景和战略，并激励人们实现之。

（4）激励。让人们充满活力地取得高水平的业绩并克服变革的困难。

（5）谈判与冲突管理。与他人商讨，与其取得一致或达成协议。

（6）解决问题。将明确问题、识别解决办法与分析和做出决定结合起来。

目前，全球化的竞争要求新项目和新业务的发展都要在预算范围内按时完成。项目管理在全球被政府、大型公司、企业及非营利组织广泛地采用。

项目管理未来的发展趋势如下：

（1）更多的企业接受项目管理的思想，并使用项目管理的技术和方法进行管理。

（2）为了实现项目管理的全部潜能，许多企业将对它们的项目经理和项目小组进行培训，并鼓励他们取得专业认证。同时，企业将设立标准，不仅要保证项目小组成功，而且也要保证企业层面的持续成功。

（3）转向项目管理的努力将使企业在寻找项目管理系统时不仅关心集成，还要考虑协作（collaboration）和项目智能（project intelligence）。一个集成的系统可以使企业用最小的努力管理整个项目生命周期；而一个具有协作功能的项目管理系统可以向所有的项目利益相关者（合作伙伴、客户、承包商等）提供访问和可视化功能，因此协作变得更加重要。

10.2 项目管理知识体系

10.2.1 项目管理知识体系概述

项目管理知识体系（PMBOK）是由美国项目管理协会（PMI）提出的。

美国项目管理协会于1966年在宾夕法尼亚成立，是目前全球影响最大的项目管理专业机构，其组织的项目管理专家（Project Management Professional，PMP）认证被广泛采纳。

PMBOK总结了项目管理实践中成熟的理论、方法、工具和技术，也包括一些富有创造性的新知识。PMBOK把项目管理知识划分为9个知识领域：集成管理、范围管理、时间管理、成本管理、质量管理、人力资源管理、沟通管理、风险管理和采购管理。

每个知识领域包括数量不等的项目管理过程。PMBOK把项目管理过程分为5类：项目启动、项目计划、项目执行、项目控制和项目结束。

根据重要程度,PMBOK 又把项目管理过程分为核心过程和辅助过程两类。核心过程是指那些大多数项目都必须具有的项目管理过程,这些过程具有明显的依赖性,在项目中的执行顺序也基本相同。辅助过程是指哪些是项目实际情况可取舍的项目管理过程。项目管理知识领域和过程如表 10-1 所示。

表 10-1 项目管理知识领域和过程

知识领域	过程类别				
	项目启动	项目计划	项目执行	项目控制	项目结束
集成管理		项目计划制订	项目计划执行	集成变更控制	
范围管理	启动	范围规划 范围定义		范围审核 范围变更控制	
时间管理		活动定义 活动排序 活动工期估算 进度安排		进度控制	
成本管理		资源计划 成本估计 预算		成本控制	
质量管理		质量计划	质量保证	质量控制	
人力资源管理		组织计划 人员获取计划	团队建设		
沟通管理		沟通计划	信息传播	性能汇报	项目关闭
风险管理		风险管理计划 风险辨识 定性风险分析 定量风险分析 风险响应计划		风险监控	
采购管理		采购计划 招标计划	招标 招标对象选择 合同管理		合同关闭

10.2.2 项目管理的 9 个知识领域和 5 个过程

下面对项目管理的 9 个知识领域和 5 个过程分别予以介绍。

1. 9 个知识领域

1)项目集成管理

项目集成管理的作用是保证各种项目要素协调运作,对冲突目标进行权衡和折中,最大限度地满足项目相关人员的利益要求和期望。项目集成管理包括的项目管理过程如下:

(1)项目计划制订。将其他计划过程的结果汇集成一个统一的计划文件。

（2）项目计划执行。通过完成项目管理各领域的活动来执行计划。

（3）集成变更控制。协调项目整个过程中的变更。

项目集成管理的集成性体现在以下 3 点：

（1）项目管理中的不同知识领域的活动项目相互关联和集成。

（2）项目工作和组织的日常工作相互关联和集成。

（3）项目管理活动和项目具体活动(例如和产品、技术相关的活动)相互关联和集成。

2）项目范围管理

项目范围管理的作用是保证项目计划包括且仅包括为成功地完成项目所需要进行的所有工作。项目管理范围分为产品范围和项目范围。产品范围是指将要包含在产品或服务中的特性和功能,其完成与否用需求来度量；项目范围是指为了完成规定的特性或功能而必须进行的工作,其完成与否是用计划来度量的。二者必须很好地结合,才能确保项目的工作符合事先确定的规格。

项目范围管理包括的项目管理过程如下：

（1）启动。是一种认可过程,用来正式认可一个新项目的存在,或认可一个当前项目的新阶段。其主要输出是项目任务书。

（2）范围规划。是生成有关范围的书面文件的过程。其主要输出是范围说明、项目产品和交付件定义。

（3）范围定义。是将主要的项目可交付部分分成更小的、更易于管理的活动。其主要输出是工作分解结构(Work Breakdown Structure,WBS)。

（4）范围审核。是投资者、赞助人、用户、客户等正式接收项目范围的过程,其内容是审核工作产品和结果,进行验收。

（5）范围变更控制。控制项目范围的变化。范围变更控制必须与其他控制(如时间控制、成本控制、质量控制)综合起来。

3）项目时间管理

项目时间管理的作用是保证在规定时间内完成项目。项目时间管理包括的项目管理过程如下：

（1）活动定义。识别为完成项目所需的各种特定活动。

（2）活动排序。识别活动之间的时间依赖关系并整理成文件。

（3）活动工期估算。估算完成各项活动所需的工作时间。

（4）进度安排。分析活动顺序、活动工期及资源需求,以便安排进度。

（5）进度控制。控制项目进度变化。

4）项目成本管理

项目成本管理的作用是保证在规定预算内完成项目。项目成本管理包括的项目管理过程如下：

（1）资源计划。确定为执行项目活动所需要的物理资源(人员、设备和材料)及其数量,明确 WBS 各级元素所需要的资源及其数量。

（2）成本估计。估算完成项目活动所需资源的成本近似值。

（3）成本预算。将估算出的成本分配到各项目活动上,用以建立项目基线,监控项目进度。

（4）成本控制。

5）项目质量管理

项目质量管理的作用是保证满足承诺的项目质量要求。项目质量管理包括的项目管理过程如下：

（1）质量计划。识别与项目相关的质量标准，并确定如何满足这些标准。

（2）质量保证。定期评估项目整体绩效，以确保项目符合相关质量标准。质量保证是贯穿项目始终的活动。它可以分为两种：内部质量保证，提供给项目管理小组和管理执行组织的保证；外部质量保证，提供给客户和其他非密切参与人员的保证。

（3）质量控制。监控特定的项目结果，以确定它们是否符合相关质量标准，并找出消除不佳绩效的途径。质量控制是贯穿项目始终的活动。项目结果包括产品结果（可交付使用部分）和管理成果（如成本、进度等）。

6）项目人力资源管理

项目人力资源管理的作用是保证最有效地使用项目人力资源来完成项目活动。项目人力资源管理包括的项目管理过程如下：

（1）组织计划。识别、记录和分配项目角色、职责和汇报关系。其主要输出是人员管理计划，描述人力资源在何时以何种方式引入和撤出项目组。

（2）人员获取计划。将所需的人力资源分配到项目，并投入工作。其主要输出是项目成员清单。

（3）团队建设。其目的是提升项目成员的个人能力和项目组的整体能力。

7）项目沟通管理

项目沟通管理的作用是保证及时、准确地产生、收集、传播、存储及最终处理项目信息。项目沟通管理包括的项目管理过程如下：

（1）沟通计划。确定信息和项目相关人员的沟通需求：谁需要什么信息，他们在何时需要信息，以及如何向他们传递信息。

（2）信息传播。及时地使项目相关人员得到其需要的信息。

（3）性能汇报。收集并传播有关项目性能的信息，包括状态汇报、过程衡量及预报。

（4）项目关闭。产生、收集和传播信息，使项目阶段或项目的完成正式化。

8）项目风险管理

项目风险管理的作用是识别、分析项目风险并对其作出响应。项目风险管理包括的项目管理过程如下：

（1）风险管理计划。确定风险管理活动，制订风险管理计划。

（2）风险辨识。辨识可能影响项目目标的风险，并将各种风险的特征整理成文档。

（3）定性风险分析。对已辨识出的风险，评估其影响和发生可能性，并进行风险排序。

（4）定量风险分析。对每种风险，量化其对项目目标的影响和发生可能性，并据此得到整个项目风险的数量指标。

（5）风险响应计划。风险响应措施包括避免、转移、减缓、接受。

（6）风险监控。对整个风险管理过程进行监控。

9）项目采购管理

项目采购管理的作用是从机构外获得项目所需的产品和服务。项目采购管理是根据买卖双方中买方的观点来讨论的。特别地,它对于企业内部的执行机构与其他部门签订的正式协议也同样适用。当涉及非正式协议时,可以使用项目的资源管理和沟通管理的方式解决。项目采购管理包括项目管理过程如下:

(1) 采购规划。识别哪些项目需求可通过采购执行机构之外的产品或服务得到最大满足。需要考虑是否需要采购、如何采购、采购什么、何时采购及采购数量。

(2) 招标规划。将对产品的要求编成文件,识别潜在的来源。招标规划涉及支持招标所需文件的编写。

(3) 招标。获得报价、投标、报盘或合适的方案。招标涉及从未来的卖方中得到有关项目需求如何得到满足的信息。

(4) 招标对象选择。从潜在的买方中进行选择。涉及接收投标书或方案,根据评估准则,确定供应商。此过程往往比较复杂。

(5) 合同管理。

(6) 合同关闭。完成合同,进行决算,包括解决所有未决的项目。主要涉及产品的鉴定、验收、资料归档。

2. 5 个过程

(1) 项目启动。成立项目组,开始项目或进入项目的新阶段。启动是一种认可过程,用来正式认可一个新项目或新阶段的存在。

(2) 项目计划。定义和评估项目目标,选择实现项目目标的最佳策略,制订项目计划。

(3) 项目执行。调动资源,执行项目计划。

(4) 项目控制。监控和评估项目偏差,必要时采取纠正行动,保证项目计划的执行,实现项目目标。

(5) 项目结束。正式验收项目或阶段,使其按程序结束。

每个管理过程均包括输入、输出、所需工具和技术。各个过程通过各自的输入和输出相互联系,构成整个项目管理活动。

10.3 项目管理工具 Project 及其使用

在激烈竞争的环境下,面对各种复杂的项目,有大量的信息与数据需要动态管理,要提高管理水平与工作效率,就必须使用先进的方法和工具。有数据表明,在美国项目管理人员中,有 90% 左右的人已在不同程度上使用了项目管理软件。其中,有面向计划与进度管理的,有基于网络环境信息共享的,有围绕时间、费用、质量三坐标控制的,也有进行信息资源系统管理的。其中,最流行的项目管理工具当属 Project。

10.3.1 Project 概述

微软公司的 Project 软件是 Office 办公软件的组件之一,是一个通用的项目管理工具软件,它集成了国际上许多现代的、成熟的管理理念和管理方法,能够帮助项目经理高效、准确地定义和管理各类项目。

根据美国项目管理协会的定义,项目的管理过程被划分成 5 个阶段(也称过程组)。这些阶段是相互联系的：一个阶段的输出可能是另一个阶段的输入，并且这些过程有可能是连续的。Project 软件能够在这 5 个阶段中分别发挥重要的作用。

（1）建议阶段。
- 确立项目需求和目标。
- 定义项目的基本信息，包括工期和预算。
- 预约人力资源和材料资源。
- 检查项目的全景，获得干系人的批准。

（2）启动和计划阶段。
- 确定项目的里程碑、可交付物、任务、范围。
- 开发和调整项目进度计划。
- 确定技能、设备、材料的需求。

（3）实施阶段。
- 将资源分配到项目的各项任务中。
- 保存比较基准，跟踪任务的进度。
- 调整计划以适应工期和预算的变更。

（4）控制阶段。
- 分析项目信息。
- 沟通和报告。
- 生成报告，展示项目进展、成本和资源的利用状况。

（5）收尾阶段。
- 总结经验教训。
- 创建项目模板。
- 整理与归档项目文件。

总之，使用 Project 软件，不仅可以创建项目和定义分层任务，使项目管理者从大量烦琐的计算、绘图中解脱出来，而且可以设置企业资源和项目成本等基础信息，轻松实现资源的调度和任务的分配。在项目实施阶段，Project 能够跟踪和分析项目进度，分析、预测和控制项目成本，以保证项目如期顺利完成，资源得到有效利用，提高经济效益。

Project 软件可以分为以下几个不同的版本：
- Project Standard：标准版，只能用于桌面端，适用于独立进行项目管理的项目经理。
- Project Professional：专业版，可以和后台的服务器连接，将项目信息发布到服务器上，供企业中的负责人和项目组相关成员查看和协作。
- Project Server：服务器版，安装在企业中的项目管理后台服务器上，存储项目管理信息，实现用户账户和权限的管理，是微软企业项目管理解决方案的基础和核心组件，需要 Windows SharePoint Service 和 SQL Server 提供底层支持。
- Project Web Access：以 Web 的方式访问项目站点，了解任务分配情况，分享项目相关文档，在线更新进度状态，提出问题和风险，实现沟通和协作，适用于项目组成员，以及企业中的项目发起人、资源经理和 IT 部门员工。

其中，Project Professional、Project Server 和 Project Web Access 结合在一起，就组成了微软企业项目管理解决方案。

10.3.2　Project 工具的使用

下面以 eGov 电子政务项目为例来介绍 Project 工具的使用。

1. Project 简介

掌握 Project 软件的第一步是熟悉其主界面、视图和筛选器。

1）主界面

图 10-2 显示了 Project 启动之后的主界面。Project 默认的主界面被称为甘特图视图，它由 3 个部分组成：视图栏、输入工作表和甘特图。在主界面的最顶端有菜单栏、标准工具栏、格式工具栏，它们与其他的 Windows 应用软件的工具栏相似。

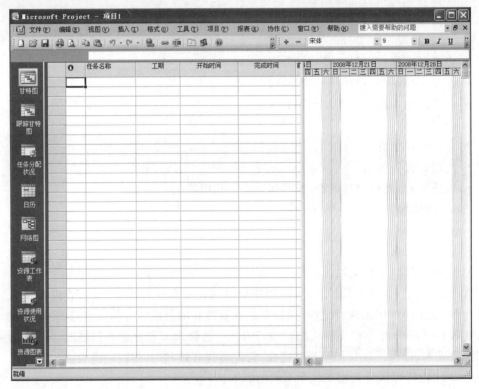

图 10-2　Project 主界面

如果要从其他视图返回甘特图视图，可以从屏幕左侧的扩展视图栏中选择"甘特图"，或从菜单栏中选择"视图"→"甘特图"命令，如图 10-3 所示。

视图栏位于输入工作表左侧。可以单击视图栏中的图标，而无须使用"视图"菜单中的各项命令改变视图。为了节省屏幕空间，也可以在"视图"菜单中取消选择"视图栏"来隐藏视图栏，而只从菜单栏中选择视图。在视图栏隐藏之后，主界面的最左端将出现一条蓝线。右击该线，将会出现快捷菜单，通过它可以直接选择要进入的视图。

2）视图

在 Project 中，可以通过许多方式显示项目信息。这些显示方式统称为视图。这些视图可以使用户从不同的角度研究项目信息，这将有助于对项目状况的分析和理解。

图 10-3　Project "视图" 菜单选项

　　"视图"菜单也提供了各种表格和报表,可以用多种方式显示信息。可以从"视图"菜单中选择不同的表格,包括"成本""跟踪""工时"和"日程"。

　　视图可以分为 3 个大类:

- 图形。使用方框、线条和图像显示数据。
- 任务表。一种表述任务的工作表形式,每项任务占据一行,该任务的每项信息以列表示。工作表可以使用不同的表格,用以展示不同的信息。
- 表格。一项任务的具体信息。使用表格形式可以强调一项任务的具体细节。

　　可以使用 Project 提供的模板文件进一步研究 Project 视图。可以将 Project 提供的模板文件下载到硬盘上,然后从"文件"菜单中选择"新建"命令,再选择"项目模板",打开模板文件。

　　3)筛选器

　　为了筛选信息,可以单击工具栏上筛选器旁边的下拉列表框,显示筛选器的列表内容,如图 10-4 所示,可以使用滚动条查看更多的筛选器。

图 10-4　筛选器列表

　　对项目信息进行筛选可以提供有用的信息。例如,如果一个项目包括成百上千个任务,用户希望浏览摘要任务或重要里程碑事件,以便了解项目整体概况,这时,可以选择筛选器列表内的"摘要任务"或"里程碑"实现这一目的。其他的筛选选项包括"未开始任务""未完成任务"和"已完成任务"等,它依据提供的日期显示任务。也可以单击工具栏的显示列表,快速浏览工作分解结构的各个层级。例如,大纲分级 1 显示工作分解结构的最高层项目,大纲分级 2 显示工作分解结构的第 2 层内容等。

2. 项目范围管理

项目范围管理是指确定实施项目所需要完成的工作。在使用 Project 之前,首先需要确定项目范围。为了确定项目范围,首先建立新文件,输入项目名称和开始日期,并形成项目所需完成任务的任务列表。该列表被称为工作分解结构。

1) 创建新项目文件

创建新项目文件的步骤如下:

(1) 创建空白项目文件。从文件菜单中选择"新建"命令,将会弹出新建文件类型列表,单击"空白项目"创建一个空白项目文件。默认文件名是"项目1""项目2",以此类推。选择"项目"菜单中的"项目信息"命令,显示"'×'的项目信息"对话框,如图 10-5 所示。

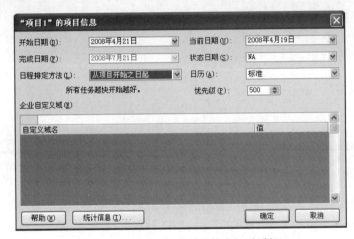

图 10-5 "'×'的项目信息"对话框

(2) 输入项目日期。若要从开始日期安排项目日程,在"开始日期"下拉列表框中输入或选择希望项目开始的日期;若要从完成日期安排项目日程,选择"日程排定方法"下拉列表框中的"项目完成日期"选项,然后在"完成日期"下拉列表框中输入或选择希望项目完成的日期。

(3) 输入项目属性。选择"文件"菜单中的"属性"命令,显示"项目1属性"对话框。选择"摘要"选项卡,在"标题"文本框中输入项目名称,在"作者"文本框中写上本文件创建者的名字,"单位"文本框可以不输入内容,如图 10-6 所示。

2) 输入任务

在输入工作表中输入任务。在"任务名称"列标题下的第一个单元格中,输入任务名称"需求分析",然后按 Enter 键,并输入相应的工期、开始时间和完成时间,如图 10-7 所示。

按照上面的方法,输入项目中的所有任务(本项目的任务有 39 个),如图 10-8 所示。

3) 创建摘要任务

本例的摘要任务是指刚才输入的任务 1(需求分析)、任务 10(系统分析)、任务 15(系统设计)、任务 20(系统实现)、任务 33(测试及修正)、任务 37(交付及培训),其中任务 2 和任务 6 是任务 1 的子任务中的摘要任务,任务 21、任务 25 和任务 29 是任务 20 的子任务中的摘要任务。可以用突出的显示方式创建摘要任务,同时,相应的子任务呈缩排进行布置。

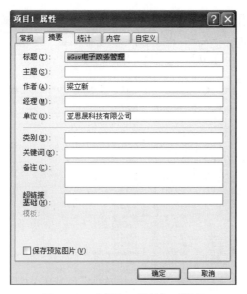

图 10-6 "项目 1 属性"对话框

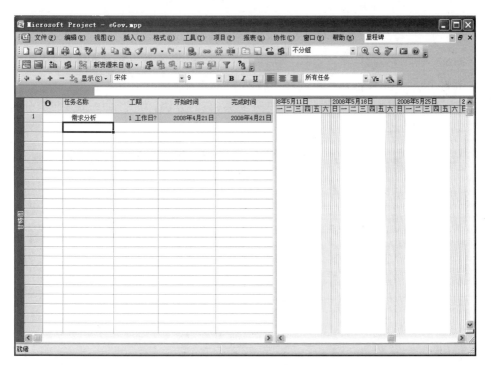

图 10-7 输入任务

创建摘要任务的步骤如下：

（1）选择低级别任务或子任务。选择任务 2 的文本，按住鼠标左键，然后将鼠标拖到任务 9 的文本上，从而选择任务 2 到任务 9。

（2）子任务降级。单击格式工具栏中的降级图标，将任务 2 到任务 9 降级为任务 1 的子任务，这 8 个子任务会自动缩进，任务 1 自动变为黑体，表明它是一项摘要任务。在新摘

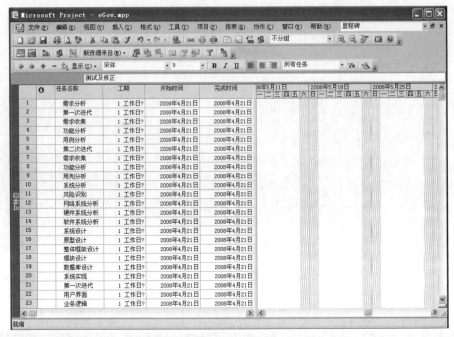

图 10-8 输入项目所有任务

要任务左侧出现一个减号,单击减号会使摘要任务折叠,子任务被隐藏起来。此时,摘要任务的左侧将出现加号,单击加号可以展开摘要任务,以显示其子任务。

(3) 创建其他摘要任务和子任务。按照步骤(2)的方法,为任务 10、任务 15、任务 20、任务 33、任务 37 创建摘要任务和子任务,如图 10-9 所示。

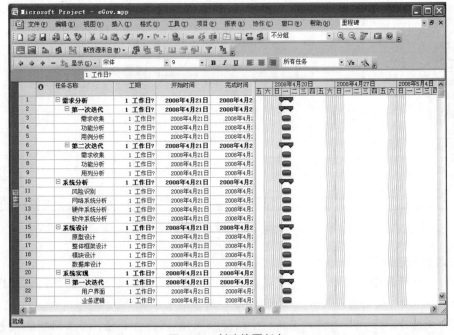

图 10-9 创建摘要任务

如果希望一项子任务变为摘要任务,则可以对该任务进行升级。选择希望改变级别的任务,单击格式工具栏中的升级图标。

4)任务编号

在输入任务并对任务进行缩排的操作过程中,可能会看到任务编号,也可能不会看到,这取决于 Project 的设置。

为了自动为任务编号,可以针对工作分解结构使用标准的表格编号系统。

(1)打开“选项”对话框。选择菜单栏中的“工具”→“选项”命令,弹出“选项”对话框,如图 10-10 所示。

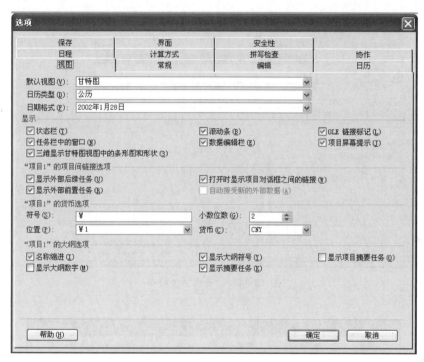

图 10-10 “选项”对话框

(2)显示大纲编号。如果需要,可以在“选项”对话框中选择“视图”选项卡,在“'项目1'的大纲选项”下,选择“显示大纲符号”复选框,单击“确定”按钮。

3. 项目时间管理

Project 的时间管理功能可以很好地帮助使用者对项目依据时间进行管理。使用时间管理功能的第一步是输入任务的工期或开始日期。输入任务的工期和开始(或结束)日期都会使甘特图自动更新。如果需要进入关键路径分析,则必须输入任务的依赖关系。在输入任务的工期和依赖关系后,会得到网络图和关键路径信息。

1)输入任务工期

在输入一项任务时,Project 会自动分配一个默认的工期“1 工作日?”。如果希望改变默认工期,在“工具”菜单中选择“选项”命令,打开“选项”对话框,然后选择“日程”选项卡,在“工期显示单位”下拉列表框中选择一种工期单位,单击“设为默认值”按钮,如图 10-11 所示。如果对估计工期没有把握,希望以后再进一步研究,则可以双击输入工作表中的任务名称,打开"任务信息"对话框,在"常规"选项卡中,选择"工期"数值输入框右侧的"估计"复选框。例如,如果一项任务的估计工期是 5 天,但是需要以后进一步确定具体工期,则可以输入"5d?",然后选择右侧的"估计"复选框,如图 10-12 所示。Project 可以通过筛选器快速查看需要进一步研究的任务估算工期,这些估算工期是用"?"标示的。

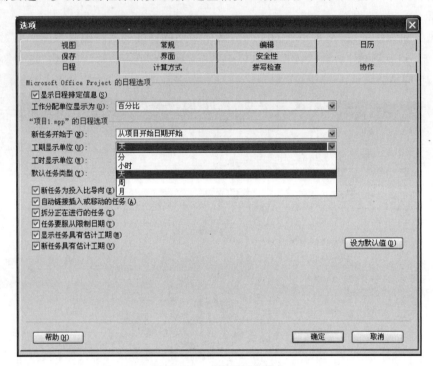

图 10-11 "日程"选项卡

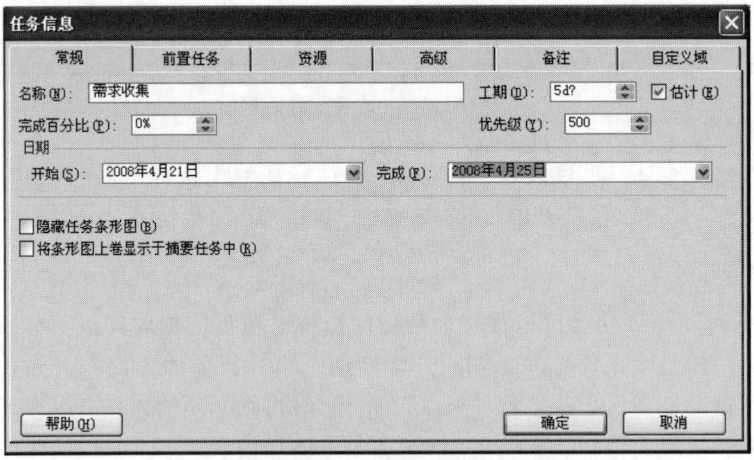

图 10-12 输入任务工期

输入任务工期后,项目文件会显示如图 10-13 所示的效果。

为了准确表示一项任务的工期长短,必须输入一个数字和相关的工期单位。如果仅仅输入一个数字,Project 会自动以天作为工期单位。工期单位符号如下:

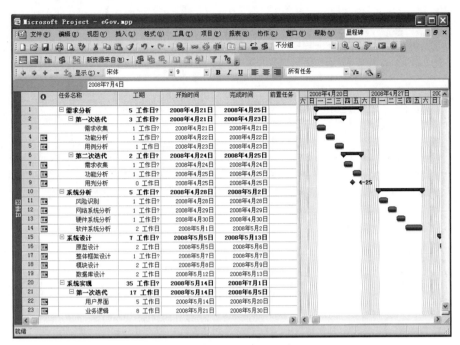

图 10-13 项目文件的任务工期显示效果

- Mon,表示月。
- w,表示周。
- d,表示天。
- h,表示小时。
- m,表示分。

例如,如果一项任务的工期是 1 周,则在"工期"栏内输入 1w;如果一项任务的工期是 2 天,则在"工期"栏内输入 2d。默认工期单位是天,所以如果输入的工期是 2,则会自动认为是 2 天。在"工期"栏内也可以输入日历时间。例如,1ed 代表日历天,1ew 代表日历周。

2)确定任务依赖关系

Project 提供了创建任务依赖关系的 3 种方式:第一,使用"链接任务"图标;第二,使用输入工作表的"前置任务"栏;第三,在甘特图上单击并拖动任务到与其具有依赖关系的任务上。

如果用"链接任务"图标创建依赖关系,则突出显示相互关联的任务,并单击标准工具栏中的"链接任务"图标。例如,如果需要创建任务 1 与任务 2 之间的完成-开始依赖关系,则单击第一行的任意单元格并将其拖到第二行上,然后单击"链接任务"图标。

在使用输入工作表的"前置任务"栏创建依赖关系时,必须手工录入信息。在手工创建依赖关系的过程中,需要在输入工作表的"前置任务"栏输入"前置任务"的任务行号。

可以在甘特图上单击并拖动具有依赖关系的任务符号,创建任务之间的依赖关系。建立好的依赖关系如图 10-14 所示。

3)改变任务依赖关系类型并设置超前或滞后时间

任务依赖关系说明一项任务与另一项任务的开始或完成之间的关系。在 Project 中可

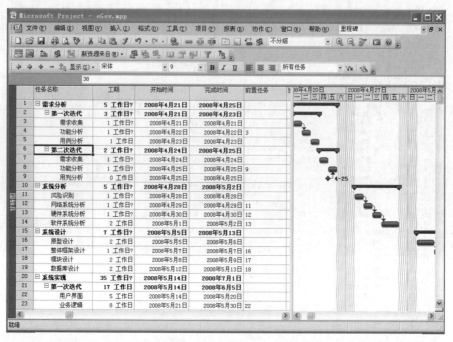

图 10-14　建立好的依赖关系

以设置 4 种任务依赖关系：完成-开始（FS）、开始-开始（SS）、完成-完成（FF）和开始-完成（SF）。通过有效使用依赖关系，可以修改关键路径并缩短项目进度计划。最常见的依赖关系是完成-开始关系（FS）。

为了改变依赖关系类型，需要双击任务名称，打开该项任务的"任务信息"对话框，从"前置任务"选项卡的"类型"下拉列表框中选择新的依赖关系类型。

通过前置任务可以为一项依赖关系设置超前或滞后时间。在"前置任务"选项卡的"延隔时间"栏内，输入超前或滞后时间。

超前时间代表互相依赖的两项任务之间的时间重叠关系。超前时间以负数输入。例如，如果任务 B 在前置任务 A 完成一半时即可开始，则两者之间是完成-开始的依赖关系，而且存在 50% 的超前关系，在"延隔时间"栏内输入 −50%。添加超前时间也称为快速跟进，这是压缩项目进度计划的一种方法。

滞后时间正好与超前时间相反，是互相依赖的任务之间的时间间隔。例如，如果任务 C 完成和任务 D 开始之间需要 2 天的滞后，则在任务 C 和任务 D 之间建立完成-开始的依赖关系并设置 2 天的滞后时间。滞后时间以正数输入。在本例中，在"延隔时间"栏内输入 2d。

4）甘特图

Project 将甘特图和输入工作表一起作为默认视图显示。甘特图反映项目及其所有活动的时间范围。在 Project 中，任务之间的依赖关系在甘特图上通过任务之间的箭线表示。事实上，许多甘特图并不反映任何依赖关系。在项目管理中，依赖关系是用网络图或 OERT 图反映的。

关于甘特图，有几点重要事项需要注意。

- 要调整时间刻度,单击"放大"与"缩小"图标。
- 可以从"格式"菜单中选择"时间刻度"命令来调整时间范围。
- 通过设置基线项目计划并输入实际任务工期,可以浏览和跟踪甘特图。

5)网络图

在网络图中,任务或活动在平行四边形框或方框内显示,它们之间的箭线代表活动之间的依赖关系。在网络图视图中,关键路径上的任务将自动显示为红色。

为了了解网络图中的更多任务,可以单击工具栏的放大图标,也可以使用滚动条查看网络图的不同部分。图 10-15 显示了一个项目的网络图的一部分。

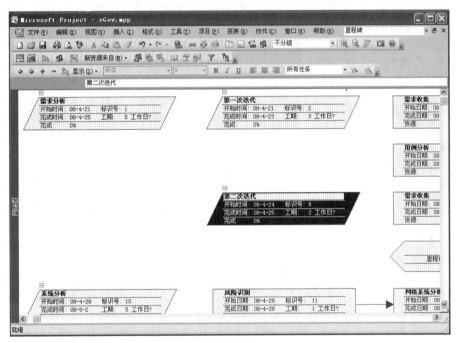

图 10-15 一个任务的网络图的一部分

6)关键路径分析

关键路径代表完成项目可能的最短时间。如果关键路径的一项任务实际时间超过计划时间,则项目进度计划将被拖延,除非随后能将关键路径任务的工期缩短。有时,可以调配任务之间的资源以保持进度计划。Project 中的几种视图和报告可以帮助项目管理者分析关键路径信息。

在关键路径分析中两个特别有用的功能是日程表视图和关键任务报告。日程表视图可以显示各项任务的最早、最晚开始时间和最早、最晚完成时间以及自由时差和总体时差。这些计划反映了进度计划的灵活性,并且有助于编制进度计划压缩决策。关键任务报告只列出项目关键路径的任务。实现项目截止日期要求对项目而言至关重要。

要浏览日程表,可以选择菜单栏中的"视图"→"表"→"日程"命令;如果没有"表"选项,则选择"其他表"命令,再选择日程表。

要显示日程表的所有栏目,可将分隔条向右移动,直至整个日程表得以显示。日程表在屏幕上的显示效果应与图 10-16 类似,该视图可以显示每项任务的最早开始和完成时间、最晚开始和完成时间以及自由时差和总体时差。选择菜单栏中的"视图"→"表"→"工作表"命令,返回输入工作表视图。

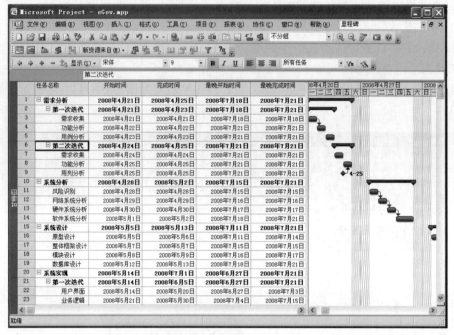

图 10-16   日程表视图

4. 项目成本管理

使用 Project 的成本管理功能,可以综合全部项目信息。下面介绍用户输入固定成本、变动成本估算和实际成本与时间信息等其他内容。

1) 固定成本和变动成本估算

(1) 在成本表内输入固定成本。

可以通过成本表输入每项任务的固定成本。选择"视图"菜单中的"表"→"成本"命令,进入成本表。图 10-17 是 eGov 电子政务管理项目的成本表视图。也可以为材料或物品资源分配单次使用成本,用来计算每项任务的总体材料或物品成本。

(2) 输入人力资源成本。

人力资源在项目中发挥着巨大作用。在 Project 中,通过为任务定义并分配人力资源,也可以计算人力资源成本,跟踪人力资源使用情况,确定会造成延迟的人力资源缺乏情况,以及确定未得到充分利用的人力资源。可以通过重新分配以充分利用人力资源,缩短项目进度。

可以使用多种方法在 Project 中输入资源信息。最简单的方法是在资源工作表中输入基本资源信息。可以从视图栏中选择资源工作表,也可以从"视图"菜单中选择"资源工作表"命令。可以在该表中输入资源名称、类型、材料标签、缩写、组、最大单位、标准费率、加班费率、每次使用成本、成本累算、标准日历和代码,如图 10-18 所示。将数据输入资源工作表中与将数据输入电子数据表中的操作类似。可以从"项目"菜单中选择"排序"命令,对各项进行排序。另外,可以利用格式工具栏中的"筛选器"列表对资源进行筛选。一旦在资

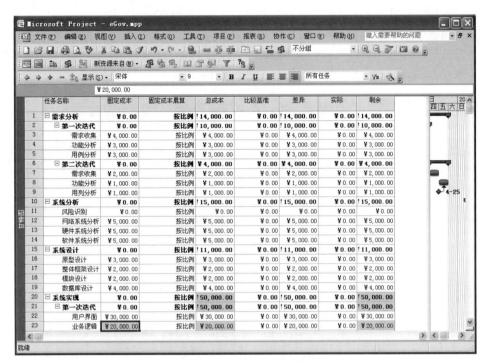

图 10-17　成本表视图

源工作表中输入了资源，就可以将资源分配给输入工作表的任务，具体操作是：单击“资源名称”栏的一个单元格，并利用该单元格的下拉箭头选择任务。

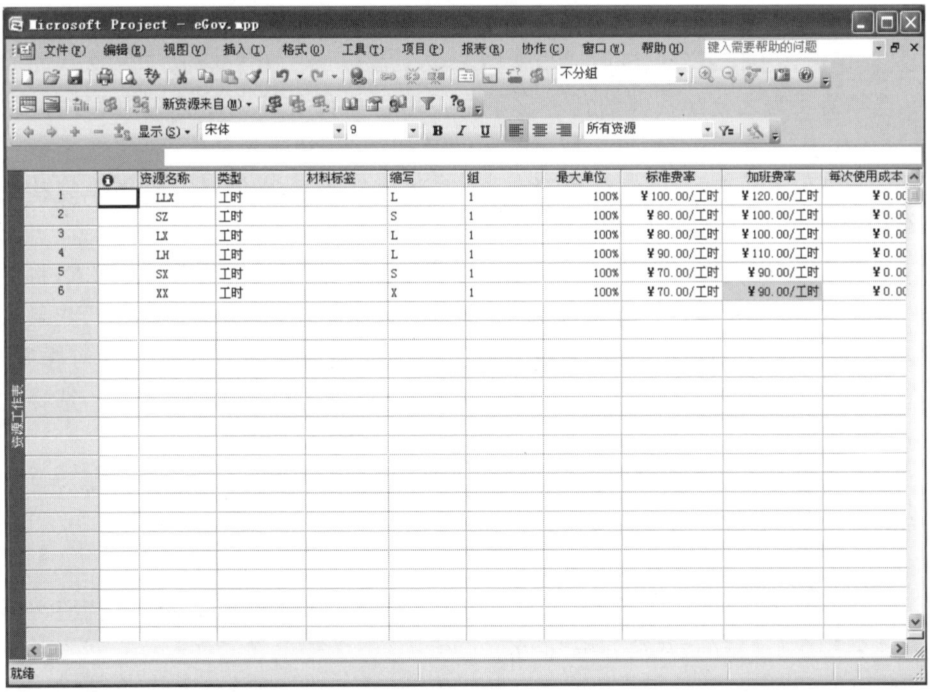

图 10-18　资源工作表

（3）调整资源费用。

为某项资源调整成本费用（例如加薪）时，双击"资源名称"栏中该资源的名称，打开"资源信息"对话框，在其中选择"成本"选项卡，输入生效日期及加薪百分比。也可以调整其他资源成本信息，例如标准费率和加班费率，如图 10-19 所示。

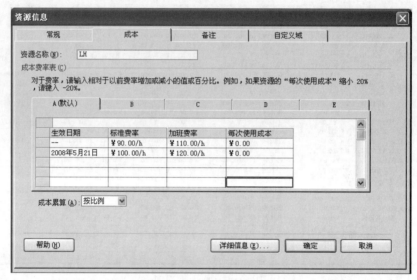

图 10-19　调整资源费用

2）为任务分配资源

在 Project 中计算资源成本之前，必须将适当的资源分配给 WBS 中的各项任务。进行资源分配时可以使用多种方法。下面介绍最常用的两种方法。

（1）使用输入工作表分配资源。步骤如下：

① 选择需要为之分配资源的任务。单击视图栏中的甘特图图标，返回甘特图视图。单击输入工作表"任务名称"栏第 3 行（任务 3）"需求收集"的任务名称。

② 显示输入工作表的"资源名称"栏。向右移动分隔条，在输入工作表中完整地显示"资源名称"栏。

③ 从"资源名称"栏中选择资源。单击"资源名称"栏的下拉箭头，选择 LLX，将它分配给任务 3，如图 10-20 所示。注意，资源选项是基于资源工作表输入的信息的，如果未在资源工作表内输入任何信息，则"资源名称"栏不会出现下拉箭头，也不会出现任何选项。

④ 为任务 3 选择另一个资源。再次单击任务 3"资源名称"栏的下拉箭头，选择 LH 并按 Enter 键。注意，使用这种方法只能为任务分配一个资源。

⑤ 清除为任务分配的资源。单击任务 2 的"资源名称"栏，再选择菜单栏中的"编辑"→"清除"→"内容"命令，清除资源。

（2）使用工具栏分配资源。步骤如下：

① 选择要为之分配资源的任务。单击视图栏中的甘特图图标，返回甘特图视图。单击"任务名称"栏第 3 行的"需求分析"任务。

② 打开"分配资源"对话框。单击工具栏中的"分配资源"图标，此时会弹出"分配资源"对话框，该对话框内列出了项目人员的姓名，如图 10-21 所示。在逐一为每项任务分配

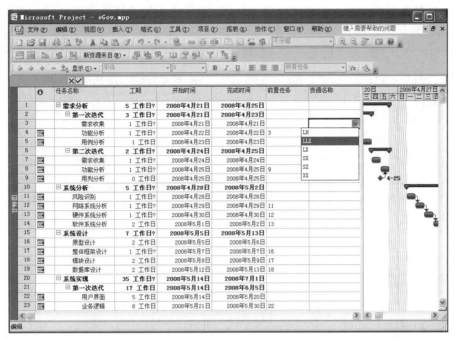

图 10-20　在输入工作表中分配资源

图 10-21　"分配资源"对话框

资源时,该对话框一直保持打开状态。

③ 将 LLX 分配给任务 3。选择 LLX,单击"分配"按钮。

④ 清除为任务分配的资源。单击任务 3 的"资源名称"栏,再选择菜单栏中的"编辑"→"清除"→"内容"命令,清除资源。

3）输入实际成本和时间

针对已经按计划完成的任务输入实际信息。

（1）显示跟踪工具。选择菜单栏中的"视图"→"工具条"→"跟踪"命令,显示跟踪工具栏。可以随意移动工具栏。

（2）显示跟踪工作表。选择菜单栏中的"视图"→"表"→"跟踪"命令,在输入实际数据的同时可以查看更多信息。移动跟踪工作表的分隔条,可以显示所有栏的内容。

(3) 将任务 2 至任务 5 的完成百分比标注为 100%。单击任务 2 的任务名称“第一次迭代”,并拖到任务 5,选择这 4 项任务。单击跟踪工具条中的“100%完工”图标,此时,与日期、工期和成本有关的几个栏显示实际数据,而不是 N/A 或 0 等默认值,如图 10-22 所示。

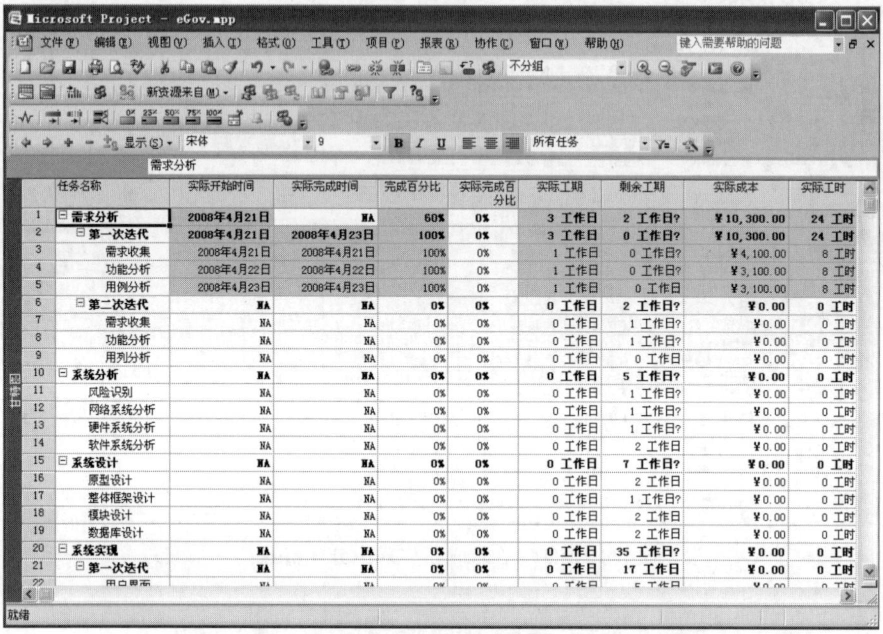

	任务名称	实际开始时间	实际完成时间	完成百分比	实际完成百分比	实际工期	剩余工期	实际成本	实际工时
1	⊟ 需求分析	2008年4月21日	NA	60%	0%	3 工作日	2 工作日?	¥10,300.00	24 工时
2	⊟ 第一次迭代	2008年4月21日	2008年4月23日	100%	0%	3 工作日	0 工作日?	¥10,300.00	24 工时
3	需求收集	2008年4月21日	2008年4月21日	100%	0%	1 工作日	0 工作日?	¥4,100.00	8 工时
4	功能分析	2008年4月22日	2008年4月22日	100%	0%	1 工作日	0 工作日?	¥3,100.00	8 工时
5	用例分析	2008年4月23日	2008年4月23日	100%	0%	1 工作日	0 工作日	¥3,100.00	8 工时
6	⊟ 第二次迭代	NA	NA	0%	0%	0 工作日	2 工作日?	¥0.00	0 工时
7	需求收集	NA	NA	0%	0%	0 工作日	1 工作日?	¥0.00	0 工时
8	功能分析	NA	NA	0%	0%	0 工作日	1 工作日?	¥0.00	0 工时
9	用列分析	NA	NA	0%	0%	0 工作日	0 工作日	¥0.00	0 工时
10	⊟ 系统分析	NA	NA	0%	0%	0 工作日	5 工作日?	¥0.00	0 工时
11	风险识别	NA	NA	0%	0%	0 工作日	1 工作日?	¥0.00	0 工时
12	网络系统分析	NA	NA	0%	0%	0 工作日	1 工作日?	¥0.00	0 工时
13	硬件系统分析	NA	NA	0%	0%	0 工作日	1 工作日?	¥0.00	0 工时
14	软件系统分析	NA	NA	0%	0%	0 工作日	2 工作日	¥0.00	0 工时
15	⊟ 系统设计	NA	NA	0%	0%	0 工作日	7 工作日?	¥0.00	0 工时
16	原型设计	NA	NA	0%	0%	0 工作日	2 工作日	¥0.00	0 工时
17	整体框架设计	NA	NA	0%	0%	0 工作日	1 工作日?	¥0.00	0 工时
18	模块设计	NA	NA	0%	0%	0 工作日	2 工作日	¥0.00	0 工时
19	数据库设计	NA	NA	0%	0%	0 工作日	2 工作日	¥0.00	0 工时
20	⊟ 系统实现	NA	NA	0%	0%	0 工作日	35 工作日?	¥0.00	0 工时
21	⊟ 第一次迭代	NA	NA	0%	0%	0 工作日	17 工作日	¥0.00	0 工时

图 10-22 输入实际信息

5. 项目人力资源管理

与人力资源相关的另外两项功能是资源日历和资源图表。

1) 资源日历

在创建项目文件时,用到了 Project 标准日历。该日历假定标准工作时间是周一至周五的 8:00—17:00,中午有 1h 的休息时间。除了使用标准日历之外,还可以创建一份完全不同的、考虑各项具体要求的日历。

创建基准日历的步骤如下:

(1) 从“工具”菜单中选择“更改工作时间”命令,打开“更改工作时间”对话框,如图 10-23 所示。

(2) 在“更改工作时间”对话框中,单击“新建日历”按钮,打开“新建基准日历”对话框,如图 10-24 所示。选择“新建基准日历”单选按钮,在“名称”文本框中输入新日历名称,然后单击“确定”按钮,返回“更改工作时间”对话框,对该基准日历做些调整,单击“确定”按钮。

可以将该日历应用于整个项目,也可以应用于项目的某一特定资源。

将新日历应用于整个项目的步骤如下:

(1) 从“视图”菜单中选择“资源工作表”命令。

(2) 选择要应用新日历的资源名称。

(3) 单击该资源的基准日历单元格。用鼠标左键单击下拉列表箭头,拖到相应的日历并放开鼠标。

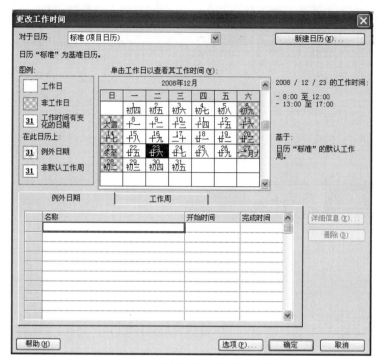

图 10-23 "更改工作时间"对话框

图 10-24 "新建基准日历"对话框

（4）双击资源名称，显示"资源信息"对话框，然后单击"更改工作时间"按钮。可以通过选择日历的相应日期设置假期时间，并将它们标注为非工作日。

2）资源图表

资源图表是反映分配到项目中的资源情况的一种图。个人的资源图表可以反映是否在某段特定时间段内被过度分配（即分配给他的工作量过大）。资源图表可以帮助项目管理者了解哪些资源被过度分配、过度分配多少及何时分配，以便满足项目需求。

要浏览资源图表时，单击视图栏中的"资源图表"图标。如果没有发现"资源图表"图标，则单击视图栏的上移和下移箭头。另外，可以选择"视图"菜单中的"资源图表"命令。LLX 的资源图表如图 10-25 所示。

注意：在 LLX 的资源图表中，4 月 23 日和 24 日出现了红色部分（即 100％以上部分），表示这两天 LLX 被过度分配。

可以单击"放大"或"缩小"图标，以便调整资源图表的时间刻度，用季度或月表示。

利用左侧资源名称屏幕底部的滚动条可以浏览其他资源图表。

使用资源使用状况视图可以了解资源过度分配的更多信息。

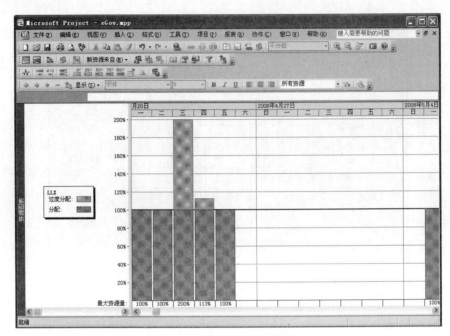

图 10-25　LLX 的资源图表

（1）打开资源使用状况视图。一种方法是在视图栏中单击"资源使用状况"图标，另一种方法是从"视图"菜单中选择"资源使用状况"命令。

（2）调整所显示的信息。利用水平滚动可以浏览从项目开始日期开始所有日期的工作分配情况，利用垂直滚动条可以浏览各个人员的所有时间安排。如果需要调整时间刻度，以周、月、季度显示，则单击"放大"或"缩小"图标。资源使用状况视图如图 10-26 所示。

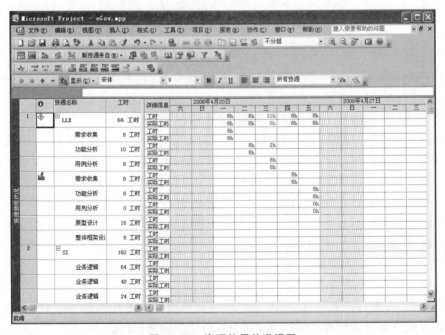

图 10-26　资源使用状况视图

（3）检查过度分配信息。注意，LLX 的姓名以红色显示，而且周三栏的 10h 也是以红色显示的，这表示 LLX 当天被安排工作 8h 以上。

如果希望获取过度分配资源的更多信息，则可以使用资源分配视图的特殊工具条。步骤如下：

（1）显示资源管理工具栏。选择"视图"菜单中的"工具栏"→"资源管理"命令，资源管理工具栏将出现在格式工具栏的下方。

（2）选择资源分配视图。单击资源管理工具栏中的"资源分配视图"按钮，将弹出资源分配视图，在屏幕上半部分显示资源使用状况视图，在屏幕下半部分显示甘特图视图。图 10-27 显示的是资源分配视图和甘特图视图。

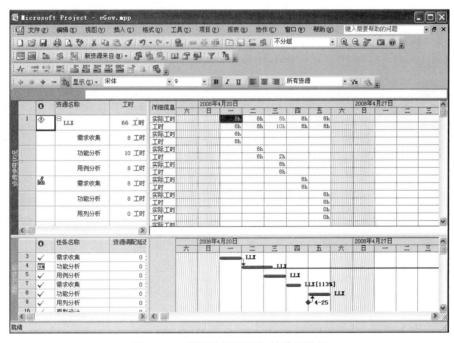

图 10-27　资源分配视图和甘特图视图

资源分配视图可以帮助项目管理者确定资源过度分配的原因。

10.4　项目案例

10.4.1　学习目标

（1）理解项目管理的基本概念和项目管理专业知识领域。
（2）掌握项目开发计划文档的编写方法。

10.4.2　案例描述

在项目管理过程中，也需要一些相关文档。本案例是其中一个重要文档——eGov 电子政务系统项目开发计划。

10.4.3　案例要点

本案例给出 eGov 电子政务系统项目开发计划，该项目开发计划主要包含项目概述、实施计划和支持条件 3 部分。

10.4.4　案例实施[①]

eGov 电子政务系统项目开发计划

1　引言

1.1　编写目的

本文档对 eGov 电子政务系统项目开发计划进行说明。

预期的读者有某研究中心(甲方)的需求提供者、项目负责人、相关技术人员等以及北京亚思晟商务科技有限公司(乙方)的项目组成员(包括项目经理、客户经理、分析/设计/开发/测试等人员)。

1.2　背景

eGov 电子政务系统是基于互联网的应用软件。在研究中心的网上能了解到已公开发布的不同栏目(如新闻、通知等)的内容，中心各部门可以发表栏目内容(如新闻、通知等)，有关负责人对需要发布的内容进行审批。其中，有的栏目(如新闻)必须经过审批才能发布，有的栏目(如通知)则不需要审批就能发布。系统管理人员对用户及其权限进行管理。

1.3　定义

无。

1.4　参考资料

使用 Project 完成的项目管理文件。

2　项目概述

2.1　工作内容

在本项目的开发中需进行的主要工作包括需求分析、软件分析和设计、编码实现、测试和实施、软件配置和变更管理、软件过程管理、项目管理等。

2.2　主要参加人员

主要参加人员如表 1 所示。

[①]　本节内容按照项目开发计划的格式要求，标题和图表均独立编号。

表　1

角　　色	主要职责描述	知 识 技 能
系统架构师	• 讲解软件项目开发的方法、过程和规范 • 负责需求分析和软件架构分析设计 • 指导项目开发各过程的活动 • 监督项目过程规范的执行情况 • 指导评审	具备项目工程和系统分析设计经验
项目经理	• 负责项目干系人的合作协调 • 负责项目进度的控制 • 负责项目开发各过程活动的组织 • 监督配置管理库 • 承担部分开发任务	具备项目管理经验
技术经理	• 负责开发计划的制订 • 负责项目进度的控制 • 负责项目开发各过程活动的组织 • 监督配置管理库 • 承担部分开发任务	技术扎实、全面,逻辑思维好
配置管理员	• 制定配置管理规范 • 负责配置管理库目录结构的建立 • 负责配置管理库的维护 • 维护需求跟踪矩阵 • 收集测试问题报告单 • 分配角色权限,配置库备份	认真负责,思维全面、细致
数据库管理员	• 负责数据库的设计、建立和维护	熟悉数据库的设计模式和相关数据库的特性
软件工程师	• 参与需求分析活动 • 参与详细设计 • 按照详细设计完成编码和单元测试 • 对个人开发活动进行记录,提交个人工作周报 • 修改测试发现的缺陷	熟练使用开发工具,熟悉编程语言
测试工程师	• 建立测试环境 • 承担功能测试和集成测试工作 • 提交测试问题报告单	认真负责,思维全面、细致

2.3　产品

2.3.1　程序
需移交给用户的程序的名称：eGov 电子政务系统。
所用编程语言：J2EE。
存储程序的媒体形式：源代码、二进制文件、数据文件。
2.3.2　文件
需移交给用户的文件,包含 Eclipse 项目工程和数据库文件。

2.3.3 服务

需向用户提供的服务,包括培训、安装、维护和运行支持等,其中培训和安装在用户验收测试后一周内完成,维护和运行支持在培训和安装后一年内免费提供。

2.3.4 非移交的产品

无。

2.4 验收标准

对于上述应交出的产品和服务,根据用户需求进行验收。

2.5 完成项目的最迟期限

本项目开发周期最长为3个月。

2.6 本计划的批准者和批准日期

本计划由项目总监和用户共同批准。

3 实施计划

3.1 工作任务的分解与人员分工

对于项目开发中需要完成的各项工作,从需求分析、设计、实现、测试直到维护,包括文件的编制、审批、打印、分发工作,以及用户培训工作、软件安装工作等,按层次进行分解,指明每项任务的负责人和参加人员。具体请参考 Project 项目文档。

3.2 接口人员

负责接口工作的人员包括:

- 负责本项目与用户的接口人员。
- 负责本项目与本单位各管理机构,如合同计划管理部门、财务部门、质量管理部门等的接口人员。
- 负责本项目与各份合同负责单位的接口人员等。

3.3 进度

对于需求分析、设计、编码实现、测试、移交、培训和安装等工作,给出每项工作任务的预定开始日期、完成日期及所需资源,规定各项工作任务完成的先后顺序,以及表征每项工作任务完成的标志性事件(即里程碑)。具体请参考 Project 项目文档。

阶段任务和交付物表如表2所示。

表 2

阶段名称	需求分析阶段		
阶段开始时间	2008/4/21	阶段结束时间	2008/4/25
拟制日期	2008/4/18		
项目名称	eGov 电子政务系统		
工作任务名称	需求分析		
工作任务描述	根据 eGov 电子政务系统业务需求,完成需求分析工作		
工作任务约束	《需求规格说明书》经过评审		

续表

工作任务的工作产品					
工作产品名称	产品标识	规模估计	工作量估计	成本估计	验收标准
《需求规格说明书》		150 页	10 人日		通过评审

工作任务资源分配					
资源类型	名称/人员类型或人名	型号/人员的技术等级	数量	开始使用日期	结束使用日期
关键计算机资源	无				
	无				
	无				
软件	无				
	无				
	无				
其他设备	无				
	无				
	无				
人员	LH		1	2008/4/21	2008/4/25
	SZ			2008/4/21	2008/4/25

验收标准	通过评审	
说明		
任务责任人	××× 任务审核人	LLX

……

3.4 预算

逐项列出本开发项目所需要的劳务(包括人员的数量和时间)及经费的预算(包括办公费、差旅费、机时费、资料费、通信设备和专用设备的租金等)和来源。具体请参考 Project 项目文档。

3.5 关键问题

权限管理和工作流是核心功能需求。另外要考虑到性能、稳定性和可伸缩性(并发规模目前为几百人,将来可能为几千人)。

4 支持条件

4.1 计算机系统支持

开发中和运行时所需的计算机系统支持,包括计算机、外围设备、通信设备、模拟器、编译(或汇编)程序、操作系统、数据管理程序包、数据存储能力和测试支持能力等。

4.2 需由用户承担的工作

需求分析和确认,用户验收。

4.3 由外单位提供的条件

无。

5 专题计划要点

本项目开发中需制订的各个专题计划请参考相关文档资料。

10.4.5 特别提示

项目管理的 5 个阶段如下:

(1) 启动。成立项目组或进入项目的开始阶段,用来正式认可一个新项目或新阶段的存在。

(2) 计划。定义和评估项目目标,选择实现项目目标的最佳策略,制订项目计划。

(3) 执行。调动资源,执行项目计划。

(4) 控制。监控和评估项目偏差,必要时采取纠正行动,保证实现项目目标。

(5) 结束。正式验收项目或阶段,使其按程序结束。

10.4.6 拓展与提高

使用 Project 工具,针对 eGov 电子政务系统项目的需求分析、设计、编码实现、测试、移交、培训和安装等工作,给出每项工作任务的预定开始日期、完成日期及所需资源。

1. 项目的特性有哪些?

2. 项目管理的特点有哪些?

3. 有效的项目管理要求项目管理团队理解和利用哪 5 个专业知识领域的知识与技能?

4. 简要描述项目管理的 9 个知识领域。

5. 简要描述项目管理的 5 个管理过程。

A.1 软件需求规格说明书

1 引言

1.1 编写目的

说明编写这份软件需求说明书的目的,指出预期的读者。

1.2 背景

说明:

(1)待开发的软件系统的名称。

(2)本项目的任务提出者、开发者、用户及实现该软件的计算中心或计算机网络。

(3)该软件系统同其他系统或其他机构的基本的相互来往关系。

1.3 定义

列出本文件中用到的专门术语的定义和外文首字母缩略语的原形。

1.4 参考资料

列出参考资料,例如:

(1)本项目经核准的计划任务书或合同、上级机关的批文。

(2)属于本项目的其他已发表的文件。

(3)本文件中各处引用的文件、资料,包括所要用到的软件开发标准。列出这些文件资料的标题、文件编号、发表日期和出版单位,说明这些文件资料的来源。

2 任务概述

2.1 目标

叙述该软件开发项目的意图、应用目标、作用范围以及其他应向读者说明的有关该软件开发的背景材料。解释被开发软件与其他有关软件之间的关系。如果本软件产品是一项独立的软件,而且全部内容自含,则应说明这一点。如果本软件产品是一个更大的系统的一个组成部分,则应说明本产品与该系统中其他各组成部分之间的关系,为此可使用一个方框图来说明该系统的组成和本产品同其他各组成部分的联系和接口。

2.2 用户的特点

列出本软件的最终用户的特点,充分说明操作人员、维护人员的教育水平和技术专长,以及本软件的预期使用频度。这些是软件设计工作的重要约束。

2.3 假定和约束

列出进行本软件开发工作的假定和约束,例如经费限制、开发期限等。

3 需求规定

3.1 对功能的规定

用列表或图表的方式,逐项定量和定性地叙述对软件所提出的功能要求,说明输入什么量、经过怎样的处理以及得到什么输出,说明软件应支持的终端数和应支持的并行操作的用户数。

3.2 对性能的规定

3.2.1 精度

说明对该软件的输入输出数据精度的要求,可能包括传输过程中的精度。

3.2.2 时间特性要求

说明对该软件的时间特性要求,例如:

(1) 响应时间。

(2) 更新处理时间。

(3) 数据的转换和传送时间。

(4) 解题时间。

3.2.3 灵活性

说明对该软件的灵活性的要求,即当需求发生某些变化时,该软件对这些变化的适应能力。例如:

(1) 操作方式上的变化。

(2) 运行环境的变化。

(3) 同其他软件的接口的变化。

(4) 精度和有效时限的变化。

(5) 计划的变化或改进。

对于为了实现这些灵活性而进行的专门设计的部分应该加以标明。

3.3 输入输出要求

解释各输入输出数据类型,并逐项说明其媒体、格式、数值范围、精度等。对软件的数据输出及必须标明的控制输出量进行解释并举例,包括对打印报告(正常结果输出、状态输出及异常输出)及图形或显示报告的描述。

3.4 数据管理能力要求

说明需要管理的文卷和记录的个数、表和文卷的大小,要按可预见的增长对数据及其分量的存储容量作出估算。

3.5 故障处理要求

列出可能的软件、硬件故障以及对各项性能而言所产生的后果和对故障处理的要求。

3.6 其他专门要求

例如,用户单位对安全保密的要求,对使用方便的要求,对可维护性、可补充性、易读性、可靠性、运行环境可转换性的特殊要求,等等。

4 运行环境规定

4.1 设备

列出运行该软件所需要的设备,说明其中的新型设备及其专门功能,包括:
(1) 处理器型号及内存容量。
(2) 外存容量、联机或脱机、媒体及其存储格式、设备的型号及数量。
(3) 输入及输出设备的型号和数量、联机或脱机。
(4) 数据通信设备的型号和数量。
(5) 功能键及其他专用硬件。

4.2 支持软件

列出支持软件,包括要用到的操作系统、编译(或汇编)程序、测试支持软件等。

4.3 接口

说明该软件同其他软件之间的接口、数据通信协议等。

4.4 控制

说明控制该软件运行的方法和控制信号,并说明这些控制信号的来源。

A.2 架构设计说明书

1 引言

1.1 编写目的

说明编写这份架构设计说明书的目的,指出预期的读者。

1.2 背景

说明:
(1) 待开发软件系统的名称。
(2) 列出此项目的任务提出者、开发者、用户,以及将运行该软件的计算站(中心)。

1.3 定义

列出本文件中用到的专门术语的定义和外文首字母组词的原词组。

1.4 参考资料

列出有关的参考文件,例如:

(1) 本项目经核准的计划任务书或合同、上级机关的批文。

(2) 属于本项目的其他已发表文件。

(3) 本文件中各处引用的文件、资料,包括所要用到的软件开发标准。列出这些文件的标题、文件编号、发表日期和出版单位,说明能够得到这些文件资料的来源。

2 总体设计

2.1 需求规定

说明对本系统的主要输入输出项目、处理的功能性能要求。

2.2 运行环境

简要地说明对本系统的运行环境(包括硬件环境和支持环境)的规定。

2.3 基本设计概念和处理流程

说明本系统的基本设计概念和处理流程,尽量使用图表的形式。

2.4 结构

用一览表及框图的形式说明本系统的系统元素(各层模块、子程序、公用程序等)的划分,扼要说明每个系统元素的标识符和功能,分层次地给出各元素之间的控制与被控制关系。

2.5 功能需求与程序的关系

用如下的矩阵图说明各项功能需求的实现与各块程序的分配关系。

	程序 1	程序 2	...	程序 n
功能需求 1	√			
功能需求 2		√		
......				
功能需求 n		√		√

2.6 人工处理过程

说明在本软件系统的工作过程中不得不包含的人工处理过程(如果有)。

2.7 尚未解决的问题

说明在架构设计过程中尚未解决而设计者认为在系统完成之前必须解决的各个问题。

3 接口设计

3.1 用户接口

说明将向用户提供的命令和它们的语法结构,以及软件的回答信息。

3.2 外部接口

说明本系统与外界的所有接口的安排,包括软件与硬件之间的接口、本系统与各支持软件之间的接口关系。

3.3 内部接口

说明本系统之内的各个系统元素之间的接口的安排。

4 运行设计

4.1 运行模块组合

说明对系统施加不同的外界运行控制时所引起的各种不同的运行模块组合,说明每种运行所历经的内部模块和支持软件。

4.2 运行控制

说明每一种外界运行控制的方式、方法和操作步骤。

4.3 运行时间

说明每种运行模块组合将占用各种资源的时间。

5 系统数据结构设计

5.1 逻辑结构设计要点

给出本系统内所使用的每个数据结构的名称、标识符,以及它们之中每个数据项、记录、文卷和系的标识、定义、长度及它们之间的层次或表格的相互关系。

5.2 物理结构设计要点

给出本系统内所使用的每个数据结构中每个数据项的存储要求、访问方法、存取单位、存取的物理关系(索引、设备、存储区域)、设计考虑和保密条件。

5.3 数据结构与程序的关系

说明各个数据结构与访问这些数据结构的形式。

6 系统出错处理设计

6.1 出错信息

用一览表的方式说明每种可能的出错或故障情况出现时,系统输出信息的形式、含义及处理方法。

6.2 补救措施

说明故障出现后可能采取的变通措施,包括:

（1）后备技术说明准备采用的后备技术，当原始系统数据万一丢失时启用的副本建立和启动的技术，例如周期性地把磁盘信息记录到磁带上就是对磁盘媒体的一种后备技术。

（2）降效技术说明准备采用的后备技术，使用另一个效率稍低的系统或方法来求得所需结果的某些部分，例如一个自动系统的降效技术可以是手工操作和数据的人工记录。

（3）恢复及再启动技术说明将使用的恢复再启动技术，使软件从故障点恢复执行或使软件从头开始重新运行的方法。

6.3 系统维护设计

说明为了维护系统方便而在程序内部设计中作出的安排，包括在程序中专门安排用于系统的检查与维护的检测点和专用模块。各个程序之间的对应关系，可采用矩阵图的形式。

A.3 详细设计说明书

1 引言

1.1 编写目的

说明编写这份详细设计说明书的目的，指出预期的读者。

1.2 背景

说明：

（1）待开发软件系统的名称。

（2）本项目的任务提出者、开发者、用户和运行该程序系统的计算中心。

1.3 定义

列出本文件中用到专门术语的定义和外文首字母组词的原词组。

1.4 参考资料

列出有关的参考资料，例如：

（1）本项目经核准的计划任务书或合同、上级机关的批文。

（2）属于本项目的其他已发表的文件。

（3）本文件中各处引用到的文件资料，包括所要用到的软件开发标准。列出这些文件的标题、文件编号、发表日期和出版单位，说明能够取得这些文件的来源。

2 程序系统的结构

用一系列图表列出本程序系统内的每个程序（包括每个模块和子程序）的名称、标识符和它们之间的层次结构关系。

3 程序 1（标识符）设计说明

从本部分开始，逐个地给出各个层次中每个程序的设计考虑。以下给出的提纲是针对一般情况的。对于一个具体的模块，尤其是层次比较低的模块或子程序，其很多条目的内容往往与它所隶属的上一层模块的对应条目的内容相同,在这种情况下,只要简单地说明这一点即可。

3.1 程序描述

给出对该程序的简要描述,主要说明安排设计本程序的目的及意义,并且还要说明本程序的特点(例如,是常驻内存还是非常驻内存,是否子程序,是可重用的还是不可重用的,有无覆盖要求,是顺序处理还是并发处理等)。

3.2 功能

说明该程序应具有的功能,可采用 IPO 图(即输入—处理—输出图)的形式。

3.3 性能

说明对该程序的全部性能要求,包括对精度、灵活性和时间特性的要求。

3.4 输入项

给出对每一个输入项的特性,包括名称、标识、数据的类型和格式、数据值的有效范围、输入的方式、数量和频度、输入媒体、输入数据的来源和安全保密条件等。

3.5 输出项

给出对每一个输出项的特性,包括名称、标识、数据的类型和格式、数据值的有效范围、输出的形式、数量和频度、输出媒体、对输出图形及符号的说明、安全保密条件等。

3.6 算法

详细说明本程序所选用的算法、具体的计算公式和计算步骤。

3.7 逻辑流程

用图表(例如流程图、判定表等)辅以必要的说明来表示本程序的逻辑流程。

3.8 接口

用图的形式说明本程序所隶属的上一层模块及隶属于本程序的下一层模块、子程序,说明参数赋值和调用方式,说明与本程序直接关联的数据结构(数据库、数据文卷)。

3.9 存储分配

根据需要,说明本程序的存储分配。

3.10 注释设计

说明准备在本程序中安排的注释,例如:
(1) 加在模块首部的注释。
(2) 加在各分支点处的注释。
(3) 对各变量的功能、范围、默认条件等所加的注释。
(4) 对使用的逻辑所加的注释等。

3.11 限制条件

说明本程序运行中所受到的限制条件。

3.12 测试计划

说明对本程序进行单元测试的计划,包括对测试的技术要求、输入数据、预期结果、进度安排、人员职责、设备条件驱动程序及桩模块等的规定。

3.13 尚未解决的问题

说明在本程序的设计中尚未解决而设计者认为在软件完成之前应解决的问题。

4 程序 2(标识符)设计说明

用类似本详细设计说明书中第 3 条的方式,说明第 2 个程序乃至第 N 个程序的设计考虑。……

A.4 测试说明书

1 引言

1.1 编写目的

本测试计划的具体编写目的,指出预期的读者范围。

1.2 背景

说明:

(1)测试计划所从属的软件系统的名称。

(2)该开发项目的历史,列出用户和执行此项目测试的计算中心,说明在开始执行本测试计划之前必须完成的各项工作。

1.3 定义

列出本文件中用到的专门术语的定义和外文首字母组词的原词组。

1.4 参考资料

列出要用到的参考资料,例如:

(1)本项目经核准的计划任务书或合同、上级机关的批文。

(2)属于本项目的其他已发表的文件。

(3)本文件中各处引用的文件、资料,包括所要用到的软件开发标准。列出这些文件的标题、文件编号、发表日期和出版单位,说明能够得到这些文件资料的来源。

2 计划

2.1 软件说明

提供一份图表,并逐项说明被测软件的功能、输入和输出等质量指标,作为叙述测试计划的提纲。

2.2 测试内容

列出组装测试和确认测试中每一项测试内容的名称标识符、测试的进度安排及测试的内容和目的,例如模块功能测试、接口正确性测试、数据文卷存取测试、运行时间测试、设计约束和极限测试等。

2.3　测试 1（标识符）

给出这项测试内容的参与单位及被测试的部位。

2.3.1　进度安排

给出对这项测试的进度安排,包括进行测试的日期和工作内容(如熟悉环境、培训、准备输入数据等)。

2.3.2　条件

陈述本项测试工作对资源的要求,包括:

(1) 设备:所用到的设备类型、数量和预定使用时间。

(2) 软件:列出将被用来支持本项测试过程而本身又不是被测软件的组成部分的软件,如测试驱动程序、测试监控程序、仿真程序、桩模块等。

(3) 人员:列出在测试工作期间预期可由用户和开发任务组提供的工作人员的人数、技术水平及有关的预备知识,包括一些特殊要求,如倒班操作和数据输入人员。

2.3.3　测试资料

列出本项测试所需的资料,例如:

(1) 有关本项任务的文件。

(2) 被测试程序及其所在的媒体。

(3) 测试的输入和输出举例。

(4) 有关控制此项测试的方法、过程的图表。

2.3.4　测试培训

说明或引用资料说明为被测软件的使用提供培训的计划,规定培训的内容、受训的人员及从事培训的工作人员。

2.4　测试 2（标识符）

用与本测试计划 2.3 条相类似的方式说明用于另一项及其后各项测试内容的测试工作计划。

3　测试设计说明

3.1　测试 1（标识符）

说明对第 1 项测试内容的测试设计考虑。

3.1.1　控制

说明本测试的控制方式,如输入是人工、半自动还是自动引入,以及控制操作的顺序及结果的记录方法。

3.1.2　输入

说明本项测试中所使用的输入数据及选择这些输入数据的策略。

3.1.3　输出

说明预期的输出数据,如测试结果及可能产生的中间结果或运行信息。

3.1.4 过程

说明完成此项测试的各个步骤和控制命令,包括测试的准备、初始化、中间步骤和运行结束方式。

3.2 测试 2(标识符)

用与本测试计划 3.1 条相类似的方式说明第 2 项及其后各项测试工作的设计考虑。

4 评价准则

4.1 范围

说明所选择的测试用例能够检查的范围及其局限性。

4.2 数据整理

陈述为了把测试数据加工成便于评价的适当形式,使得测试结果可以与已知结果进行比较而要用到的转换处理技术,如手工方式或自动方式;如果是用自动方式整理数据,还要说明为进行处理而要用到的硬件、软件资源。

4.3 尺度

说明用来判断测试工作是否能通过的评价尺度,如合理的输出结果的类型、测试输出结果与预期输出之间的容许偏离范围、允许中断或停机的最大次数。

A.5 用户手册

1 引言

1.1 编写目的

说明编写这份用户手册的目的,指出预期的读者。

1.2 背景

说明:

(1) 这份用户手册所描述的软件系统的名称。

(2) 该软件项目的任务提出者、开发者、用户(或首批用户)及安装此软件的计算中心。

1.3 定义

列出本文件中用到的专门术语的定义和外文首字母组词的原词组。

1.4 参考资料

列出有用的参考资料,例如:

(1) 项目经核准的计划任务书或合同、上级机关的批文。

(2) 属于本项目的其他已发表文件。

(3) 本文件中各处引用的文件、资料,包括所要用到的软件开发标准。列出这些文件资料的标题、文件编号、发表日期和出版单位,说明能够取得这些文件资料的来源。

2 用途

2.1 功能

结合本软件的开发目的,逐项地说明本软件所具有的各项功能及它们的极限范围。

2.2 性能

2.2.1 精度

逐项说明对各项输入数据的精度要求和本软件输出数据达到的精度,包括传输中的精度要求。

2.2.2 时间特性

定量地说明本软件的时间特性,如响应时间、更新处理时间、数据传输、转换时间、计算时间等。

2.2.3 灵活性

说明本软件所具有的灵活性,即当用户需求(如对操作方式、运行环境、结果精度、时间特性等的要求)有某些变化时,本软件的适应能力。

2.3 安全保密

说明本软件在安全、保密方面的设计考虑和实际达到的能力。

3 运行环境

3.1 硬设备

列出为运行本软件所要求的硬设备的最小配置,例如:

(1)处理机的型号、内存容量。

(2)所要求的外存储器、媒体、记录格式、设备的型号和台数、联机/脱机。

(3)I/O 设备(联机/脱机)。

(4)数据传输设备和转换设备的型号、台数。

3.2 支持软件

说明为运行本软件所需要的支持软件,例如:

(1)操作系统的名称、版本号。

(2)程序语言的编译/汇编系统的名称和版本号。

(3)数据库管理系统的名称和版本号。

(4)其他支持软件。

3.3 数据结构

列出为支持本软件的运行所需要的数据库或数据文卷。

4 使用过程

在这部分,首先用图表的形式说明软件的功能与系统的输入源、输出结果之间的关系。

4.1 安装与初始化

一步一步地说明为使用本软件而需进行的安装与初始化过程,包括程序的存储形式、安装与初始化过程中的全部操作命令、系统对这些命令的反应与答复、表征安装工作完成的测试实例等。如果有,还应说明安装过程中所需用到的专用软件。

4.2 输入

规定输入数据和参量的准备要求。

4.2.1 输入数据的现实背景

说明输入数据的现实背景,主要是:

(1) 情况——例如人员变动、库存缺货。

(2) 情况出现的频度——例如周期性的、随机的、一项操作状态的函数。

(3) 情况来源——例如人事部门、仓库管理部门。

(4) 输入媒体——例如键盘、穿孔卡片、磁带。

(5) 限制——出于安全、保密考虑而对访问这些输入数据所加的限制。

(6) 质量管理——例如对输入数据合理性的检验,以及当输入数据有错误时应采取的措施,如建立出错情况的记录等。

(7) 支配——例如如何确定输入数据是保留还是废弃,以及是否要分配给其他的接收者等。

4.2.2 输入格式

说明对初始输入数据和参量的格式要求,包括语法规则和有关约定。例如:

(1) 长度——例如字符数/行、字符数/项。

(2) 格式基准——例如以左面的边沿为基准。

(3) 标号——例如标记或标识符。

(4) 顺序——例如各个数据项的次序及位置。

(5) 标点——例如用来表示行、数据组等的开始或结束而使用的空格、斜线、星号、字符组等。

(6) 词汇表——给出允许使用的字符组合的列表,禁止使用 * 字符组合的列表等。

(7) 省略和重复——给出用来表示输入元素可省略或重复的表示方式。

(8) 控制——给出用来表示输入开始或结束的控制信息。

4.2.3 输入举例

为每个完整的输入形式提供样本,包括:

(1) 控制或首部——用来表示输入的种类和类型的信息、标识符输入日期、正文起点和对所用编码的规定等。

(2) 主体——输入数据的主体,包括数据文卷的输入表述部分。

(3) 尾部——用来表示输入结束的控制信息、累计字符总数等。

(4) 省略——指出哪些输入数据是可省略的。

(5) 重复——指出哪些输入数据是重复的。

4.3 输出

对每项输出作出说明。

4.3.1 输出数据的现实背景

说明输出数据的现实背景,主要是:

(1) 使用——这些输出数据是给谁的,用来干什么。

(2) 使用频度——例如每周的、定期的或备查阅的。

(3) 媒体——例如打印、CRI 显示、磁带、卡片、磁盘。

(4) 质量管理——例如关于合理性检验、出错纠正的规定。

(5) 支配——例如如何确定输出数据是保留还是废弃,以及是否要分配给其他接收者等。

4.3.2 输出格式

给出对每一类输出信息的解释,主要是:

(1) 首部——如输出数据的标识符、输出日期和输出编号。

(2) 主体——输出信息的主体,包括分栏标题。

(3) 尾部——包括累计总数、结束标记。

4.3.3 输出举例

为每种输出类型提供例子,对例子中的每一项进行说明。

(1) 定义——每项输出信息的意义和用途。

(2) 来源——是从特定的输入中抽出、从数据库文卷中取出,还是从软件的计算过程中得到。

(3) 特性——输出的值域、计量单位、在什么情况下可以省略等。

4.4 文卷查询

这一条的编写针对具有查询能力的软件,内容包括:与数据库查询有关的初始化、准备及处理所需要的详细规定,说明查询的能力、方式、所使用的命令和所要求的控制规定。

4.5 出错处理和恢复

列出由软件产生的出错编码或条件,以及应由用户承担的修改纠正工作。指出为了确保再启动和恢复的能力,用户必须遵循的处理过程。

4.6 终端操作

当软件是在多终端系统上工作时,应编写本条,以说明终端的配置安排、连接步释、数据和参数输入步骤及控制规定。说明通过终端操作进行查询、检索、修改数据文卷的能力、语言、过程及辅助性程序等。

A.6 项目开发计划

1 引言

1.1 编写目的

说明编写这份软件项目开发计划的目的,并指出预期的读者。

1.2 背景

说明：

（1）待开发的软件系统的名称。

（2）本项目的任务提出者、开发者、用户及实现该软件的计算中心或计算机网络。

（3）该软件系统与其他系统或其他机构的基本的相互来往关系。

1.3 定义

列出本文件中用到的专门术语的定义和外文的首字母组词的原词组。

1.4 参考资料

列出用得着的参考资料，例如：

（1）本项目经核准的计划任务书和合同、上级机关的批文。

（2）属于本项目的其他已发表的文件。

（3）本文件中各处引用的文件、资料，包括所要用到的软件开发标准。列出这些文件资料的标题、文件编号、发表日期和出版单位，说明能够得到这些文件资料的来源。

2 项目概述

2.1 工作内容

简要地说明在本项目的开发中需进行的各项主要工作。

2.2 主要参加人员

扼要说明参加本项目开发的主要人员的情况，包括他们的技术水平。

2.3 产品

2.3.1 程序

列出需移交给用户的程序的名称、所用的编程语言及存储程序的媒体形式，并通过引用相关文件，逐项说明其功能和能力。

2.3.2 文件

列出需移交给用户的每种文件的名称及内容要点。

2.3.3 服务

列出需向用户提供的各项服务，如培训安装、维护和运行支持等，应逐项规定开始日期、所提供支持的级别和服务的期限。

2.3.4 非移交的产品

说明开发集体应向本单位交出但不必向用户移交的产品（文件甚至某些程序）。

2.4 验收标准

对于上述这些应交出的产品和服务，逐项说明或引用资料说明验收标准。

2.5 完成项目的最迟期限

无。

2.6 本计划的批准者和批准日期

无。

3 实施计划

3.1 工作任务的分解与人员分工

对于项目开发中所需要完成的各项工作,从需求分析、设计、实现、测试直到维护,包括文件的编制、审批、打印、分发工作、用户培训工作、软件安装工作等,按层次进行分解,指明每项任务的负责人和参加人员。

3.2 接口人员

说明负责接口工作的人员及他们的职责,包括:

(1)负责本项目与用户的接口人员。

(2)负责本项目与本单位各管理机构,如合同计划管理部门、财务部门、质量管理部门等的接口人员。

(3)负责本项目与各份合同负责单位的接口人员等。

3.3 进度

对于需求分析、设计、编码实现、测试、移交、培训和安装等工作,给出每项工作任务的预定开始日期、完成日期及所需资源,规定各项工作任务完成的先后顺序,以及表征每项工作任务完成的标志性事件(即所谓的"里程碑")。

3.4 预算

逐项列出本开发项目所需要的劳务(包括人员的数量和时间)及经费的预算(包括办公费、差旅费、机时费、资料费、通信设备和专用设备的租金等)和来源。

3.5 关键问题

逐项列出能够影响整个项目成败的关键问题、技术难点和风险,指出这些问题对项目的影响。

4 支持条件

说明为支持本项目的开发所需要的各种条件和设施。

4.1 计算机系统支持

逐项列出开发中和运行时所需的计算机系统支持,包括计算机、外围设备、通信设备、模拟器、编译(或汇编)程序、操作系统、数据管理程序包、数据存储能力和测试支持能力等,逐项给出有关到货日期、使用时间的要求。

4.2 需由用户承担的工作

逐项列出需要用户承担的工作和完成期限,包括需由用户提供的条件及提供时间。

4.3 由外单位提供的条件

逐项列出需要外单位分合同承包者承担的工作和完成的时间,包括需要由外单位提供的条件和提供的时间。

5 专题计划要点

说明本项目开发中需制定的各个专题计划(如分合同计划、开发人员培训计划、测试计划、安全保密计划、质量保证计划、配置管理计划、用户培训计划、系统安装计划等)的要点。

图 书 资 源 支 持

感谢您一直以来对清华版图书的支持和爱护。为了配合本书的使用,本书提供配套的资源,有需求的读者请扫描下方的"书圈"微信公众号二维码,在图书专区下载,也可以拨打电话或发送电子邮件咨询。

如果您在使用本书的过程中遇到了什么问题,或者有相关图书出版计划,也请您发邮件告诉我们,以便我们更好地为您服务。

我们的联系方式:

地　　址:北京市海淀区双清路学研大厦 A 座 701

邮　　编:100084

电　　话:010-83470236　　010-83470237

资源下载:http://www.tup.com.cn

客服邮箱:2301891038@qq.com

QQ:2301891038(请写明您的单位和姓名)

资源下载、样书申请

书 圈

扫一扫,获取最新目录

课 程 直 播

用微信扫一扫右边的二维码,即可关注清华大学出版社公众号"书圈"。